U0185822

华 章 图 书

一本打开的书，一扇开启的门，

通向科学殿堂的阶梯，托起一流人才的基石。

www.hzbook.com

智能系统与技术丛书

Conversational AI
Natural Language Processing and Human-Computer Interaction

会话式AI
自然语言处理与人机交互

杜振东 涂铭 著

图书在版编目（CIP）数据

会话式 AI：自然语言处理与人机交互 / 杜振东，涂铭著 . —北京：机械工业出版社，2020.9（2021.12 重印）
（智能系统与技术丛书）

ISBN 978-7-111-66419-2

I. 会… II. ①杜… ②涂… III. ①自然语言处理 ②人 – 机系统 – 系统设计 IV. ①TP391 ②TP11

中国版本图书馆 CIP 数据核字（2020）第 163723 号

会话式 AI：自然语言处理与人机交互

出版发行：机械工业出版社（北京市西城区百万庄大街 22 号 邮政编码：100037）
责任编辑：韩 蕊　　责任校对：殷 虹
印 刷：北京捷迅佳彩印刷有限公司　　版 次：2021 年 12 月第 1 版第 2 次印刷
开 本：186mm × 240mm 1/16　　印 张：17.75
书 号：ISBN 978-7-111-66419-2　　定 价：79.00 元

客服电话：（010）88361066 88379833 68326294　　投稿热线：（010）88379604
华章网站：www.hzbook.com　　读者信箱：hzjsj@hzbook.com

版权所有 · 侵权必究
封底无防伪标均为盗版
本书法律顾问：北京大成律师事务所 韩光 / 邹晓东

PREFACE

前　　言

为什么要写这本书

比尔·盖茨曾经说过，语言理解是人工智能皇冠上的明珠。这一方面体现了语言理解在人工智能众多领域中的重要程度，另一方面也反映了语言理解本身的难度。近年来，伴随着机器学习，特别是深度学习相关技术的重大突破，以及硬件设备尤其是图形处理器（GPU）的计算加速，人工智能的各方面都有迅猛发展，在包括图像视觉与语音识别在内的感知层面也有众多突破。然而正如盖茨所言，如今语言理解相关技术的发展有限，很多技术距离真正的“人工智能”还存在较大差距。

我们正处在语言理解技术突破的跃阶时代，各种算法百家争鸣、百花齐放，皆在语言理解领域发挥着作用。总的来说，写书的第一个缘由便是出于对语言理解相关技术的热爱。本书介绍的各种技术，无论是中文分词技术、文本分类技术还是语言模型技术，都是语言理解划时代的产物，在很长一段时间内影响着相关领域的整体技术发展，在自然语言处理领域留下浓墨重彩的一笔。

伴随着博客、网络开放课程和短视频教育的发展，我们学习各种技术的途径也更加多样化。那么，时至今日，为什么还要通过读书来学习知识呢？这就是我们写下此书的第二个缘由。

我充分肯定MOOC及新媒体带来的便利，但是，尺有所短，寸有所长，许多人在网上热情饱满地学习，可两天后学到的知识大多烟消云散。书本强调知识的系统性和完整性，是网络学习无法替代的。

技术书可以弥补新媒体教育的短板，翻阅书籍更便于相关知识的查漏补缺。正规技术书在内容严谨方面做得相对较好，对内容的正确性与严谨性要求极高，更适合相关从业人员学习和日常检索。学习的路径并不是非此即彼，只有利用一切方式，多渠道学习，才能真正实现全方面高效学习，紧密抓住相关技术的关键。

面对琳琅满目的技术书，本书存在的价值是什么呢？作为一名自然语言处理从业人员，我也读过许多技术书，从中学习到许多知识，产生了很多心得，所以在写本书时重点考虑融入自身见解心得。阅读别人的技术理解也是一种学习方式，写作此书的第三个原因便是希望与各位分享我们对相关技术的见解及一些落地经验，可能存在一定局限性，也希望与读者多多交流，共同进步。

技术的变化是飞速的，在撰写本书初期，还没有出现Bert这样强大的技术，随后我们修改了相关章节，便是希望本书介绍NLP相关技术时更具前沿性。技术会持续更新换代，书中提到的很多技术也许在不远的未来便被更为强大的技术所取代，但这并不影响我们学习这一系列的技术，因为学习这些技术本身会引发更深层次的思考，可以让我们理解机器是如何一步步实现自然语言处理的。最终什么样的技术能摘得语言理解这颗明珠其实并不重要，这一路上的风景也许比明珠本身更加绚丽多彩。那么也请各位同我们一起领略这一路上的风景吧!

读者对象

这里根据阅读需求划分了不同类型的读者，各位读者可以针对自身特点，选择相关重点来阅读本书：

- ❑ NLP相关领域的师生；
- ❑ 工作中应用NLP领域技术的人；
- ❑ 打算转型NLP的人。

本书特色

本书首先强调实战性，从第3章开始，每章都有相关技术的实战代码，数据集也来源于真实项目，大部分代码都可以在简单修改后用于实际落地项目。其次，本书强调对比性，许多刚接触NLP的朋友很容易迷恋某一项技术，特别是在Bert全面突破的现在。然而基于我多年的从业经验，技术都是为场景服务的，针对不同场景，对比不同技术的优劣，选择合适的技术，更能体现从业人员水平。因此，为了突破自身技术的舒适区，研究不同算法间的差异，具备针对场景选择算法的能力，更为重要。我们把自己对于相关技术的见解都写了下来，希望给读者提供另一种视角来看待技术本身。同时工作中总结的很多经验也被提炼成若干提示，希望能给读者阅读和实践提供一些帮助。

如何阅读本书

本书从逻辑上看分为三大部分。

第一部分（第 1 ～ 2 章）介绍语言理解的基础概念与环境搭建。其中，第 1 章介绍人机交互的演变历史及技术变革。第 2 章介绍前置技术，重点涵盖 PyTorch、TorchText、Jieba 等自然语言处理学习库的使用方法。

第二部分（第 3 ～ 8 章）介绍自然语言处理和人机交互相关的核心技术。本书强调理论与实战并行，在介绍相关核心技术的同时，每章针对相应核心算法展开实战，在真实中文数据集下验证算法性能，让读者从更深层面了解相关算法。第 3 章主要介绍中文分词技术，包含分词概念、分类体系、常见分词算法，并针对 HMM 算法进行实战。第 4 章主要介绍数据预处理相关内容，重点关注 TorchText 针对数据预处理与构建数据集的使用。词向量（第 5 章）、序列标注（第 6 章）、文本分类（第 7 章）、文本生成（第 8 章）作为 4 种核心技术将分别单独介绍。

第三部分（第 9 ～ 12 章）通过讲解人机交互中 4 个不同类型的高阶技术，帮助读者了解人机交互中的深层技术。其中包括对话生成（第 9 章）、知识图谱问答（第 10 章）、自然语言推理（第 11 章）和实体语义理解（第 12 章）。

勘误和支持

由于本人的水平有限，编写时间仓促，书中难免出现一些遗漏或者不够准确的地方，恳请读者批评指正。你可以将书中的错误提交到 https://github.com/eclipse-du/nlp_book，同时如果你遇到任何问题，也可以在网上提问，我将在线上提供解答。书中的全部源文件除可以从华章网站[⊖]下载外，还可以从上述网址下载，我也会对相应的功能进行更新并及时更正。如果你有更多的宝贵意见，也欢迎发送邮件至邮箱 zddu@iyunwen.com，期待能够得到你们的真挚反馈。

致谢

首先要感谢伟大的机器学习精神领袖吴恩达和我硕士期间的导师胡雪蕾老师以及夏睿

⊖ 参见华章网站 www.hzbook.com。——编辑注

老师，是你们指引着我走到今天。

感谢我的朋友李辰刚、刘聪、茆传羽、沈盛宇、王清琛、杨萌、张洪磊，在我编写本书时，他们提供了很多支持和帮助。

感谢老东家万得资讯，在那里我完成了从“学术小白”到AI从业者的转变。感谢朱海峰、颜小君、宋万鹏等各位前辈的指导，也感谢一同成长的宁振、方康、卫华、杨慧宇、汪迁、施奕帆、张强、童伟等同事的帮助，与你们共事真的是一段美好的经历。

感谢在“云问”共同奋斗的每一位充满创意和活力的朋友——李平、张蹲、林思琦、姚奥、张国威、李冬白、程云、申华、张荣松、徐健、戴天彤、余游、张雅冰、孟凡华、李蔓，以及名单之外的更多朋友，十分荣幸同各位在一家创业公司一起为人工智能落地而努力奋斗。感谢涂铭老师的引荐，您的努力促成了本书的合作与出版。

感谢DBCloud深脑云对本书提供的算力支持。DBCloud深脑云是国内领先的一体化算力服务供应商，在AI云计算、GPU集群搭建、服务器定制等多个领域提供了业内一流的解决方案。根据本书的特点，DBCloud深脑云为读者提供了一键使用的专属AI云算力服务，预装了包括TensorFlow、Caffe、PyTorch等在内的主流框架和环境。读者可访问dbcloud.ai来了解更多详细信息。

感谢华云数据对本书提供的公有云支持。华云数据集团成立于2010年，为用户提供创新架构的私有云、全栈模块化软件定义数据中心套件、混合云管解决方案、内置通用型云操作系统超融合套件，以及一站式公有云服务等，并积极参与国家数字基建项目建设，助力党、政、军及企业用户数字化转型，推动国家信息技术应用创新发展。目前，华云数据在政府、金融、国防军工、教育、医疗、能源电力、交通运输等十几个行业打造了行业标杆案例，客户总量超过30万。

感谢机械工业出版社华章公司的编辑杨福川老师、韩蕊老师、张锡鹏老师，在这一年多的时间里始终支持我的写作，你们的鼓励和帮助引导我顺利完成本书创作。

最后感谢我的父亲杜长荣、母亲韩玉凤，感谢你们将我培养成人，并时时刻刻为我提供信心和力量！

谨以此书献给我亲爱的老婆彭玥以及刚出生的宝宝杜望舒！

杜振东

CONTENTS

目　录

前言

第 1 章　人机交互导论 ……………… 1

1.1　图灵测试 ……………………… 1

1.1.1　图灵测试相关背景 ………… 1

1.1.2　图灵测试的定义 …………… 2

1.1.3　图灵测试引发的思考 ……… 3

1.2　专家系统 ……………………… 3

1.2.1　专家系统的定义 …………… 3

1.2.2　专家系统的框架 …………… 4

1.2.3　专家系统的发展 …………… 6

1.3　人机交互 ……………………… 6

1.3.1　人机交互简介 ……………… 6

1.3.2　人机交互模块的发展 ……… 7

1.3.3　自然语言理解 ……………… 9

1.3.4　对话管理 ………………… 10

1.3.5　自然语言生成 …………… 10

1.4　机器人形态 ………………… 11

1.4.1　聊天机器人 ……………… 12

1.4.2　任务型机器人 …………… 13

1.4.3　面向 FAQ 的问答机器人 … 13

1.4.4　面向 KB 的问答机器人 …… 14

1.5　本章小结 …………………… 14

第 2 章　人机对话前置技术 ………… 15

2.1　深度学习框架 ……………… 15

2.1.1　Theano …………………… 15

2.1.2　TensorFlow ……………… 16

2.1.3　Keras ……………………… 17

2.1.4　PyTorch …………………… 17

2.2　搭建 NLP 开发环境 ………… 18

2.2.1　下载和安装 Anaconda …… 18

2.2.2　conda 的使用 …………… 21

2.2.3　中文分词工具——Jieba … 22

2.2.4　PyTorch 的下载与安装 …… 24

2.2.5　Jupyter Notebook 远程访问 ………………………… 25

2.3　TorchText 的安装与介绍 …… 26

2.4　本章小结 …………………… 29

第 3 章　中文分词技术 ……………… 30

3.1　分词的概念和分类 ………… 30

3.2　规则分词 …………………… 31

3.2.1　正向最大匹配 …………… 31

3.2.2　逆向最大匹配 …………… 32

3.2.3　双向最大匹配 …………… 33

3.3　统计分词 …………………… 35

3.4 混合分词……44
3.5 Jieba 分词……44
3.6 准确率评测……47
3.6.1 混淆矩阵……48
3.6.2 中文分词中的 P、R、F_1 计算……49
3.7 本章小结……51

第 4 章 数据预处理……52
4.1 数据集介绍……52
4.2 数据预处理……53
4.3 TorchText 预处理……55
4.3.1 torchtext.data……55
4.3.2 torchtext.datasets……56
4.3.3 构建词表……57
4.3.4 构建迭代器……58
4.4 本章小结……60

第 5 章 词向量实战……61
5.1 词向量的由来……61
5.1.1 one-hot 模型……61
5.1.2 神经网络词向量模型……63
5.2 word2vec……67
5.2.1 初探 word2vec……67
5.2.2 深入 CBOW 模型……68
5.2.3 Skip-gram 模型介绍……69
5.2.4 word2vec 模型本质……70
5.3 glove……71
5.3.1 初探 glove……71
5.3.2 glove 模型原理……72
5.4 word2vec 实战……74
5.4.1 预处理模块……74
5.4.2 模型框架……78
5.4.3 模型训练……79
5.4.4 模型评估……82
5.5 glove 实战……83
5.5.1 预处理模块……83
5.5.2 模型框架……85
5.5.3 模型训练……86
5.5.4 模型评估……87
5.6 本章小结……87

第 6 章 序列标注与中文 NER 实战……88
6.1 序列标注任务……88
6.1.1 任务定义及标签体系……88
6.1.2 任务特点及对比……90
6.1.3 任务应用场景……92
6.2 序列标注的技术方案……94
6.2.1 隐马尔可夫模型……94
6.2.2 条件随机场……94
6.2.3 循环神经网络……96
6.2.4 Bert……97
6.3 序列标注实战……99
6.3.1 中文 NER 数据集……99
6.3.2 数据预处理……100
6.3.3 模型训练框架……102
6.3.4 模型评估……103
6.4 BiLSTM……104
6.4.1 参数介绍……104
6.4.2 BiLSTM 模型框架……104
6.4.3 模型效果评估……106
6.5 BiLSTM-CRF……107
6.5.1 参数介绍……107
6.5.2 BiLSTM-CRF 模型框架……107
6.5.3 模型评价……112

6.6 本章小结 112

第7章 文本分类技术 113

7.1 TFIDF与朴素贝叶斯 113
7.1.1 TFIDF 113
7.1.2 朴素贝叶斯 115
7.1.3 实战案例之新闻分类 116
7.2 TextCNN 118
7.2.1 TextCNN网络结构解析 118
7.2.2 实战案例之新闻分类 121
7.3 FastText 129
7.3.1 模型架构 129
7.3.2 层次softmax 130
7.3.3 n-gram子词特征 130
7.3.4 安装与实例解析 131
7.4 后台运行 134
7.5 本章小结 134

第8章 循环神经网络 135

8.1 RNN 135
8.1.1 序列数据 135
8.1.2 神经网络需要记忆 136
8.1.3 RNN基本概念 136
8.1.4 RNN的输入输出类型 138
8.1.5 双向循环神经网络 139
8.1.6 深层循环神经网络 140
8.1.7 RNN的问题 141
8.1.8 RNN PyTorch实现 141
8.2 LSTM 143
8.2.1 LSTM网络结构解析 143
8.2.2 LSTM PyTorch实现 147
8.3 GRU 149
8.3.1 GRU网络结构解析 149
8.3.2 GRU PyTorch实现 151
8.4 TextRNN 152
8.4.1 基本概念 152
8.4.2 实战案例之新闻分类 153
8.5 TextRCNN 154
8.5.1 基本概念 154
8.5.2 实战案例之新闻分类 155
8.6 实战案例之诗歌生成 155
8.6.1 数据预处理 156
8.6.2 模型结构 158
8.6.3 模型训练 158
8.6.4 诗歌生成 159
8.7 本章小结 161

第9章 语言模型与对话生成 162

9.1 自然语言生成介绍 162
9.2 序列生成模型 163
9.2.1 seq2seq的基本框架 164
9.2.2 Encoder-Decoder框架的缺点 165
9.3 经典的seq2seq框架 166
9.3.1 基于RNN的seq2seq 166
9.3.2 基于CNN的seq2seq 167
9.4 Attention机制 169
9.4.1 序列模型RNN 169
9.4.2 Attention机制的原理 170
9.4.3 Self-Attention模型 171
9.4.4 Transfomer模型介绍 171
9.5 Bert——自然语言处理的新范式 173
9.5.1 Bert结构 174
9.5.2 预训练任务 175
9.6 聊天机器人实战 177

9.6.1 数据介绍和数据预处理…177
9.6.2 实现 seq2seq 模型………179
9.7 本章小结………………………182

第 10 章 知识图谱问答…………183
10.1 知识图谱概述…………………184
10.2 关系抽取………………………186
10.3 人物间关系识别………………189
10.3.1 任务分析………………189
10.3.2 模型设计………………190
10.3.3 代码实现及优化………191
10.4 图谱构建………………………196
10.4.1 Neo4J 简介……………197
10.4.2 Neo4J 创建图谱示例…198
10.5 基于深度学习的知识图谱问答模块…………………………203
10.5.1 数据构造………………205
10.5.2 查询目标检测…………206
10.5.3 查询条件抽取…………207
10.5.4 基于知识图谱查询模块实现……………………………210
10.6 本章小结………………………212

第 11 章 自然语言推理…………213
11.1 自然语言推理介绍……………213
11.2 自然语言推理常见模型………215
11.2.1 SIAMESE 网络………215
11.2.2 BiMPM 网络…………217
11.2.3 Bert 网络……………221
11.3 多轮对话中的答案导向问题….223
11.4 答案导向问题的实战…………224
11.4.1 数据构造………………224
11.4.2 孪生网络实战…………226
11.4.3 BiMPM 网络实战……232
11.4.4 Bert 网络实战…………236
11.4.5 模型结果比较…………237
11.5 本章小结………………………238

第 12 章 实体语义理解…………239
12.1 实体语义理解简介……………239
12.2 现有语义理解系统分析………242
12.2.1 Time-NLPY/Time-NLP/FNLP………………………242
12.2.2 HeidelTime……………244
12.2.3 知识驱动方法与数据驱动方法………………………246
12.3 实体语义理解的技术方案……247
12.4 实体语义理解实战……………248
12.5 数值解析实战…………………257
12.6 时间解析实战…………………262
12.6.1 时间信息的中间表示…262
12.6.2 时长解析………………263
12.6.3 日期和时间点…………265
12.6.4 时间段…………………268
12.6.5 时间信息的推理计算……………………………270
12.7 本章小结………………………273

CHAPTER 1

第1章

人机交互导论

人工智能（AI）领域的发展历程与人机交互的发展密不可分，本章将首先从人工智能的检测手段——图灵测试开始介绍，描述其相关背景、定义及深远意义，帮助读者初步了解人机交互的组成框架。随后本章将介绍由决策树组成的专家系统，该技术将人工智能的发展推到新的高度，并将其运用在医疗、军工等垂直行业中。紧接着介绍现代人机交互内在模块，即自然语言理解、对话管理和自然语言生成。最终本章将介绍 4 种主流的机器人形态，它们共同定义了当下人机交互的整体格局。

本章要点如下：

- 图灵测试；
- 专家系统；
- 人机交互框架；
- 机器人形态。

1.1 图灵测试

1.1.1 图灵测试相关背景

1946 年，冯·诺依曼发明了第一台计算机，这被后人称为 20 世纪最先进的科学技术发明之一，对人类的生产活动和社会活动均产生了极其重要的影响。更有甚者认为计算机的发明标志着人类走向了第三次工业革命。计算机强大的计算能力在早期军事密码破译中发挥了突出贡献。但这也引发众多学者的深层思考，部分学者断言计算机只能依附于人类，成为辅助人类的工具。比如人类没有翅膀，但可以驾驶飞机翱翔天空；人类视力存在局限，但可以利用望远镜与显微镜探求世界。而计算机也是为了解决人类计算瓶颈而存在的。

持这种观念的学者较为悲观，在他们看来，计算机永远不会拥有智能，只能像其他设备一样作为工具服务人类。然而，不少科学家与科幻迷则对计算机的发展持乐观态度，在他们看来，计算机不同于模拟人类行动器官的其他设备，计算机可以尝试模拟人类最核心的控制器官——大脑。因此，计算机极有可能模拟出人类较其他生物具有最大差异性的内容——智能。具备智能的机器可以控制与管理其他工具设备，像今天人们熟知的无人机和自动驾驶技术便是这种思路的延伸。

但人类还存在另一种对智能体的期待，这种期待夹杂着人类自身的孤独感和对沟通的期盼，这便是对“会话”的渴望，会话式 AI——人机交互便应运而生。最早的所谓人机交互是机器充当演员完成演出，但人类想做到真正意义上的交互，而不是这种“提线木偶”。那么，怎么样才算真正意义上的人机交互，什么才是真正意义的 AI 智能体呢？图灵测试给出了一种人工智能定义，该定义的提出影响极为深远，是作为鉴定机器是否真正具备人工智能的首要定义。

数据挖掘、机器学习、人工智能三者关系是什么？

三者之间相互联系，又都有明显差异。三者关系类似 RGB 三色韦恩图，数据挖掘强调对于现有数据的分析能力，包括数据分布、数据倾向、数据异常等方面；机器学习强调让机器具备相关学习能力，并在执行相关任务（分类、聚类）上取得不错的效果；人工智能则更强调计算机科学相关方法论。图灵测试便属于人工智能领域范畴。三者虽存在不同侧重点，但又相互关联，机器学习离不开对数据挖掘分析，二者都少不了人工智能的理论指导。

1.1.2 图灵测试的定义

1936 年，艾伦·麦席森·图灵发表了题为《论数字计算在决断难题中的应用》的论文。在这篇开创性论文中，图灵给“可计算性”下了一个严格的数学定义，并提出著名的“图灵机”（Turing Machine）设想。图灵机不是具体的机器，而是一种思想模型，可以制造一种十分简单但运算能力极强的计算装置，以计算所有能想象得到的可计算函数。图灵机与冯·诺依曼机齐名，被载入计算机的发展史中。

1950 年，图灵发表了一篇具有划时代意义的论文《计算机器与智能》，文中预言了人类创造出具有真正智能的机器的可能性。由于注意到“智能”这一概念难以确切定义，他提出了著名的图灵测试：如果一台机器能够与人类展开对话（通过电传设备）而不能被辨别出其机器的身份，那么称这台机器具有智能。他在论文中还针对这一假说可能产生的各种质疑进行了解释。图灵测试是在人工智能哲学方面第一个严肃的提案。

图灵测试要求计算机具有欺骗性，即当测试者不知道同其交互的是人类还是计算机时，错误地将机器人当成人类与之沟通。这对于计算机系统的智能性要求极高，同时其设计思路需要极为巧妙。图灵测试的产生引发了学术界对于人工智能的广泛思考，诸如高性能计算系统、预定义的人机系统被摘去了智能体的帽子。究其缘由，上述系统在人类盲测场景下很快就被辨识出来。

1.1.3　图灵测试引发的思考

图灵测试一定是科学的吗，为什么图灵测试难以通过，图灵测试对于当代的我们又有什么思考价值？这些问题也困扰着当今学者。然而我们可喜地看到，随着近年来科技不断发展，人类在通往人工智能的道路上不断前行。在某些细分场景下（如人脸识别、物体检测、围棋博弈、电子竞技），机器的表现已经超越人类，但仍旧无法通过图灵测试，离真正的人工智能相差甚远。例如，击败人类职业围棋选手、第一个战胜围棋世界冠军的人工智能机器人“阿尔法狗”只能专心处理围棋这一项任务。

或许人类创造的人工智能尚不能通过图灵测试的原因，是人类对于自身智能存在的缘由认知尚浅。但这并不影响运用图灵测试审视现在被创造的智能体。

相反，这些思考将有助于人类探究智能体的本质，进而推动人工智能的整体发展。

如何看待当今人工智能的发展？

我在工作中常常面对客户对于市场现有产品智能性的失望，这种失望恰恰来源于人们对人工智能的热切盼望。特别是如今深度学习的应用遍地开花，人工智能在多项任务中打败人类的消息不断传出，导致许多人对人工智能解决复杂任务抱有巨大期望。然而在缺乏大量标注数据、无法有效定义需求场景、影响结果因素过多等现实问题面前，人工智能的落地并没有我们想象中那么顺利。但这不应该使我们陷入另一个极端——人工智能悲观派，即认为人类无法创造出真正的可以通过图灵测试的智能体。当前我们应正视人工智能的发展，利用现阶段人工智能相关技术来辅助我们的日常工作。

1.2　专家系统

1.2.1　专家系统的定义

计算机系统可以根据设计功能目的划分为不同类型。例如，为解决人机交互易用性而产生的操作系统和为模拟物理实验真实性而产生的仿真系统。本节介绍的专家系统的设计初衷是希望机器能模拟人类专家，具备相关领域知识，进而辅助从业人员做出决策，提高工作效率。

专家系统是一个智能计算机程序系统，其内部包含大量的某个领域专家水平的知识与经验，用户能够利用这些知识和经验来处理该领域的问题。也就是说，专家系统应用人工智能技术和计算机技术，根据某领域一个或多个专家提供的知识和经验，模拟人类专家的决策过程进行推理和判断，以解决一些需要人类专家处理的复杂问题。简而言之，专家系统是一种模拟人类专家解决领域问题的计算机程序系统。

专家系统即从人类专家中汲取知识，并让系统可以实现归纳、总结甚至推理演化相关领域知识范畴。专家系统解决了以前需要依赖人类专家才能解决的问题。专家系统可以说是在计算机时代，人类对于人工智能最早的尝试。早在20世纪60年代初便出现了运用逻辑学与模拟人类心理活动的一些通用问题求解程序，这些便是专家系统的雏形。

1965年，人类在化学领域研制出的dendral是历史上第一个专家系统，用以推断化学分子结构。在随后几十年的发展过程中，专家系统应用渗透到各个领域，包括数学、军事、地质勘探、医学领域等。

不少专家系统在功能实用性层面达到甚至超越同领域人类专家的平均水平，这也因此带来了巨大的经济效益。专家系统创始人之一、美国斯坦福大学教授埃·费根鲍姆在20世纪80年代中期对世界上许多国家和地区的专家系统应用情况做了调查研究，得出的结论是：大部分专家系统是人工作效率的10倍，有的达到100倍甚至300倍。使用专家系统为企业节约了大量的资金，如著名的DEC公司用于计算机组装的系统XCON，每年为该公司节省1.5亿美元，一些小型的基于PC的专家系统每年也能为DEC公司节省10万美元。

1.2.2　专家系统的框架

一个完整的专家系统由6个模块组成，分别为人机交互、知识获取、数据库、解释器、推理机和知识库。图1-1为6个模块共同组成的专家系统框架图。

其中，人机交互、数据库、推理机与知识库这4部分必不可少，知识获取与解释器可根据场景需要进行优化。6个模块介绍如下。

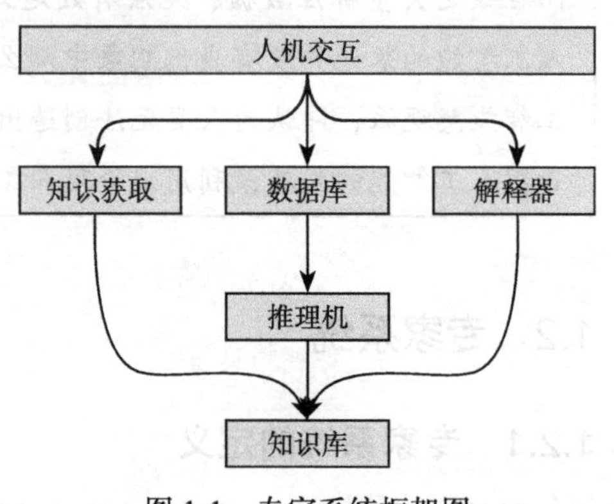

图1-1　专家系统框架图

1. 知识库

若将专家系统同计算机进行类比，知识库相当于专家系统的“存储器”，是专家领域知识存储器，它将定义专家领域知识在计算机系统中的呈现方式，并运用特定结构将其存储。知识库作为专家系统所有决策的理论依据，在专家系统中扮演着关键角色。知识质量、知识覆盖的范围都将影响知识库整体构建效果，并最终影响专家系统的整体表现。

2. 推理机

推理机相当于专家系统的“中央处理器”，用于协调、调度、控制整体专家系统。该模块通过逻辑推演，依据现有数据构成，从知识库中推理调度相关知识，并最终将相关结果推送回数据库。由此可见，推理机担负着计算、推理、决策等重要工作，是系统智能性的核心体现。

3. 知识获取

知识获取模块相当于专家系统的“更新补丁”。知识获取是新增、修改、删除知识库当中知识的途径。知识源也是通过人机交互的方式获得的，并通过相关存储介质直接存入知识库。知识获取是非必需模块，许多专家系统在构建初期已然完备，因此没有知识更新需求。不过，随着领域知识不断更新，知识获取模块可以提高专家系统鲁棒性与知识丰富程度。

4. 数据库

数据库相当于专家系统的“硬盘”，主要用于存储人机交互中形成的相关指令，它从人机交互模块获得规则指令并传达至推理机以进行推理计算。数据库模块除了存储用户相关信息外，还会存储推理过程中得到的相关信息。

5. 解释器

解释器相当于专家系统的“用户手册”，它用来将专家系统执行的指令、提及的知识或做出的决策对用户进行解释。解释器并非专家系统的必需部分，但是用户很难理解纯黑盒专家系统，用户不光希望得到专家系统提供的最终答案，更希望从专家系统中得到相关缘由的解释，进而加深对相关问题的认知。

6. 人机交互

人机交互相当于专家系统中的“外接设备（显示屏 / 鼠标 / 键盘）”，它是专家系统与用户直接接触的交互载体，它定义了用户操作行为，并将其转换为机器可理解的操作指令，以及传达至数据库。

1.2.3 专家系统的发展

伴随着人工智能技术的迅速发展，专家系统也经历了多个阶段的变革。

最初的专家系统聚焦于定向问题的解决，强调在其细分领域专业且精准。例如上文提到的推断化学分子结构的dendral。但是这个时期的专家系统会存在严重“偏科”情况，即除自身精通的领域以外，无法支撑其他范畴知识决策。此外，即便在其理应精通的细分领域，面对突发异常状态，系统的推理应变能力也极弱。

随后演化发展起来的下一代专家系统属于单领域应用型系统。此类系统具有强领域相关性，系统覆盖其领域内绝大多数场景，并运用知识获取、解释器等模块辅助，不断丰富现有领域知识，提高系统的整体鲁棒性。此类系统的主要弊端在于设计较为复杂、开发难度较大、开发周期较长。

随着众多人工智能编程语言的广泛流行，新一代专家系统也随之到来。此类系统摆脱单一领域的束缚，属于多学科综合系统。它利用多种人工智能语言，快速迭代开发专家系统整体框架与技术细节，并不断提高核心模块——推理机的计算能力。这使得专家系统具备相关领域内的复杂操作，最终提高了系统整体处理能力。目前主流专家系统主要停留在该阶段。

下一代专家系统究竟是怎么样的呢？众多学者提出了自己的看法。首先期盼专家系统具备极高的自学能力。就像“阿尔法狗”可以在学习围棋规则后左右互搏一样，专家系统应该在不断的尝试过程中成长。其次，专家系统应提高自身归纳、总结、推理能力，即让系统具备举一反三的能力。最后，专家系统应具备跨学科协同能力，而非将学科割裂，成为“偏才”。

说到这里，读者可能会发现，我们期盼的下一代专家系统正是可以通过图灵测试的真正意义上的人工智能体。它具备极强的自学能力，拥有归纳总结周围事物的素养，同时像人类一样多领域均衡发展。专家系统的演变也恰好体现了人工智能浪潮的整体发展历程。

1.3 人机交互

1.3.1 人机交互简介

在1.2节介绍专家系统整体框架时，我们提到了用户与机器间信息相互转换的模块——人机交互，这便是本节将重点介绍的内容。为什么要重点介绍人机交互这一模块呢？这是因为通过了解人机交互的演变，可以探究如何一步步让机器明白我们的用意，并最终实现双向沟通渠道。人类定义了同计算机沟通的相关指令范围，并通过相关操作（鼠标点击、键盘输入、手指触屏）完成同机器的交互。机器接收到上述信号并做出对应反馈，再由相关媒介显性表征体现出来。人机交互模块完美体现了人类进行信息沟通的方式，其沟通途径的逐步丰富、沟通效率的逐步提高展现了人机交互技术逐步走向成熟。

人机交互是自然语言处理技术最为典型的应用之一。人类自然语言的主要功能之一便是交际，通过运用机器理解人类语言方式可完成人与机器的沟通，降低人同机器沟通的门槛，使得人们可以通过自然语言对话直接获取机器提供的相关自动信息服务。因此，人机交互模块扮演着人类与机器沟通的媒介，其在人工智能发展过程中的地位也尤为重要。

本书讨论的人机交互主要是在自然语言层面，针对鼠标、触屏完成的相关交互不在本书谈论范围，此外，针对人类语音输入与机器语音生成当中包含的相关技术本书也不会涉及。人机交互无法绕开日常对话的口语沟通，然而现阶段自动语音识别技术（ASR）和语音生成技术（TTS）相对较为完善，因此本书将人机交互的重心放在机器对自然语言的理解与解析方面。

1.3.2　人机交互模块的发展

1990 年，麻省理工学院在 DARPA 的支持下开发出基于人机交互的自动机票预订系统（Air Traffic Information System，ATIS）。该系统是早期人机对话系统的一个典型代表，它通过与用户多轮对话进行需求采集，如收集用户出发地、出发日期、航班信息、到达地等相关信息。根据这些信息完成机票的查询与预订工作。与之类似的还包括电信咨询业务服务系统 HMIHY、天气信息查询系统 JUPITER、旅行计划制定系统 DARPA Communicator 等。此类人机系统存在统一特征——面向任务型问答。系统设计的目的是解决某一类任务，为了服务其相关场景，系统需要向用户收集相关条件信息。当用户提供的条件存在缺漏或错误时，系统通过人机交互不断填充相关信息，并在充分收集信息后执行相关任务(信息查询服务、业务操作服务等)。时至今日，我们身边就有很多任务型机器人，其技术特点将在下一节重点介绍。

与任务型人机交互相对应的便是非目标驱动（Non-Goal Driven）人机对话系统。顾名思义，此类系统并非由目标驱动，通常只是对用户输入的内容进行响应，并不完成特定信息服务任务。有别于任务型机器人，此类系统对于收集信息、自主确定对话行为等方面的要求相对较弱。任务型机器人典型的早期代表为诞生于 1966 年的 ELIZA 系统，它被称为人工智能历史上最为著名的软件，也是最早的与人对话程序，是由系统工程师约瑟夫 · 魏泽堡和精神病学家肯尼斯 · 科尔比共同编写的，是世界上第一个真正意义上的聊天机器人。他们将程序命名为ELIZA，灵感来自英国著名戏剧家萧伯纳的戏剧中的一个角色，它能够使计算机与人用英语谈话。

此类人机交互系统在当今也衍生出一种以休闲聊天为主的机器人，其中最为典型的中文聊天机器人便是由微软亚洲研究院开发的小冰机器人。我们也将在下一节中具体介绍聊天机器人的相关技术特点。

由于上述系统设计目标的差异性，其评价指标也存在明显不同。任务型系统的评价指标主要考察机器人信息抽取能力、任务完成情况以及异常情况处理能力；非目标驱动系统的评价指标主要考察机器人回答内容的丰富度、回答质量以及同用户的对话轮数。其中对话轮数是一个很有趣的指标，任务型问答系统的目标是最快速、最精准地完成用户要求的任务诉求，因此希望对话轮数越少越好。相反，非目标驱动系统则希望能与用户聊更多的内容，通过用户是否愿意同机器人进行更多的对话来判断该系统的质量。随着时间的推移，任务驱动人机对话与非目标驱动人机对话之间的差异逐渐减少。此时不仅要求人机对话系统可以完成相关信息查询任务，同时也要求其具备最基本的没有任务的聊天对话能力。这是人机交互的场景复杂化导致的，即有时需要机器人同用户闲聊，有时需要机器人快速完成相关业务服务。

近年来，人机对话系统无论是在企业客户服务型机器人，还是在个人助理等方面都涌现了巨大的需求。前者可以有效降低企业的客户服务人力成本，后者可以帮助人们更自然地获取信息服务。在个人助理方面，目前有苹果公司的Siri与微软公司的Cortana等；在中文客户服务机器人方面，国内有阿里小蜜、云问机器人、公子小白等产品。

在任务型人机交互系统中存在统一框架体系，本节将重点阐述其框架及相关内容。任务型人机交互系统基本框架如图1-2所示。

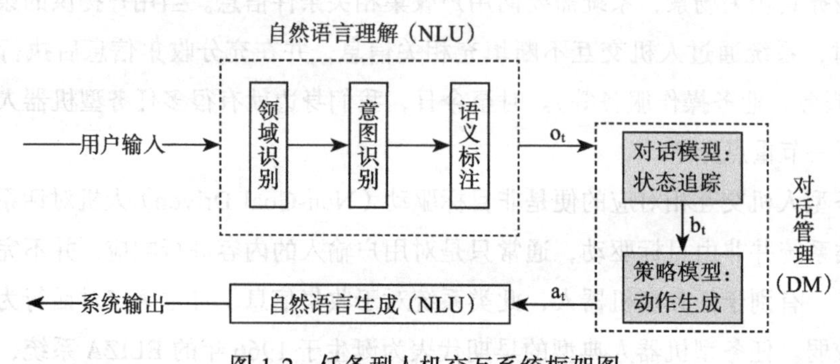

图1-2　任务型人机交互系统框架图

任务型人机交互系统整体由三大部分构成：自然语言理解（NLU）、对话管理（DM）

以及自然语言生成（NLG）。任务型人机交互系统一般由用户主动触发对话，在用户输入内容转成文字后，首先通过自然语言理解模块完成对用户提出的问题的进一步解析。在这一过程中，系统将完成领域识别、意图识别以及语义标注，最终对原始文本加入更深层次的解读。接下来，系统将解析生成结果送入对话管理模块，判断在当前对话状态下系统应该如何响应。该模块内部主要由状态追踪模块和动作生成模块两部分共同构成，最终形成系统对用户输入内容的反馈动作。最后，系统通过自然语言生成模块将刚获得的反馈动作转换成终端用户可理解的媒介（文字、语音），并由系统完成相关输出。本节接下来将针对上述 3 个模块逐一介绍，并探究相关技术实现方案。

1.3.3 自然语言理解

自然语言理解模块主要是为对话管理提供当前对话信息。如图 1-1 的框架图所示，主要包含领域识别、意图识别以及语义标注。

1. 领域识别

领域识别主要用于检测用户输入内容所涉及的领域概念。由于现有人机交互系统的复杂度高，其所面对的领域也并非唯一存在。在跨领域的人机交互系统中，机器人首先需要判断当前用户咨询问题对应的领域。由于系统领域特征事先可以约定，因此运用文本分类这一技术可以实现，像 SVM、TextCNN、RNN、Bert-classify 等相关算法均可用在领域识别中，本书也将在后面章节中重点介绍文本分类技术。

2. 意图识别

意图识别主要用于检测用户在特定领域下表述内容所代表的真实意图。例如在办公场景下，用户可以用“我今天不舒服，来不了了”“今天家里有事，无法准时到岗”“今天飞机晚点，我到不了公司”来表述核心意图——请假。针对意图识别，除了同领域识别一样定义成文本分类任务以外，还可以运用其他技术进行处理。考虑到意图识别颗粒度较领域识别更细，以及单意图场景数据更少这一特点，可以运用诸如小样本学习在内的弱监督学习技术，甚至将无监督相似度计算与 K 近邻算法相结合的办法实现意图识别相关模块设计。

3. 语义标注

语义标注模块主要用于收集用户在对话过程中涉及任务所必需的相关参数信息。例如上文提到的机票预订系统中包含的航班号、出发地、目的地、用户姓名以及舱位信息。针对简单的语义标注可采用结合词典的模糊匹配方法抽取舱位信息。更进一步，面对人名、地名此类无法事先穷举的参数类型，可运用词性标注（POS）技术完成。然而面对出发地、目的地这种无法根据词性区分的情况，则需要运用序列标注技术完成，本书将在第6章重点介绍中文序列标注相关技术方案。

1.3.4　对话管理

对话管理模块主要由状态追踪模块和动作生成模块两部分构成。

1. 状态追踪模块

状态追踪模块主要获取当前用户同系统交互处于任务设定的状态。由自然语言理解模块解析结果可知用户当前所处领域场景、其具体意图，以及用户当前阶段所收集到的相关参数内容。相关信息交由该模块统一收集，最终判断出当前对话的状态。这里主要有两种状态追踪机制，第一种是基于框架的对话管理，即槽位填充机制。该方法假设当任务所需槽位全部收集完成后便可执行相关任务查询服务操作，在槽位未收集完全前，记录槽位收集情况以作为当前对话状态记录。第二种是基于有限状态机的对话管理方法。这种方法把对话的流程预定义成一个有限状态自动机，在任意时刻，系统总是处于状态转移图中的某个状态，系统所处的状态代表了系统将会提出的问题，用户的回答相当于状态转移图中的弧，决定了状态之间的转移。预定义好的有限状态自动机决定了所有合法的对话，用户与系统的对话过程实际上就是状态转移图中的一条状态转移路径。

2. 动作生成模块

动作生成模块是在分析状态追踪模块结果后，机器判断在当前状态下应做出何种响应，并生成对应动作的模块。该模块技术实现方案主要分为两种，第一种是基于动作制定分类，即将相关动作预先定义好，根据交互训练样本逐条训练其动作类型，最终学习机器人的动作生成。第二种则是基于强化学习的动作生成，运用强化学习的“动作－反馈－奖励”机制完成建模，目标是在任意时刻选择一个系统动作，使得整体奖励分数最高。无论是分类方案还是强化学习方案，都依赖于对大量人机交互数据系统动作的标注进行学习，这将提高构建任务驱动人机交互系统的成本。

1.3.5　自然语言生成

自然语言生成模块是将对话管理模块产生的动作指令生成对应的自然语言，并将其通过系统媒介传达给最终用户。目前自然语言生成主要采用两种技术方法，分别为基于模板生成与基于模型生成。

1. 基于模板生成

基于模板生成的自然语言生成方法由设计人员预先设计对应模板，并结合对话管理中获取的动作内容最终输出自然语言。例如，在航班预订人机交互系统中可以生成如下一条模板，用于反馈航班查询失败信息："抱歉，您预订的 { 航班号 } 并不存在，请重新输入航班号信息。"这里只须提供航班号信息和航班查询失败动作，便可以生成话术。此类方法具有构建简单、操作便捷等优点，但大量模板的人工维护导致运营成本增加，此外机器回答较为死板生硬，用户体验不佳。

2. 基于模型生成

基于模型生成的自然语言生成方法主要是让模型通过学习大量人机交互语料，将用户输入语料、收集到的信息以及机器动作作为输入，将机器回答作为输出，训练诸如端到端（seq2seq）的模型来完成自然语言生成。此类模型具有交互丰富、人工维护成本相对较低的优势，但也存在模型结果难以控制、重度依赖大量训练数据等问题。

综上所述，这两种自然语言生成方法均有其显著的优势与不足，我们在设计人机交互系统时，应针对场景特点，选择较为合适的方案来满足业务场景的需求。

1.4 机器人形态

本书谈及的机器人并不是传统意义上具有真实身躯的实体机器人，而是特指能够实现人机交互的虚拟机器人引擎。在科技不断发展的今天，图 1-3 所示的 4 类机器人具有独特的代表性。

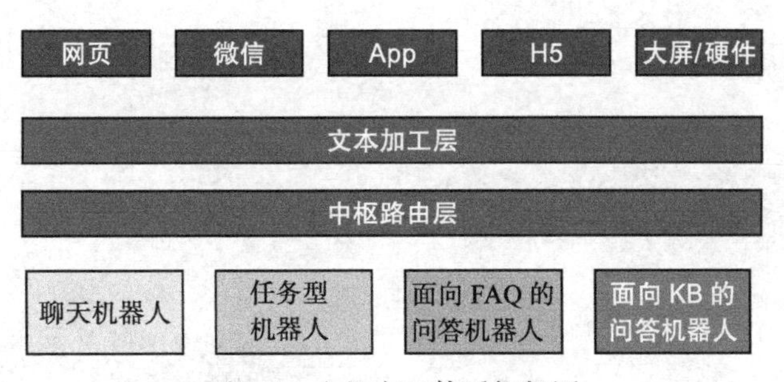

图 1-3 人机交互体系框架图

用户可以通过网页、微信、App、H5、大屏、硬件等渠道同机器人交互。通过自然语言处理相关技术（如中文分词、命名实体识别）完成对用户文本的初步解析，并交由中枢路由层以完成用户消息的分发。最终在底端分发给 4 类机器人，分别是聊天机器人、任务型机器人、面向FAQ的问答机器人和面向KB的问答机器人。这4类机器人分别针对特定应用场景存在，下面将逐一介绍。

1.4.1　聊天机器人

聊天机器人是最早产生的机器人形态，其应用场景主要是同用户寒暄、闲聊。此类机器人在被设计时就被打上"无任务导向"的标签，同时为了避免产生负面影响，此类机器人在聊天时也被要求具有积极的导向性。聊天机器人的技术实现主要分为两类。一类基于规则模板，此类机器人的设计思路是将对话设计成事先穷举的若干寒暄问题，并运用FAQ机器人的相关技术来实现闲聊机器人的搭建。这样打造出来的机器人对话十分生硬，且极度依赖设计的规则。图1-4是一个AI机器人源码，但其本质属于聊天机器人。

```
package com.software.fanfan.ai;

import java.util.Scanner;

/**
 * Created by 追梦1819 on 2019-01-25.
 */
public class AI {
    public static void main(String[] args) {
        Scanner scanner = new Scanner(System.in);
        String question;
        while (true){
            question = scanner.next();
            question = question.replace( target: "吗", replacement: "");
            question = question.replace( target: "我", replacement: "我也");
            question = question.replace( target: "? ", replacement: "!");
            System.out.println(question);
        }
    }
}
```

```
/Library/Java/JavaVirtualMachines/jdk1.8.0_121.jdk/Contents/Home/bin/java ...
Connected to the target VM, address: '127.0.0.1:54562', transport: 'socket'
在吗?
在!
你好
你好
能听懂汉语吗?
能听懂汉语!
我喜欢你
我也喜欢你
真的吗?
真的!
我好开心啊
我也好开心啊
```

图1-4　聊天机器人代码及效果

另一类聊天机器人则是运用深度学习seq2seq模型生成回答。此类模型通过学习大量对话样本，在用户提出问题后将问题放入已训练好的模型中，最终生成文本作为响应反馈给用户。此类模型使机器人具有一定泛化能力与创新能力，其问题也正是由于这方面造成的。由于模型直接生成结果导致其不可控，答案质量和严谨性会受到很大挑战。

目前，评价聊天机器人的方法除了人为主观评价回答质量外，语言通顺程度、同人类对话的轮数也作为量化参考指标。针对上述两类机器人的介绍可以看出，现在聊天机器人的发展现状并不理想。但正因为人机交互的必要性，聊天也成为人机交互中必不可少的模块。

1.4.2 任务型机器人

任务型机器人用于处理特定任务，这里可以将任务型机器人同上文谈及的专家系统进行对比。专家系统是一整套完整系统，具有若干系统模块（报表、搜索、数据分析等），用以支撑决策交流，领域定制性极高。任务型机器人则是设计一套任务框架，可以承载不同类型任务，在用户完成任务流设计后便可完成机器人搭建，因此较专家系统其具备领域定制性低、模块单一（对话）的特点。

任务型问答的技术实现在上节已经重点介绍过了，其中意图识别、槽位抽取、对话管理相关模块的效果将在很大程度上决定这个机器人的使用效果。评价任务型机器人的方法主要是检查整体任务完成度，此外，上述模块的精度也是任务型机器人的考核评价指标。

1.4.3 面向 FAQ 的问答机器人

面向 FAQ（Frequently Asked Questions，常见问题解答）的问答机器人是目前面向企业问答机器应用最为广泛也最为成熟的机器人。此类机器人预置知识库，即 FAQ 内容。当用户提出问题后，系统通过匹配检索，判断当前知识库是否存在答案，并根据判断结果，以不同形态反馈给用户。当知识库不存在用户提出的问题时，反馈未知；当知识库存在唯一解时，反馈唯一解；当用户问题表述较为模糊，并在知识库中查到多条答案时，反馈引导用户选择想要的答案。

面向 FAQ 的问答机器人的技术实现主要为基于语义相似度计算和基于文本分类两种。基于语义相似度计算将运用句子相似度计算方法来计算 QQ-pair（Question-Question pair，问题对）间的相似度，以判断用户问题与知识库问题的相似度，进而完成匹配。基于文本分类则是将知识库的每个问题看成一个类别，通过标准问题与相似问题构成分类模型进行训练，最终预测用户问题所属分类。这里无论运用传统文本分类或是深度学习文本分类，甚至小样本学习都需要根据真实场景评价其效果质量，否则很难优化无监督的 QQ-pair 相似度计算模型。

由于面向 FAQ 的问答机器人的知识库范围相对受限，问答基本为单轮完成，其效果远好于其他三类机器人，这也正是其应用更广泛的原因。面对 FAQ 的问答机器人的主要评测指标为准确率与直回率，即用户问答整体精度及其直回情况，在保证整体精度较高的情况下，希望机器人可以尽可能多地直回。

1.4.4　面向 KB 的问答机器人

面向 KB（结构化查询，Knowledge Base）的问答机器人的设计目标是解决面向图谱数据库、关系型数据库的人机交互诉求。此类任务有别于 FAQ，它的答案不是一条文本，且不同答案之间存在某种结构。例如“查询姓名为张三的员工编号是多少”，若按照 FAQ 的方式枚举问题，将极大增加系统负担，且其对话匹配准确度难以得到保障。因此专门设计此类机器人以解决特定结构化的数据查询。

面向 KB 的问答机器人主要运用 text2sql 相关技术，运用大量标注数据以完成文本同 SQL 查询语句的转换，机器在执行相关查询语句后将相关结果反馈给用户。面向 KB 的问答机器人主要评测指标为查询准确率与查询时延。由于任务复杂度高于 FAQ 与任务型问答，其精度也并不理想。因此，面向 KB 的问答机器人仅在某些受限场景下可以做到工业落地，而通用 KB 问答机器人还并不成熟。

1.5　本章小结

本章开篇介绍了图灵测试的由来，随后通过介绍专家系统，带领读者了解人机交互的框架与发展。接着谈到人机交互的整体模块与相关技术细节，方便读者对人机交互有更为全面的了解。最后本章引出后文将重点介绍的 4 类机器人形态，并简单阐述相关技术实现及评价指标。通过对上述系统及其背后技术的理解，希望读者可以从中发现人工智能技术是如何服务和应用于系统之中。也希望本章可以作为引子，开启读者人机交互相关技术探索之旅。

CHAPTER 2

第 2 章 人机对话前置技术

在了解了会话式 AI 的前世今生之后，我们对人机对话就有了一个比较全面、清晰的理解了。本章主要介绍目前主流的深度学习平台，以及如何搭建 NLP 开发环境。

本章要点如下：

- 深度学习平台概述；
- 搭建 NLP 开发环境；
- Jieba 分词介绍；
- TorchText 的部署与介绍。

2.1 深度学习框架

近几年，随着深度学习爆炸式发展，在人工智能领域除了理论方面的突破外，还有基础架构的突破，它们奠定了深度学习繁荣发展的基础。这其中涌现了几个著名的深度学习平台，本节将对这些平台进行逐一介绍。

2.1.1 Theano

Theano 是在 BSD 许可证下发布的一个开源项目，诞生于加拿大魁北克蒙特利尔大学的 LISA 实验室，是用一位希腊数学家的名字命名的。

Theano 是一个 Python 库，可用于定义、优化和计算数学表达式，特别是多维数组（numpy.ndarray）。在解决包含大量数据的问题时，使用 Theano 可实现比手写 C 语言更快的编程速度。而通过 GPU 加速，Theano 甚至可以比基于 CPU 计算的 C 语言快上好几个数量级。Theano 结合了计算机代数系统（Computer Algebra System，CAS）和优化编译器，还可以为多种数学运算生成定制的 C 语言代码。对于包含重复计算的复杂数学表达式任务，计算速度很重要，因此这种 CAS 和优化编译器的组合是很有用的。对于需要将每种不同数学表达式都计算一遍的情况，Theano 能够实现编译 / 解析计算量的最小化，但仍然会给出如自动微分那样的符号特征。

在过去很长一段时间内，Theano 是深度学习开发与研究的行业标准。而且由于诞生于学界，Theano 最初是为学术研究而设计的，深度学习领域的许多学者至今仍在使用 Theano。但随着 TensorFlow 在谷歌的支持下强势崛起，Theano 日渐式微，使用的人越来越少。在这个过程中标志性事件是：Theano 创始者之一 Ian Goodfellow 放弃 Theano 转去谷歌开发 TensorFlow 了。

2017 年 9 月 28 日，在 Theano 1.0 正式版发布前夕，LISA 实验室负责人、深度学习三巨头之一的 Yoshua Bengio 宣布 Theano 将停止继续开发：“ Theano is Dead.” 尽管 Theano 正慢慢退出历史舞台，但作为第一个 Python 深度学习框架，Theano 很好地完成了自己的使命，为深度学习研究人员早期拓荒提供了极大的帮助，同时也为之后深度学习框架的开发奠定了基本设计方向：以计算图为框架的核心，采用 GPU 加速计算。

总结：深度学习新手可以使用 Theano 来练习，但对于职业开发者，建议使用其他主流深度学习框架。

2.1.2　TensorFlow

2015 年 11 月 10 日，Google 宣布推出全新的机器学习开源工具 TensorFlow。TensorFlow 最初是由 Google 机器智能研究部门 Google Brain 团队基于 Google 2011 年开发的深度学习基础架构 DistBelief 构建的。TensorFlow 涉及大量数学运算的算法库，是目前使用最广泛的机器学习工具之一。Google 在大部分应用程序中都使用 TensorFlow 来实现机器学习。例如，我们使用 Google 照相或 Google 语音搜索功能时，就是间接使用了 TensorFlow 模型，它们在大型 Google 硬件集群上工作，在感知任务方面功能强大。

TensorFlow 在很大程度上可以看作 Theano 的后继者，不仅因为它们有很大一批共同的开发者，更是因为它们还拥有相近的设计理念——基于计算图实现自动微分系统。

TensorFlow 编程接口支持 Python 和 C++。随着 1.0 版本的公布，相继支持了 Java、Go、R 和 Haskell API 的 alpha 版本。此外，TensorFlow 可在 Google Cloud 和 AWS 中运行。TensorFlow 还支持 Windows 7、Windows 10 和 Windows Server 2016。由于 TensorFlow 使用 C++ Eigen 库，所以库可在 ARM 架构上进行编译和优化。这也就意味着用户可以在各种服务器和移动设备上部署自己的训练模型，无须执行单独的模型解码器或者加载 Python 解释器。

作为当前主流的深度学习框架，TensorFlow 获得了极大的成功，但在学习过程中，读者也需要注意如下问题。

1）由于 TensorFlow 的接口一直处于快速迭代之中，并且版本之间存在不兼容的问题，因此开发和调试过程可能会出现问题（许多开源代码无法在新版的 TensorFlow 上运行）。

2）想学习 TensorFlow 底层运行机制的读者需要做好心理准备，TensorFlow 在 GitHub 代码仓库的总代码量超过 100 万行，系统设计比较复杂，因此这将是一个漫长的学习过程。

3）在代码层面，面对同一个功能，TensorFlow 提供了多种实现，这些实现良莠不齐，使用中还有细微的差异，请读者注意区分。另外，TensorFlow 创造了图、会话、命名空间、PlaceHolder 等诸多抽象概念，对普通用户来说难以理解。

总结：凭借 Google 强大的推广能力，TensorFlow 已经成为当今最炙手可热的深度学习框架，虽不完美但是最流行。目前各公司使用的框架也不统一，读者有必要多学习几个流行框架以作为知识储备，TensorFlow 就是一个不错的选择。

2.1.3　Keras

Keras 是一个高层神经网络 API，由纯 Python 编写而成并使用 TensorFlow、Theano 及 CNTK 作为后端。Keras 为支持快速实验而生，能够把想法迅速转换为结果。Keras 应该是深度学习框架之中最容易上手的一个，它提供了一致而简洁的 API，能够极大地减少一般应用下用户的工作量，避免用户重复造轮子。

严格意义上讲，Keras 并不能算是一个深度学习框架，它更像一个构建于第三方框架之上的深度学习接口。Keras 的缺点很明显：过度封装导致丧失灵活性。Keras 最初作为 Theano 的高级 API，后来增加了 TensorFlow 和 CNTK 作为后端。为了屏蔽后端的差异性，提供一致的用户接口，Keras 做了层层封装，导致用户在新增操作或获取底层的数据信息时过于困难。同时，过度封装也使得 Keras 的程序执行十分缓慢，许多 Bug 都隐藏于封装之中，在绝大多数场景下，Keras 是本书介绍的所有框架中运行最慢的一个。

学习 Keras 十分容易，但是很快就会遇到瓶颈，因为它缺少灵活性。另外，在使用 Keras 的大多数时间里，用户主要是在调用接口，很难真正学到深度学习的内容。

总结：Keras 比较适合作为深度学习框架，但是过度的封装并不适合新手学习（无法理解深度学习的真正内涵），故不推荐。

2.1.4　PyTorch

PyTorch 是一个 Python 优先的深度学习框架，能够在强大的 GPU 加速基础上实现张量和动态神经网络。

PyTorch 是一个 Python 软件包，提供了如下两种高层面的功能。

- 使用强大的 GPU 加速的 Tensor 计算（类似 Numpy）。
- 构建基于 tape 框架的 autograd 系统深度神经网络。

除此之外，PyTorch 提供了完整的官方文档、帮助用户循序渐进地学习的用户指南，以及作者亲自维护的论坛以供用户交流和求教。Facebook 人工智能研究院 FAIR 对 PyTorch 提供了强力支持，作为当今世界排名前三的深度学习研究机构，FAIR 的力挺足以确保 PyTorch 获得持续开发、更新的支持，不至于像许多由个人开发的框架那样只是昙花一现。

如有需要，你也可以使用自己喜欢的 Python 软件包（如 Numpy、scipy 和 Cython）来扩展 PyTorch。

相对于 TensorFlow，PyTorch 有一个显著优点，就是它的图是动态的，而 TensorFlow 是静态的，不利于扩展。同时，PyTorch 的使用非常方便。本书选取 PyTorch 为自然语言处理的主要实现框架。

总结：如果说 TensorFlow 的设计是“Make it complicated”，Keras 的设计是“Make it complicated and hide it”，那么 PyTorch 的设计真正做到了“Keep it Simple，Stupid”。

> **深度学习框架该如何选择?**
>
> 初学者往往纠结于选择哪个深度学习框架作为学习的开始。在这里笔者建议初学者选择容易上手、非过度调用接口的框架。另外对于初学者来说，所选框架应具备易用性强、性能佳、社区完善以及平台支持等特点。当今行业内各大公司使用的框架也都不尽相同，因此初学者可以考虑掌握多个框架（比如 PyTorch 和 TensorFlow）以应对未来的职场要求。

2.2 搭建 NLP 开发环境

本书推荐使用 PyTorch 深度学习框架，在本节中我们将带着读者一步一步安装开发环境，安装环境主要由 Anaconda 与 PyTorch 组成。

2.2.1 下载和安装 Anaconda

为了使用 PyTorch，我们首先要安装 Python。Python 可以在其官网进行下载，当需要某个软件包时再单独下载并安装。本书推荐读者使用 Anaconda 版本[⊖]，Anaconda 是一个用于科学计算的 Python 发行版，支持 Linux、MacOS、Windows 系统，能让你在数据科学的工作中轻松安装经常使用的程序包。

在介绍 Anaconda 之前首先提一下 conda（2.2.2 节会详细介绍）。conda 是一个开源的软件包管理和环境管理工具，也是一个可执行命令，其核心功能是包的管理与环境管理，它支持多种语言，因此用来管理 Python 包是绰绰有余的。这里注意区分一下 conda 和 pip，pip 可以在任何环境中安装 Python 包，而 conda 则可以在 conda 环境中安装任何语言包。Anaconda 中集成了 conda，因此可以直接使用 conda 进行包和环境的管理。

1）包管理：不同的包在安装和使用过程中会遇到版本匹配和兼容的问题，在实际工程中会使用大量的第三方安装包，人工手动进行匹配是非常耗时耗力的，因此包管理是非常重要的内容。

2）环境管理：用户可以用 conda 来创建虚拟环境，并很方便地解决多版本 Python 并存、切换等问题。

本书在 MacOS 环境下载的 Anaconda 对应的 Python 版本为 3.7，如图 2-1 所示。下载 Anaconda 之后，Windows 和 MacOS 用户按照默认提示进行图形化安装，Linux 用户用命令行“sh Anaconda2-x.x.x-Linux-x86_64.sh”安装。

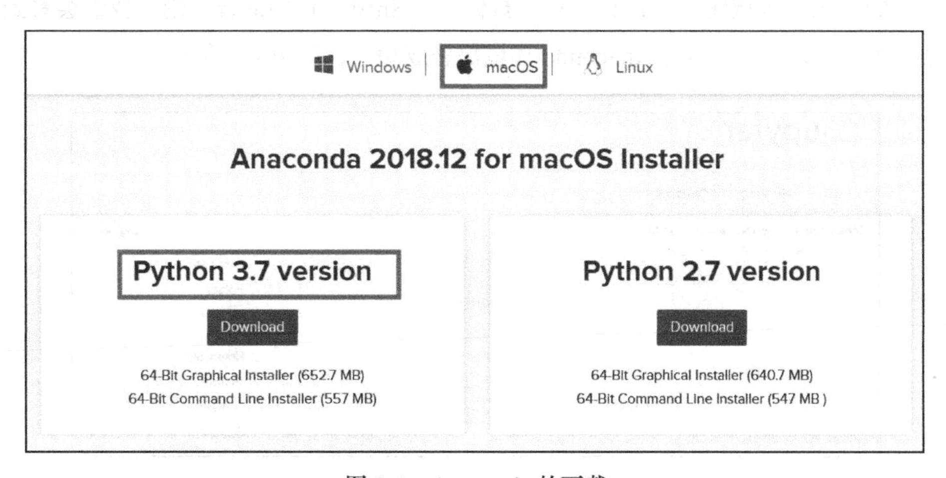

图 2-1 Anaconda 的下载

安装完 Anaconda 之后，在应用程序界面里就能看到 Anaconda Navigator 的图标了，点击运行之后就能看到如图 2-2 所示的界面，然后鼠标单击 Jupyter notebook 下的

⊖ Anaconda 的下载地址：https://www.anaconda.com/distribution/#download-section。

“Launch”按钮，进入后会出现如图2-3所示的界面。Windows用户可以在“开始”菜单中找到Anaconda，然后点击Jupyter Notebook运行。

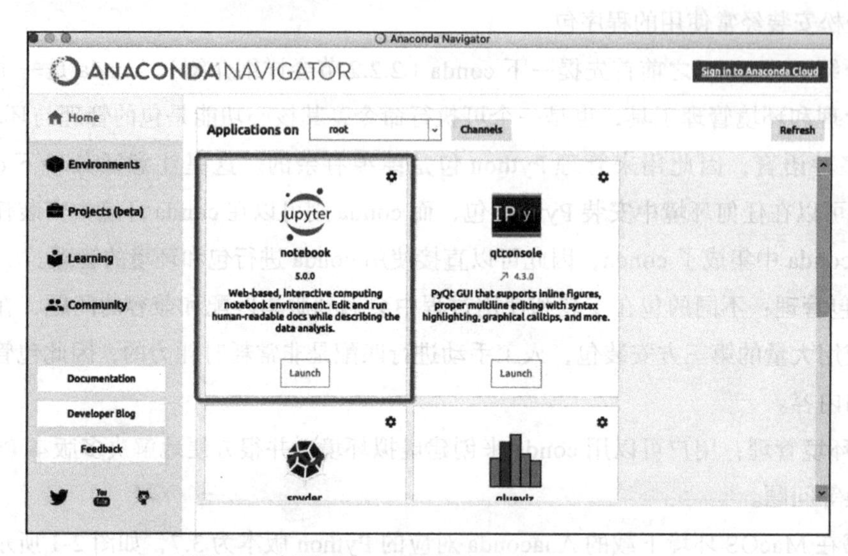

图2-2　打开Anaconda进入Jupyter Notebook

如图2-3所示，通过右上角菜单New → Python3新建一个编写代码的页面，然后在网页窗口中的“In”区域输入“1+1”，最后按键盘“Shift”+“Enter”键，我们会看到Out区域显示为2，这说明我们的Anaconda环境部署成功了，如图2-4所示。

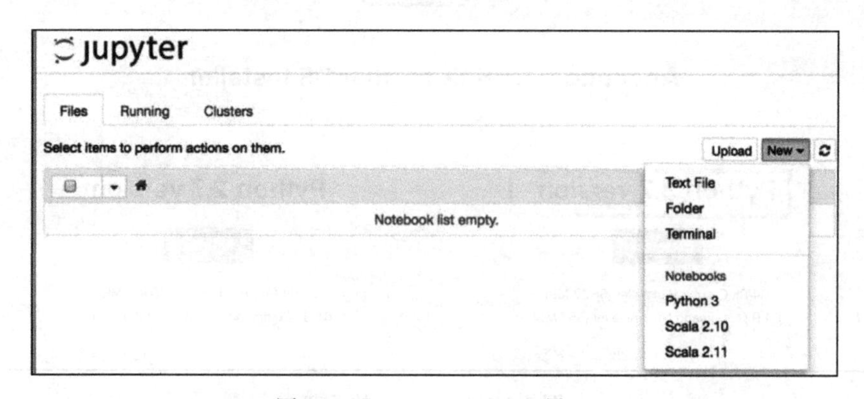

图2-3　Jupyter Notebook界面

```
In [6]: 1 + 1 #加法

Out[6]: 2
```

图2-4　Anaconda环境测试界面

Jupyter Notebook 提供的功能之一就是可以让我们多次编辑 Cell（代码单元格），在实际开发中，为了得到最好的运行效果，我们往往会对测试数据（文本）使用不同的技术进行解析与探索，因此 Cell 的迭代分析数据功能变得特别有用。

延伸学习

本节主要介绍了 Anaconda 的基本概念和使用方法，如果读者需要对 Anaconda 中的组件 Jupyter Notebook 进行更深入的了解，可以访问官方文档[⊖]。

2.2.2 conda 的使用

由于后续学习过程中我们将多次用到 conda，因此这里单独用一节介绍它的使用。

1. 包的安装和管理

conda 对包的管理都是通过命令行来实现的（Windows 用户，可以参考面向 Windows 的命令提示符教程），在终端键入“conda install package_name”即可获取相应安装包。例如要安装 Numpy，输入如下代码。

```
conda install numpy
```

我们可以使用类似“conda install numpy scipy pandas”的命令同时安装多个包，还可以通过添加版本号（例如，conda install numpy=1.10）来指定安装的包版本。

conda 会自动为用户安装依赖项。例如：scipy 依赖于 Numpy，如果你只安装 scipy（conda install scipy），则 conda 还会安装 Numpy（如果尚未安装 Numpy）。

Conda 的大多数命令都是很直观的。要卸载包，可使用“conda remove package_name”；要更新包，可使用“conda update package_name”。如果想更新环境中的所有包，可使用“conda update --all”；最后，要列出已安装的包，可使用前面提过的“conda list”。

如果不知道要找的包的确切名称，可以尝试使用“conda search search_term”进行搜索。例如想安装 Beautiful Soup，但不清楚包的具体名称，可以尝试执行“conda search beautifulsoup”命令，结果如图 2-5 所示。

提示 conda 将几乎所有的工具，包括第三方包都当作 package 对待，因此 conda 可以打破包管理与环境管理的约束，更高效地安装各种版本的 Python 以及各种 package，并且相互之间切换起来很方便。

⊖ 官方文档地址：https://jupyter.readthedocs.io/en/latest/install.html。

```
Fetching package metadata .............
beautifulsoup4               4.4.0                    py27_0  defaults
                             4.4.0                    py34_0  defaults
                             4.4.1                    py27_0  defaults
                             4.4.1                    py34_0  defaults
                             4.4.1                    py35_0  defaults
                             4.5.1                    py27_0  defaults
                             4.5.1                    py34_0  defaults
                             4.5.1                    py35_0  defaults
                             4.5.1                    py36_0  defaults
                             4.5.3                    py27_0  defaults
                             4.5.3                    py34_0  defaults
                             4.5.3                    py35_0  defaults
                          *  4.5.3                    py36_0  defaults
                             4.6.0                    py27_0  defaults
                             4.6.0                    py34_0  defaults
                             4.6.0                    py35_0  defaults
                             4.6.0                    py36_0  defaults
```

图 2-5　通过 conda 搜索 beautifulsoup

2. 环境管理

除了管理包之外，conda 还是虚拟环境管理器。我们可以将环境分隔以用于不同项目的包，因此常常要使用依赖于某个库的不同版本的代码。例如，我们的代码可能使用了 Numpy 中的新功能，或者使用了已删除的旧功能。实际上，不可能同时安装两个 Numpy 版本。这时候我们要做的是为每个 Numpy 版本创建一个环境，然后在对应的环境中工作。这里再补充一下，每一个环境都是相互独立、互不干预的。

在实际的开发过程中，如果需要不同的运行环境，请参看下面的示例说明。

```
# 创建代码运行环境：
conda create -n basic_env  python=3.7 # 创建一个名字为 basic_env 的环境
source activate basic_env # 激活这个环境 -Linux 和 MacOS 代码
activate basic_env # 激活这个环境 -Windows 代码
```

2.2.3　中文分词工具——Jieba

近年来，随着 NLP 技术日益成熟，开源实现的分词工具越来越多，如 Ansj、HanLP、盘古分词等。在本书中，我们选取了 Jieba 进行介绍。

1. Jieba 的特点

（1）社区活跃

写这本书的时候，Jieba 在 GitHub 上已经有将近 1 万的 star 数目。社区活跃度高，代表着该项目会持续更新，能够长期使用，用户在实际生产实践中遇到的问题也能够在社区进行反馈并得到解决。

（2）功能丰富

Jieba 并不是只有分词这一个功能，它是一个开源框架，提供了很多在分词之上的算法，如关键词提取、词性标注等。

（3）提供多种编程语言实现

Jieba官方提供了Python、C++、Go、R、iOS等多平台多语言支持，不仅如此，还提供了很多热门社区项目的扩展插件，如ElasticSearch、solr、lucene等。在实际项目中，使用Jieba进行扩展十分容易。

（4）使用简单

Jieba的API总体来说并不多，且需要进行的配置并不复杂，适合新手上手。下载完成后[⊖]，可以使用如下命令进行安装。

```
pip install jieba
```

Jieba分词结合了基于规则和基于统计两类方法。首先基于前缀词典进行词图扫描，前缀词典是指词典中的词按照前缀包含的顺序排列，如词典中出现了“上”，之后以“上”开头的词都会出现在一起，如词典中出现“上海”一词，进而会出现“上海市”等词，从而形成一种层级包含结构。如果将词看作节点，词和词之间的分词符看作边，那么一种分词方案则对应着从第一个字到最后一个字的一条分词路径。因此，基于前缀词典可以快速构建包含全部可能分词结果的有向无环图，这个图包含多条分词路径，有向是指全部的路径都始于第一个字、止于最后一个字，无环是指节点之间不构成闭环。其次，基于标注语料、使用动态规划的方法可以找出最大概率路径，并将其作为最终的分词结果。对于未登录词，Jieba使用了基于汉字成词的HMM模型，采用了Viterbi算法进行推导。

2. Jieba的3种分词模式

Jieba提供了以下3种分词模式。

1）精确模式：试图将句子精确地切开，适合文本分析。

2）全模式：把句子中所有可以成词的词语都扫描出来。全模式处理速度非常快，但是不能解决歧义。

3）搜索引擎模式：在精确模式的基础上，对长词再次切分，提高召回率，适用于搜索引擎分词。

下面是使用这3种模式的对比。

```
import jieba

sent = '中文分词是文本处理不可或缺的一步！'
```

⊖ Jieba分词官网地址：https://github.com/fxsjy/jieba。

```
seg_list = jieba.cut(sent, cut_all=True)

print('全模式：', '/ ' .join(seg_list))

seg_list = jieba.cut(sent, cut_all=False)
print('精确模式：', '/ '.join(seg_list))

seg_list = jieba.cut(sent)
print('默认精确模式：', '/ '.join(seg_list))

seg_list = jieba.cut_for_search(sent)
print('搜索引擎模式', '/ '.join(seg_list))
```

运行结果如下所示。

```
全模式：中文 / 分词 / 是 / 文本 / 文本处理 / 本处 / 处理 / 不可 / 不可或缺 / 或缺 / 的 / 一步 / /
精确模式：中文 / 分词 / 是 / 文本处理 / 不可或缺 / 的 / 一步 / ！
默认精确模式：中文 / 分词 / 是 / 文本处理 / 不可或缺 / 的 / 一步 / ！
搜索引擎模式中文 / 分词 / 是 / 文本 / 本处 / 处理 / 文本处理 / 不可 / 或缺 / 不可或缺 / 的 / 一步 / ！
```

可以看到，在全模式和搜索引擎模式下，Jieba 会把分词的所有可能都打印出来。一般直接使用精确模式即可，但是在某些模糊匹配场景下，使用全模式或搜索引擎模式更适合。

2.2.4 PyTorch 的下载与安装

安装完 Anaconda 环境之后，我们已经有了 Python 的运行环境以及基础的数学计算库了，接下来我们开始学习如何安装 PyTorch。首先，进入 PyTorch 的官方网站[⊖]，如图 2-6 所示。

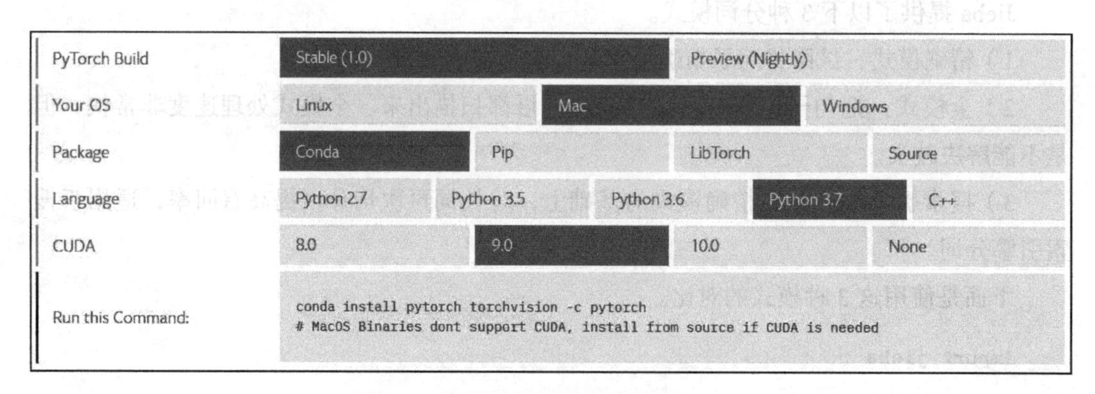

图 2-6　代码运行环境对应的 PyTorch

⊖ PyTorch 的官方网站地址：https://PyTorch.org。

按照系统提示，我们可以使用系统推荐的命令进行安装。如果你的计算机没有支持的显卡进行 GPU 加速，那么 CUDA 这个选项就选择 None。

安装完 PyTorch 后，我们打开 notebook，输入以下代码验证我们的 PyTorch 版本以及相对应的 CUDA 信息（本书截稿的时候官网上 PyTorch 的最新版本为 1.3，读者可使用当前最新版本），实际效果如图 2-7 所示。

如果安装成功，读者可以在 notebook 中输入以下代码来验证 CUDA 加速是否部署成功了。

```
import torch
print(torch.cuda.is_available()) # 返回 True 代表成
    功部署 CUDA
```

```
print(torch.__version__)
print(torch.version.cuda)

1.2.0
9.2.148
```

图 2-7　PyTorch 版本查看

2.2.5　Jupyter Notebook 远程访问

因为计算机配置的原因，读者的计算机中可能没有 GPU 显卡，这个时候我们可以考虑租赁远程的 GPU 服务器来学习深度学习，在远程 GPU 服务器中我们部署整个 Jupyter Notebook 的环境，之后我们只需要通过客户端的浏览器访问 Jupyter Notebook 就可以了。

在远程服务器中我们需要依照以下步骤来部署 Jupyter Notebook。

1. 创建配置文件

默认情况下，配置文件 ~/.jupyter/jupyter_notebook_config.py 并不存在，需要执行以下命令自行创建。

```
jupyter notebook --generate-config
```

若 root 用户执行以上命令出现如下提示，加上 --allow-root 选项即可。

```
Running as root it not recommended. Use --allow-root to bypass.
```

执行成功后提示以下信息。

```
Writing default config to: /home/username/.jupyter/jupyter_notebook_config.py
```

2. 生成密码

服务器端命令行输入如下所示。

```
jupyter notebook password
```

此时会提示输入密码及确认密码，密码设置完成后提示将生成的密码写入 /root/.jupyter/jupyter_notebook_config.json，注意 username 视用户而定（本书部署的时候是直接使用root账户），会直接出现在提示信息中。

```
$ Jupyter notebook password
Enter password: ****
Verify password: ****
[NotebookPasswordApp] Wrote hashed password to /root/.jupyter/jupyter_notebook_
    config.json
```

打开存储密码的json文件，可以看到如下所示密文。

```
"password": "sha1:715195d0b051:6fef8a8af30fc8dbf80e8b53809561bd62bc3bf2"
```

复制此密文。

3. 修改配置文件

在/root/.jupyter/jupyter_notebook_config.py中找到以下代码，去掉之前的注释符并进行修改。

```
c.NotebookApp.ip='*' #允许访问的IP地址，设置为*代表允许任何客户端访问
c.NotebookApp.password = 'sha1:7151...刚才生成密码时复制的密文'
c.NotebookApp.open_browser = False
c.NotebookApp.port =8889 #可自行指定一个端口，访问时使用该端口
c.NotebookApp.allow_remote_access = True
```

最后在服务器端启动Jupyter Notebook，root用户命令如下所示。

```
jupyter notebook —allow-root
```

2.3　TorchText的安装与介绍

当我们处理NLP任务的时候，数据预处理往往是最痛苦的，在我们开始训练模型之前，我们都不得不花费大量的时间从数据源（比如磁盘）中进行读取数据、切分词、清洗（去掉一些无意义的符号）、标准化、特征提取等操作。

TorchText是一种为PyTorch提供文本数据预处理能力的库，类似于图像处理库Torchvision。目前发布的TorchText版本可能会导致Jupyter Notebook运行出现异常，所以在本书中我们使用以下命令安装TorchText（使用以下命令时需要注意先安装git）。

```
$ pip install --upgrade git+https://github.com/PyTorch/text
```

安装完毕之后，我们测试一下是否安装成功（执行之后没有报错则视为安装成功），在Notebook中输入如下命令。

```
import torchtext
```

TorchText 包含以下组件。

- ❑ Field：主要包含数据预处理的配置信息，比如指定采用哪种分词方法、是否转成小写、起始字符和结束字符是什么、补全字符以及词典等。
- ❑ Dataset：继承自 PyTorch 的 Dataset，用于加载数据，提供了 TabularDataset，可以指定路径、格式，Field 信息就可以方便地完成数据加载。同时，TorchText 还提供预先构建的常用数据集的 Dataset 对象，可以直接加载使用，splits 方法可以同时加载训练集、验证集和测试集。
- ❑ Iterator：主要是数据输出的模型的迭代器，可以支持 batch 定制。

Field 包含一些文本处理的通用参数的设置，同时还包含一个词典对象，可以把文本数据表示成数字类型，进而把文本表示成需要的 tensor 类型，以下是 Field 对象包含的参数。

- ❑ sequential：是否把数据表示成序列，如果值为 False，则不能使用分词。sequential 默认值为 True。
- ❑ use_vocab：是否使用词典对象，默认值为 True，如果值为 False，则数据的类型必须已经是数值类型。
- ❑ init_token：每一条数据的起始字符，默认值为 None。
- ❑ eos_token：每条数据的结尾字符，默认值为 None。
- ❑ fix_length：修改每条数据的长度为该值，长度不够的用 pad_token 补全。默认值为 None。
- ❑ tensor_type：把数据转换成 tensor 类型，默认值为 torch.LongTensor。
- ❑ tokenize：分词函数，默认值为 str.split。

我们先来看一下相对比较容易理解的 LABEL 这个 Field，通常来说，LABEL 的值是一组单词，它们之后会通过 vocab 方法转为数值。需要注意的是，如果我们传入的值已经是数字化，而且不是序列化的，那么我们需要设置 use_vocab=False，以及 sequential=False。对于 TEXT 的 Field 来说，通常我们都需要使用分词函数来对中文进行分词处理（英文默认使用空格分词），pad_token 参数为了做补齐（padding）。示例代码如下所示。

```
import jieba
from torchtext import data, datasets
def tokenizer(text): # create a tokenizer function
```

```
    return [word for word in jieba.cut(text) if word.strip()] #使用jieba做中文分
        词，需要事先安装jieba

#告诉fields处理哪些数据
TEXT = data.Field(sequential=True, tokenize=tokenizer, fix_length=5) #使用了分词
    方法tokenizer
LABEL = data.Field(sequential=False, use_vocab=True)

#告诉fields处理哪些数据
tv_datafields = {'title':("title",LABEL),'text':("text",TEXT)}
```

TorchText的Dataset继承自PyTorch的Dataset，提供了一个可以下载压缩数据并解压的方法（支持.zip、.gz、.tgz）。splits方法可以同时读取训练集、验证集和测试集。TabularDataset可以很方便地读取CSV、TSV以及JSON格式的文件，代码如下。

```
#splits方法可以同时读取训练集、验证集和测试集
trn,vld = data.TabularDataset.splits(path='/wiki_zh/AA',train='wiki_00',
                                    validation='wiki_01',format='json',
                                fields=tv_datafields)
for i in range(0, len(trn)):
    print(vars(trn[i]))# vars()函数返回对象object的属性和属性值的字典对象
```

我们会得到一个Example对象，Example对象会将一条数据的所有属性绑定在一起。我们也可以观察到在TEXT的Field中的数据已经被分词了，但是还没有转化为数字。执行下述命令。

```
print(trn[0].__dict__.keys())
print(trn[0].text[:5])
```

我们可以看到输出是：dict_keys(['title', 'text'])

```
['数学', '数学', '是', '利用', '符号语言']
```

加载数据后可以建立词典，构建语料库的词汇表（将文本转为数字的过程），同时，加载预训练的word-embedding，一般来说我们只会在训练集上加载词汇。

```
TEXT.build_vocab(train, vectors="glove.6B.100d")
```

下一步就要进行batching操作了，Iterator是TorchText到模型的输出，它提供了对数据的一般处理方式，比如打乱、排序等，我们可以动态修改batch大小，这里splits方法可以同时输出训练集、验证集和测试集，参数如下所示。

- ❑ dataset：加载的数据集。
- ❑ batch_size：batch大小。

- batch_size_fn：产生动态的 batch 大小的函数。
- sort_key：排序的 key。
- train：是否是一个训练集。
- repeat：是否在不同 epoch 中重复迭代。
- shuffle：是否打乱数据。
- sort：是否对数据进行排序。
- sort_within_batch：batch 内部是否排序。
- device：建立 batch 的设备。

需要注意的是，如果我们要运行在 CPU 上，需要设置 device=-1；如果运行在 GPU 上，需要设置 device=0。我们可以很容易地检查 batch 后的结果，同时会发现，TorchText 使用了动态填充，意味着 batch 内的所有句子会填充成 batch 内最长句子的长度。示例代码如下。

```
train_iter, val_iter = data.Iterator.splits(
        (trn, vld), sort_key=lambda x: len(x.Text),
        batch_sizes=(256, 256), device=-1)
for x in train_iter:
    print(x)
```

2.4 本章小结

工欲善其事，必先利其器。本章主要讲述了让 NLP 工作变得高效的“利器”，介绍使用 Anaconda 快速构建开发环境以及 TorchText 进行文本预处理的方法。由于篇幅限制，无法逐一对诸如 Pandas、Matplotlib 等常用的 Python 库进行介绍，请读者自行查找相关资料。

另外还值得注意的是，在入门 NLP 之前读者须掌握一定的 Python 基础，以便探索更有趣的内容。

CHAPTER 3

第3章 中文分词技术

本章将讲解中文自然语言处理的第一项核心技术——中文分词技术，它是中文自然语言处理非常关键和核心的部分。在自然语言理解中，词（token）是最小的能够独立活动的有意义的语言成分。将词确定下来是理解自然语言的第一步，只有跨越了这一步，中文才能像英文那样过渡到短语划分、概念抽取以及主题分析，以至自然语言理解，最终达到智能计算的最高境界。因此，每个NLP工作者都应掌握分词技术。

本章要点如下：

- 介绍中文分词的概念与分类；
- 介绍常用分词技术，包括规则分词、统计分词以及混合分词等。

3.1 分词的概念和分类

"词"这个概念一直是汉语言学界纠缠不清而又挥之不去的问题。"词是什么"（词的抽象定义）和"什么是词"（词的具体界定）这两个基本问题迄今为止也未能有一个权威、明确的表述，当今更是没有一份令大家公认的词表。问题的主要难点在于汉语结构与印欧体系语种差异甚大，对词的构成边界很难进行界定。比如在英语中，单词本身就是"词"的表达，一篇英文文章的格式就是"单词"加分隔符（空格）。而在汉语中，词以字为基本单位，但是一篇文章的语义表达却仍然是以词来划分。因此，需要针对中文汉字，将其按照一定的方式进行组织，分成不同的词。

中文分词是让计算机自动识别出句子中的词，然后在词间加入边界标记符。这个过程看似简单，然而实践起来要复杂得多，主要困难在于分词歧义。下面以NLP分词的经典场景为例进行说明，短语"结婚的和尚未结婚的"，应该分词为"结婚/的/和/尚未/结

婚 / 的”，还是“结婚 / 的 / 和尚 / 未 / 结婚 / 的”呢？对于这个问题，机器很难处理。此外，像未登录词、分词粒度粗细等都是影响分词效果的重要因素。

自中文自动分词被提出以来，历经近 30 年的探索，先后出现了很多分词方法，可主要归纳为规则分词、统计分词和混合分词（规则 + 统计）这 3 个流派。最近这几年又兴起了以深度学习的方式进行分词，比如 BILSTM+CRF。

规则分词是最早兴起的方法，主要通过人工设立词库，按照一定方式进行匹配切分，其实现简单高效，但对没有录入词库的新词很难进行处理。随后统计机器学习技术兴起，应用于分词任务上就有了统计分词方法。该方法能够较好地应对新词发现等特殊场景。然而在实践中，单纯的统计分词也有其缺陷：太过依赖语料的质量。因此实践中多是采用规则分词和统计分词这两种方法的结合，即混合分词。

3.2　规则分词

基于规则的分词是一种机械分词方法，需要不断维护和更新词典，在切分语句时，将语句的每个字符串与词表中的每个词进行逐一匹配，找到则切分，找不到则不予切分。

按照匹配划分，主要有正向最大匹配、逆向最大匹配以及双向最大匹配这 3 种切分方法。

3.2.1　正向最大匹配

正向最大匹配（Maximum Match）通常简称为 MM 法，其执行过程如下所示。

1）从左向右取待切分汉语句的 m 个字符作为匹配字段，m 为机器词典中最长词条的字符数。

2）查找机器词典并进行匹配。若匹配成功，则将这个匹配字段作为一个词切分出来。若匹配不成功，则将这个匹配字段的最后一个字去掉，剩下的字符串作为新的匹配字段，进行再次匹配，重复以上过程，直到切分出所有词为止。

比如我们现在有个词典，最长词的长度为 5，词典中存在“南京市长”“长江大桥”和“大桥”3 个词。现采用正向最大匹配对句子“南京市长江大桥”进行分词，那么首先从句子中取出前 5 个字“南京市长江”，发现词典中没有该词，于是缩小长度，取前 4 个字“南京市长”，词典中存在该词，于是该词被确认切分。再将剩下的“江大桥”按照同样方式切分，得到“江”“大桥”，最终分为“南京市长”“江”“大桥”3 个词。显然，这种结果不是我们所希望的。正向最大匹配法示例代码如下。

```
class MM(object):
    def __init__(self):
        self.window_size = 3

    def cut(self,text):
        result=[]
        index=0
        text_length = len(text)
        dic = ['研究','研究生','生命','起源']
        while text_length > index:
            for size in range(self.window_size+index,index,-1):#4, 0, -1
                piece = text[index:size]
                if piece in dic:
                    index = size-1
                    break
            index = index + 1
            result.append(piece)
        return result
```

分词的结果如下所示，这个结果并不能让人满意。

```
text = '研究生命的起源'
tokenizer = MM()
print(tokenizer.cut(text))
```

输出结果如下所示。

```
['研究生', '命', '的', '起源']
```

3.2.2 逆向最大匹配

逆向最大匹配简称为RMM法。RMM法的基本原理与MM法大致相同，不同的是分词切分的方向与MM法相反。逆向最大匹配法从被处理文档的末端开始匹配扫描，每次取最末端的m个字符（m为词典中最长词数）作为匹配字段，若匹配失败，则去掉匹配字段最前面的一个字，继续匹配。相应地，它使用的分词词典是逆序词典，其中的每个词条都将按逆序方式存放。在实际处理时，先将文档进行倒排处理，生成逆序文档。然后，根据逆序词典，对逆序文档用正向最大匹配法处理即可。

由于汉语中偏正结构较多，若从后向前匹配，可以适当提高精确度。所以，逆向最大匹配法比正向最大匹配法的误差要小。统计结果表明，单纯使用正向最大匹配的错误率为1/169，单纯使用逆向最大匹配的错误率为1/245。比如之前的“南京市长江大桥”，按照逆向最大匹配，最终得到“南京市”“长江大桥”的分词结果。当然，如此切分并不代表完全正确，可能有个叫“江大桥”的“南京市长”也说不定。逆向最大匹配法示例代码如下。

```
class RMM(object):
    def __init__(self):
        self.window_size = 3

    def cut(self, text):
        result = []
        index = len(text)
        dic = ['研究', '研究生', '生命', '命', '的', '起源']
        while index > 0:
            for size in range(index-self.window_size ,index):
                piece = text[size:index]
                if piece in dic:
                    index = size + 1
                    break
            index = index - 1
            result.append(piece)
        result.reverse()
        return result
```

分词的结果如下所示，这个结果就很准确了。

```
text = '研究生命的起源'
tokenizer = RMM()
print(tokenizer.cut(text))
```

输出结果如下所示。

```
['研究', '生命', '的', '起源']
```

3.2.3　双向最大匹配

双向最大匹配法是将正向最大匹配法得到的分词结果和逆向最大匹配法得到的结果进行比较，然后按照最大匹配原则，选取词数切分最少的作为结果。据 Sun M.S. 和 Benjamin K.T. 研究表明，对于中文中 90.0% 左右的句子，正向最大匹配和逆向最大匹配的切分结果完全重合且正确，只有大概 9.0% 的句子采用两种切分方法得到的结果不一样，但其中必有一个是正确的（歧义检测成功），只有不到 1.0% 的句子，或者正向最大匹配和逆向最大匹配的切分结果虽重合却都是错的，或者正向最大匹配和逆向最大匹配的切分结果不同但两个都不对（歧义检测失败）。这正是双向最大匹配法在实用中文信息处理系统中得以广泛使用的原因所在。

前面列举的“南京市长江大桥”采用双向最大匹配法进行切分，中间产生“南京市/

江 / 大桥”和“南京市 / 长江大桥”两种结果，最终选取词数较少的“南京市 / 长江大桥”这一结果。

双向最大匹配的规则如下所示。

1）如果正反向分词结果词数不同，则取分词数量较少的那个结果（上例：“南京市 / 江 / 大桥”的分词数量为 3，而“南京市 / 长江大桥”的分词数量为 2，所以返回分词数量为 2 的结果）。

2）如果分词结果词数相同，则：

①分词结果相同，就说明没有歧义，可返回任意一个结果。

②分词结果不同，返回其中单字较少的那个。比如前文示例代码中，正向最大匹配返回的结果为“['研究生','命','的','起源']”，其中单字个数为 2 个；而逆向最大匹配返回的结果为“['研究','生命','的','起源']”，其中单字个数为 1。所以返回的是逆向最大匹配的结果。

参考代码如下所示。

```
#统计单字成词的个数
def count_singlechar(word_list):
    return sum(1 for word in word_list if len(word) == 1)

def bidirectional_segment(text):
    mm = MM()
rmm = RMM()
    f = mm.cut(text)
    b = rmm.cut(text)
    if (len(f) < len(b)):
        return f
    elif (len(f) > len(b)):
        return b
    else:
        if (count_singlechar(f) >= count_singlechar(b)):
            return b
        else:
            return f
```

最后我们验证一下效果。

```
print(bidirectional_segment('研究生命的起源'))
```

输出结果为：

```
['研究', '生命', '的', '起源']
```

基于规则的分词一般都较为简单高效，但是词典的维护面临很庞大的工作量。在网络发达的今天，网络新词层出不穷，很难通过词典覆盖所有词。另外，词典分词也无法区分歧义以及无法召回新词。

> **在实际项目中，我们是否会考虑使用规则分词？**
>
> 虽然使用规则分词的分词准确率看上去非常高，但是规则分词有几个特别大的问题：①不断维护词典是非常烦琐的，新词总是层出不穷，人工维护费时费力；②随着词典中条目数的增加，执行效率变得越来越低；③无法解决歧义问题。
>
> 所以在这里不建议采用规则分词法。

3.3　统计分词

随着大规模语料库的建立，以及统计机器学习方法的研究和发展，基于统计学的中文分词算法渐渐成为主流方法。

统计分词的主要思想是把每个词看作由词的各个字组成的，如果相连的字在不同的文本中出现的次数越多，就证明这相连的字很可能就是一个词。因此我们就可以利用字与字相邻出现的频率来反映成词的可靠度，统计语料中相邻共现的各个字的组合频度，当组合频度高于某一个临界值时，我们便可认为此字组可能会构成一个词语。

统计分词一般要做如下两步操作。

1）建立统计语言模型。

2）对句子进行单词划分，然后对划分结果进行概率计算，获得概率最大的分词方式。这里就用到了统计学习算法，如隐含马尔可夫模型（HMM）、条件随机场（CRF）等。

隐马尔可夫模型（Hidden Markov Model，HMM）是比较经典的机器学习模型，它在语言识别、自然语言处理、模式识别等领域得到了广泛的应用。作为一个经典的模型，学习 HMM 和对应算法，对我们解决问题以及提高建模能力有很好的帮助。下面主要阐述 HMM 在中文分词的应用。

1. 语言模型

语言模型在信息检索、机器翻译、语音识别中承担着重要的任务。用概率论的专业术语描述语言模型就是：为长度为 m 的字符串确定其概率分布 $P(\omega_1, \omega_2, , \omega_m)$，其中 ω_1 到 ω_m 依次表示文本中的各个词语。一般采用链式法则计算其概率值，如式（3-1）所示。

$$P(\omega_1, \omega_2, \cdots, \omega_m) = P(\omega_1)P(\omega_2|\omega_1)P(\omega_3|\omega_1, \omega_2) \cdots P(\omega_i|\omega_1, \omega_2, \cdots, \omega_{i-1}) \cdots P(\omega_m|\omega_1, \omega_2, \cdots, \omega_{m-1}) \tag{3-1}$$

观察式（3-1）可知，当文本过长时，公式右部从第三项起的每一项计算难度都很大。为解决该问题，有人提出 n 元模型（n-gram model）以降低该计算难度。所谓 n 元模型就是在估算条件概率时，忽略距离大于或等于 n 的上文词的影响，因此 $P(\omega_i|\omega_1, \omega_2, \cdots, \omega_{i-1})$ 的计算可简化为：

$$P(\omega_i|\omega_1, \omega_2, \cdots, \omega_{i-1}) \approx P(\omega_i|\omega_{i-(n-1)}, \cdots, \omega_{i-1}) \tag{3-2}$$

当 n=1 时称为一元模型（unigram model），此时整个句子的概率可表示为：

$$P(\omega_1, \omega_2, \cdots, \omega_m) = P(\omega_1)P(\omega_2)P(\omega_m)$$

观察可知，在一元语言模型中，整个句子的概率等于各个词语概率的乘积。言下之意就是各个词之间都是相互独立的，这无疑是完全损失了句中的词序信息。所以一元模型的效果并不理想。

当 n=2 时称为二元模型（bigram model），式（3-2）变为：

$$P(\omega_i|\omega_1, \omega_2, \cdots, \omega_{i-1}) = P(\omega_i|\omega_{i-1})$$

当 n=3 时称为三元模型（trigram model），式（3-2）变为：

$$P(\omega_i|\omega_1, \omega_2, \cdots, \omega_{i-1}) = P(\omega_i|\omega_{i-2}, \omega_{i-1})$$

显然当 $n \geqslant 2$ 时，该模型可以保留一定的词序信息，而且 n 越大，保留的词序信息越丰富，但计算成本也呈指数级增长。

一般使用频率计数的比例来计算 n 元条件概率，如式（3-3）所示。

$$P(\omega_i \mid \omega_{i-(n-1)}, \cdots, \omega_{i-1}) = \frac{\text{count}(\omega_{i-(n-1)}, \cdots, \omega_{i-1}, \omega_i)}{\text{count}(\omega_{i-(n-1)}, \cdots, \omega_{i-1})} \tag{3-3}$$

式中 count $(\omega_{i-(n-1)}, \cdots, \omega_{i-1})$ 表示词语 $\omega_{i-(n-1)}, \cdots, \omega_{i-1}$ 在语料库中出现的总次数。

上文已述：n 越大，模型包含的词序信息越丰富，计算量也随之增大。与此同时，长度长的文本序列出现的次数也会减少，如按照公式（3-3）估计 n 元条件概率时，就会出现分子分母为零的情况。因此，一般在 n 元模型中需要配合相应的平滑算法来解决该问题，如拉普拉斯平滑算法等。

2. HMM

隐马尔可夫模型（HMM）是将分词作为字在字串中的序列标注任务来实现的。其基本思路是：每个字在构造一个特定的词语时占据一个确定的构词位置（即词位），现规定每个字最多只有4个构词位置，即B（词首）、M（词中）、E（词尾）和S（单独成词），那么下面句子（a）的分词结果就可以直接表示成（b）所示的逐字标注形式。

（a）中文/分词/是/文本处理/不可或缺/的/一步！

（b）中/B 文/E 分/B 词/E 是/S 文/B 本/M 处/M 理/E 不/B 可/M 或/M 缺/E 的/S 一/B 步/E ！/S

用数学抽象表示如下：用 $\lambda=\lambda_1\lambda_2\cdots\lambda_n$ 代表输入的句子，n 为句子长度，λ_i 表示字，$o=o_1o_2\cdots o_n$ 代表输出的标签，那么理想的输出如式（3-4）所示。

$$\max=\max P(o_1o_2\cdots o_n|\lambda_1\lambda_2\cdots\lambda_n) \tag{3-4}$$

在分词任务上，o 即为B、M、E、S这4种标记，λ 为诸如“中”“文”等句子中的每个字（包括标点等非中文字符）。

需要注意的是，$P(o|\lambda)$ 是关于 $2n$ 个变量的条件概率，且 n 不固定。因此，几乎无法对 $P(o|\lambda)$ 进行精确计算。这里引入观测独立性假设，即每个字的输出仅与当前字有关，于是就能得到如式（3-5）所示。

$$P(o_1o_2\cdots o_n|\lambda_1\lambda_2\cdots\lambda_n)=P(o_1|\lambda_1)P(o_2|\lambda_2)\cdots P(o_n|\lambda_n) \tag{3-5}$$

事实上，$P(o_k|\lambda_k)$ 的计算要容易得多。通过观测独立性假设，目标问题得到极大简化。然而该方法完全没有考虑上下文，且会出现分词结果不合理的情况。比如按照之前设定的B、M、E和S标记，正常来说B后面只能是M或者E，然而基于观测独立性假设，我们很可能得到诸如BBB、BEM等输出结果，这显然是不合理的。

HMM就是用来解决上述问题的一种方法。在上面的公式中，我们一直期望求解的是 $P(o|\lambda)$，通过贝叶斯公式能够得到，如式（3-6）所示。

$$P(o\mid\lambda)=\frac{P(o,\lambda)}{P(\lambda)}=\frac{P(\lambda\mid o)P(o)}{p(\lambda)} \tag{3-6}$$

λ 为给定的输入，因此 $P(\lambda)$ 计算为常数，可以忽略，最大化 $P(o|\lambda)$ 等价于最大化 $P(\lambda|o)P(o)$。

针对 $P(\lambda|o)P(o)$ 做马尔可夫假设，得到如式（3-7）所示。

$$P(\lambda|o)=P(\lambda_1|o_1)P(\lambda_2|o_2)\cdots P(\lambda_n|o_n) \tag{3-7}$$

同时，$P(o)$ 如式（3-8）所示。

$$P(o)=P(o_1)P(o_2|o_1)P(o_3|o_1,o_2)\cdots P(o_n|o_1,o_2,\cdots,o_{n-1}) \tag{3-8}$$

这里 HMM 做了另外一个假设——齐次马尔可夫假设，每个输出仅与上一个输出有关，如式（3-9）、式（3-10）所示。

$$P(o) = P(o_1)P(o_2|o_1)P(o_3|o_2)\cdots P(o_n|o_{n-1}) \tag{3-9}$$

于是：

$$P(\lambda|o)P(o) \sim P(\lambda_1|o_1)P(o_2|o_1)P(\lambda_2|o_2)P(o_3|o_2)\cdots P(o_n|o_{n-1})P(\lambda_n|o_n) \tag{3-10}$$

在 HMM 中，将 $P(\lambda_k|o_k)$ 称为发射概率，$P(o_k|o_{k-1})$ 称为转移概率。通过设置某些 $P(o_k|o_{k-1}) = 0$，可以排除类似 BBB、EM 等不合理的组合。

事实上，式（3-9）的马尔可夫假设就是一个二元模型，当将齐次马尔可夫假设改为每个输出与前两个有关时，就变成了三元模型。当然在实际分词应用中还是多采用二元模型，因为相比三元模型，其计算复杂度要小不少。

在 HMM 中，求解 $\max P(\lambda|o)P(o)$ 的常用方法是 Viterbi 算法。它是一种动态规划方法，核心思想是：如果最终的最优路径经过某个 o_i，那么从初始节点到 o_{i-1} 点的路径必然也是一个最优路径——因为每一个节点 o_i 只会影响 $P(o_{i-1}|o_i)$ 和 $P(o_i|o_{i+1})$。

根据这个思想，可以通过递推的方法，在考虑每个 o_i 时只需要求出所有经过各 o_{i-1} 的候选点的最优路径，然后再与当前的 o_i 结合比较。这样每步只需要计算不超过 l^2 次，就可以逐步找出最优路径。Viterbi 算法的效率是 $O(n \cdot l^2)$，l 是候选数目最多的节点 o_i 的候选数目，它正比于 n，这是非常高效率的方法。HMM 的状态转移如图 3-1 所示。

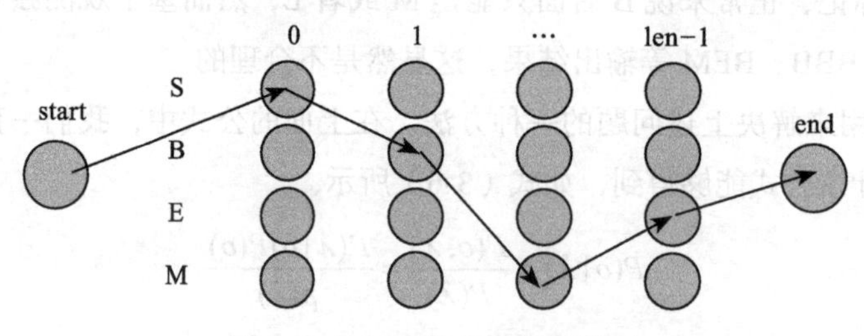

图 3-1　HMM 状态转移示意图

下面通过 Python 来实现 HMM，这里我们先计算训练语料的初始概率、状态转移概率以及观测概率。

```
from collections import Counter

class Corpus:
    def __init__(self,root):
```

```
        self.corpus_path = root
        self._words = []
        self._puns = set(u"？?!！·【】、；，。、\s+\t+~@#$%^&*()_+{}|:\"<"
               u"~@#￥%……&*（）__+{}|：""''《》>`\-=\[\]\\\\;',\./■")
        self._vocab = set([])
        self._states = []

    # 判断是否存在标点符号
    def is_puns(self, c):
        """
        判断是否符号
        """
        return c in self._puns

    # 生成字典
    def gen_vocabs(self):
        """
        生成词典
        """
        self._vocab = list(set(self._words))+[u'<UNK>']
        return self._vocab

    def read_corpus_from_file(self):
        """
        读取语料
        """
        with open(self.corpus_path, 'r') as f:
            lines = f.readlines()
            for line in lines:
                self._words.extend([word for word in line.strip().split(' ') if
                    word and not self.is_puns(word)])

    def word_to_states(self, word):
        """
        词对应状态转换
        """
        word_len = len(word)
        if word_len == 1:
            self._states.append('S')
        else:
            state = ['M'] * word_len
            state[0] = 'B'
            state[-1] = 'E'
            self._states.append(''.join(state))
```

```
    def cal_init_state(self):
        """
        计算初始概率
        """
        init_counts = {'S': 0.0, 'B': 0.0, 'M': 0.0, 'E': 0.0}
        for state in self._states:
            init_counts[state[0]] += 1.0 #句子的第一个字属于{B, E, M, S}这4种状态
                的概率，句子指的是文本中的一行
        words_count = len(self._words)
        init_state = {k: (v+1)/words_count for k, v in init_counts.items()}
        return init_state

    def cal_trans_state(self):
        """
        计算状态转移概率
        """
        trans_counts = {'S': {'S': 0.0, 'B': 0.0, 'M': 0.0, 'E': 0.0},
                        'B': {'S': 0.0, 'B': 0.0, 'M': 0.0, 'E': 0.0},
                        'M': {'S': 0.0, 'B': 0.0, 'M': 0.0, 'E': 0.0},
                        'E': {'S': 0.0, 'B': 0.0, 'M': 0.0, 'E': 0.0}}
        states = ''.join(self._states)  #BESSBESS
        counter = Counter(states) #Counter的输入就是字符串
        for index in range(len(states)):
            if index+1 == len(states): continue
            trans_counts[states[index]][states[index+1]] += 1.0 #计算SBME到
                SBME的次数
        trans_state = {k: {kk: (vv+1)/counter[k] for kk, vv in v.items()} for k,
            v in trans_counts.items()} #表示训练集中由state1 转移到 state2 的次数。
        return trans_state
    def cal_emit_state(self):
        """
        计算观测概率
        """
        self._vocab = self.gen_vocabs()
        word_dict = {word: 0.0 for word in ''.join(self._vocab)}
        emit_counts = {'S': dict(word_dict), 'B': dict(word_dict), 'M':
            dict(word_dict), 'E': dict(word_dict)}
        states = ''.join(self._states)
        counter = Counter(states)
        for index in range(len(self._states)):
            for i in range(len(self._states[index])):
emit_counts[self._states[index][i]][self._words[index][i]] += 1
        emit_state = {k: {kk: (vv+1)/counter[k] for kk, vv in v.items()} for k,
            v in emit_counts.items()}#观测矩阵，emit_mat[state][char]表示训练集中
```

```
            单字char被标注为state的次数
        return emit_state

    def cal_state(self):
        """
        计算3类状态概率
        """
        for word in self._words:
            self.word_to_states(word)
        init_state = self.cal_init_state()
        trans_state = self.cal_trans_state()
        emit_state = self.cal_emit_state()
        return init_state,trans_state,emit_state
```

接着我们将得到的状态写入文本保存。

```
import pickle
class Utils:
    def __init__(self):
        pass

    def save_state_to_file(self,path,content):
        with open(path,'wb') as f:
            pickle.dump(content,f)

    def read_state_from_file(self,path):
        with open(path,'rb') as f:
            content = pickle.load(f)
            return content
```

最后一步我们使用 hmmlearn 来实现 HMM。hmmlearn 是实现 HMM 算法的比较好的开源库，一共有 3 种隐马尔可夫模型，其中用于中文分词的是 MultinomialHMM 模型（用于观测状态是离散的）。hmmlearn 通过“pip install hmmlearn”完成安装。

```
import numpy as np
from hmmlearn.hmm import MultinomialHMM


class Segment:

    def __init__(self,util):
        self.util = util
        self.states, self.init_p = self.get_init_state()
        self.trans_p = self.get_trans_state()
        self.vocabs, self.emit_p = self.get_emit_state()
```

```
        self.model = self.get_model()

    def get_init_state(self):
        """
        获取初始概率，转为 HMM 模型接受数据形式
        """
        states = ['S', 'B', 'M', 'E']
        init_state = self.util.read_state_from_file('/NLP/dataset/hmm/init_
            stats.txt')
        init_p = np.array([init_state[s] for s in states])
        return states, init_p

    def get_trans_state(self):
        """
        获取转移概率，转为 HMM 模型接受数据形式
        """
        trans_state = self.util.read_state_from_file('/NLP/dataset/hmm/
            trans_stats.txt')
        trans_p = np.array([[trans_state[s][ss] for ss in self.states] for s in
            self.states])
        return trans_p

    def get_emit_state(self):
        """
        获取发射概率，转为 HMM 模型接受数据形式
        """
        emit_state = self.util.read_state_from_file('/NLP/dataset/hmm/emit_
            stats.txt')
        vocabs = []
        for s in self.states:
            vocabs.extend([k for k, v in emit_state[s].items()])
        vocabs = list(set(vocabs))
        emit_p = np.array([[emit_state[s][w] for w in vocabs] for s in self.
            states])
        return vocabs, emit_p

    def get_model(self):
        """
        初始化 HMM 模型
        """
        model = MultinomialHMM(n_components=len(self.states))
        model.startprob_ = self.init_p
        model.transmat_ = self.trans_p
        model.emissionprob_ = self.emit_p
        return model
```

```
    def pre_process(self, word):
        """
        未知字处理
        """
        if word in self.vocabs:
            return self.vocabs.index(word)
        else:
            return len(self.vocabs)-1

    def cut(self, sentence):
        """
        分词
        """
        seen_n = np.array([[self.pre_process(w) for w in sentence]]).T
        log_p, b = self.model.decode(seen_n, algorithm='viterbi')
        states = map(lambda x: self.states[x], b)
        cut_sentence = ''
        index =0
        for s in states:
            if s in ('S', 'E'):
                cut_sentence += sentence[index]+' '
            else:
                cut_sentence += sentence[index]
            index += 1
        return cut_sentence
```

我们测试一下上面的分词实现，比如查看切分下述这句话。

```
seg = Segment(util)
print(seg.cut('多年来，一直从事农村社会学、组织社会学方面的研究，主要著述有《社会学概论》
    (合编)、《经济体制改革对农村社会关系的影响》等'))
```

切分结果如下所示。

```
多年 来 ， 一直 从事 农村 社会 学、组织 社会 学方面 的 研究 ， 主要 著述 有《社 会学 概论》(合
    编)、《经济 体制 改革 对 农村 社会 关系 的 影响 》等
```

基本上分词效果还是可以的。当然这个示例的 HMM 程序较为简单，且训练采用的语料规模并不大。在实际项目实战中，读者可通过扩充语料、词典补充等手段予以优化。

3. 其他统计分词算法

条件随机场（CRF）也是一种基于马尔可夫思想的统计模型。在隐马尔可夫模型中，其有这样一个假设：每个状态只与它前面的状态有关。这样的假设显然是有偏差的，于是学者们提出了条件随机场算法，使得每个状态不止与它前面的状态有关，还与它后面的状

态有关。

神经网络分词算法是深度学习方法在NLP上的应用。通常采用CNN、LSTM等深度学习网络自动发现一些模式和特征，然后结合CRF、softmax等分类算法进行分词预测。基于深度学习的分词方法将在后续介绍完深度学习相关知识后，再做拓展。

对比规则分词法，统计分词不用耗费人力维护词典，能较好地处理歧义和未登录词，是目前分词中非常主流的方法。但其分词的效果依赖训练语料的质量，且计算量相较于规则分词要大得多。

3.4　混合分词

事实上，目前不管是基于规则的算法，还是基于HMM、CRF或者深度学习等方法，分词效果在执行具体任务中的差距并没有那么明显。在实际工程应用中，多是基于一种分词算法，然后用其他分词算法加以辅助。最常见的方式就是先基于词典的方式进行分词，然后再用统计分词方法进行辅助。如此，能在保证词典分词准确率的基础上，对未登录词和歧义词有较好的识别，下节介绍的Jieba分词工具便是基于这种方法实现的。

3.5　Jieba分词

在第2章人机对话前置技术中，我们已经系统讲解了Jieba分词的使用方式，接下来将结合具体案例，更深入地讲解Jieba分词的具体用法。

高频词一般是指文档中出现频率较高且有用的词语，其一定程度上代表了文档的焦点所在。针对单篇文档，可以将高频词作为一种关键词来看。对于诸如新闻这样的多篇文档，也可以用来表示热词，予以舆论焦点发现。

高频词提取其实就是自然语言处理中的TF（Term Frequency）策略。其主要有以下两类干扰项。

1）标点符号：一般标点符号无任何价值，需要去除。

2）停用词：诸如“的”“是”“额”等常用词无任何意义，也需要剔除。

下面采用Jieba分词，针对搜狗实验室的新闻数据进行高频词的提取。

读者可以自行去搜狗实验室下载新闻数据，目录下均为txt文件，分别代表不同领域的新闻。该数据本质上是一个分类语料，这里我们只挑选其中一个类别，统计该类的高频词即可。

首先，进行数据的读取。

```
def get_content(path):

    with open(path, 'r', encoding='gbk', errors='ignore') as f:
        content = ''
        for l in f:
            l = l.strip()
            content += l
        return content
```

该函数用于加载指定路径下的数据。

定义高频词统计的函数，其输入是一个词的数组，如下所示。

```
def get_TF(words, topK=10):

    tf_dic = {}
    for w in words:
        tf_dic[w] = tf_dic.get(w, 0) + 1
    return sorted(tf_dic.items(), key = lambda x: x[1], reverse=True)[:topK]
```

最后，主函数如下，这里仅列举了求出高频词的前10个。

```
def main():
    import glob
    import random
    import jieba

    files = glob.glob('./data/news/C000013/*.txt')
    corpus = [get_content(x) for x in files]


    sample_inx = random.randint(0, len(corpus))
    split_words = list(jieba.cut(corpus[sample_inx]))
    print('样本之一：'+corpus[sample_inx])
    print('样本分词效果：'+'/ '.join(split_words))
    print('样本的topK（10）词：'+str(get_TF(split_words)))
```

运行主函数，结果如下所示。

样本之一：中国卫生部官员24日说，截至2005年底，中国各地报告的尘肺病病人累计已超过60万例，职业病整体防治形势严峻。卫生部副部长陈啸宏在当日举行的"国家职业卫生示范企业授牌暨企业职业卫生交流大会"上说，中国各类急性职业中毒事故每年发生200多起，上千人中毒，直接经济损失达上百亿元。职业病病人总量大、发病率较高、经济损失大、影响恶劣。卫生部24日公布，2005年卫生部共收到全国30个省、自治区、直辖市（不包括西藏、港、澳、台）各类职业病报告12212例，其中尘肺病病例报告9173例，占75.11%。陈啸宏说，矽肺和煤工尘肺是中国最主要的尘肺病，且尘肺病发病工龄在缩短。去

```
年报告的尘肺病病人中最短接尘时间不足三个月，平均发病年龄 40.9 岁，最小发病年龄 20 岁。陈啸宏表示，政府部门执法不严、监督不力，企业生产水平不高、技术设备落后等是职业卫生问题严重的原因。"但更重要的原因是有些企业法制观念淡薄，社会责任严重缺位，缺乏维护职工健康的强烈的意识，职工的合法权益不能得到有效的保障。"他说。为提高企业对职业卫生工作的重视，卫生部、国家安全生产监督管理总局和中华全国总工会 24 日在京评选出 56 家国家级职业卫生工作示范企业，希望这些企业为社会推广职业病防治经验，促使其他企业作好职业卫生工作，保护劳动者健康。
样本分词效果：中国卫生部 / 官员 / 24/ 日 / 说 / ，/ 截至 / 2005/ 年底 / ，/ 中国 / 各地 / 报告 / 的 / 尘肺病 / 病人 / 累计 / 已 / 超过 / 60/ 万例 / ，/ 职业病 / 整体 / 防治 / 形势严峻 / 。/ 卫生部 / 副 / 部长 / 陈啸宏 / 在 / 当日 / 举行 / 的 / "/ 国家 / 职业 / 卫生 / 示范 / 企业 / 授牌 / 暨 / 企业 / 职业 / 卫生 / 交流 / 大会 / "/ 上 / 说 / ，/ 中国 / 各类 / 急性 / 职业 / 中毒 / 事故 / 每年 / 发生 / 200/ 多起 / ，/ 上千人 / 中毒 / ，/ 直接 / 经济损失 / 达上 / 百亿元 / 。/ 职业病 / 病人 / 总量 / 大 / 、/ 发病率 / 较 / 高 / 、/ 经济损失 / 大 / 、/ 影响 / 恶劣 / 。/ 卫生部 / 24/ 日 / 公布 / ，/ 2005/ 年 / 卫生部 / 共 / 收到 / 全国 / 30/ 个省 / 、/ 自治区 / 、/ 直辖市 / （/ 不 / 包括 / 西藏 / 、/ 港 / 、/ 澳 / 、/ 台 / ）/ 各类 / 职业病 / 报告 / 12212/ 例 / ，/ 其中 / 尘肺病 / 病例 / 报告 / 9173/ 例 / ，/ 占 / 75/ ./ 11/ %/ 。/ 陈啸宏 / 说 / ，/ 矽肺 / 和 / 煤工 / 尘肺 / 是 / 中国 / 最 / 主要 / 的 / 尘肺病 / ，/ 且 / 尘肺病 / 发病 / 工龄 / 在 / 缩短 / 。/ 去年 / 报告 / 的 / 尘肺病 / 病人 / 中 / 最 / 短 / 接尘 / 时间 / 不足 / 三个 / 月 / ，/ 平均 / 发病 / 年龄 / 40/ ./ 9/ 岁 / ，/ 最小 / 发病 / 年龄 / 20/ 岁 / 。/ 陈啸宏 / 表示 / ，/ 政府部门 / 执法不严 / 、/ 监督 / 不力 / ，/ 企业 / 生产 / 水平 / 不高 / 、/ 技术设备 / 落后 / 等 / 是 / 职业 / 卫生 / 问题 / 严重 / 的 / 原因 / 。/ "/ 但 / 更 / 重要 / 的 / 原因 / 是 / 有些 / 企业 / 法制观念 / 淡薄 / ，/ 社会 / 责任 / 严重 / 缺位 / ，/ 缺乏 / 维护 / 职工 / 健康 / 的 / 强烈 / 的 / 意识 / ，/ 职工 / 的 / 合法权益 / 不能 / 得到 / 有效 / 的 / 保障 / 。/ "/ 他 / 说 / 。/ 为 / 提高 / 企业 / 对 / 职业 / 卫生 / 工作 / 的 / 重视 / ，/ 卫生部 / 、/ 国家 / 安全 / 生产 / 监督管理 / 总局 / 和 / 中华全国总工会 / 24/ 日 / 在 / 京 / 评选 / 出 / 56/ 家 / 国家级 / 职业 / 卫生 / 工作 / 示范 / 企业 / ，/ 希望 / 这些 / 企业 / 为 / 社会 / 推广 / 职业病 / 防治 / 经验 / ，/ 促使 / 其他 / 企业 / 作好 / 职业 / 卫生 / 工作 / ，/ 保护 / 劳动者 / 健康 / 。
样本的 topK（10）词：[('，', 22), ('、', 11), ('的', 11), ('。', 10), ('企业', 8), ('职业', 7), ('卫生', 6), ('尘肺病', 5), ('说', 4), ('报告', 4)]
```

通过上面的结果，我们可以发现，诸如“的”“，”“。”“说”等词出现频率非常高，而这类词对把控文章焦点并无太大意义。我们需要的是类似“尘肺病”这种能够简要概括重点的词汇。解决以上问题常用的办法是自定义一个停用词典，当遇到这些词时过滤掉即可。

因此，我们可以自定义词典，然后按照如下方式来进行优化。

首先，整理常用的停用词（包括标点符号），按照每行一个的格式写入一个文件中（也可以在网上查找一个合适的停用词词典，本案例使用的停用词名称为 stop_words.utf8）。然后定义如下函数，用于过滤停用词。

```python
def stop_words(path):
    with open(path) as f:
        return [l.strip() for l in f]
```

接下来修改 main 函数中第 11 行分词的部分，参考如下命令进行修改。

```
split_words = [x for x in jieba.cut(corpus[sample_inx]) if x not in stop_
    words('./data/stop_words.utf8')]
```

高频词前 10 位结果如下所示。

```
样本的topK（10）词：[('企业', 8), ('职业', 7), ('卫生', 6), ('尘肺病', 5), ('卫生
    部', 4), ('报告', 4), ('职业病', 4), ('中国', 3), ('陈啸宏', 3), ('工作', 3)]
```

对比之前的结果，会发现执行效果有所提升，去除了无用标点符号以及“的”等干扰词。注意，本节实战中所用的停用词典为笔者整理的通用词典，在一般实践过程中，需要根据自己的任务，对词典定期更新维护。

上面演示了通过 Jieba 按照常规切词来提取高频词汇的过程。事实上，常用的中文分词器在分词效果上差距并不是特别大，但是在特定场景下常常表现得并不尽如人意。通常这种情况下我们需要定制自己的领域词典，用以提升分词的效果。Jieba 分词就提供了这样的功能，用户可以加载自定义词典。

```
jieba.load_userdict('./data/user_dict.utf8')
```

Jieba 要求的用户词典格式一般如下所示。

```
朝三暮四 3 i
大数据 5
汤姆 nz
公主坟
```

每一行为 3 个部分：词语、词频（可省略）、词性（可省略），用空格隔开，顺序不可颠倒。该词典文件须为 utf8 编码。

在提取高频词时，通过更合理的自定义词典加载，能够获得更佳效果。当然这里仅演示了一篇文档的高频词计算，对于多篇文档的高频词提取，按照该思路进行整体统计计算即可。

3.6　准确率评测

说到准确率（accuracy），它是用来衡量验证集或者测试集预测的标签与真实标签相同的比率指标，数学公式表现：

$$\text{accuracy}=\frac{\text{预测标签与真实标签相同的数量}}{\text{总的预测数据集数量}}$$

这个指标是否可以真正衡量一个模型的准确性呢？我们来看一个示例，比如我们现在有一组中文分词的结果（100 个词），其中 99 个词都是由单字组成的，比如“我”“你”“他”“的”等，最后一个词“北京”是由两个字组成的，那我们可以写一个非常简单的分词模型，只需要以输入的词是否是以单个字作为划分的判断依据，最后我们能够得到这个分词模型的准确率为 99%，但实际这个分词模型是毫无意义的。通过这个小例子我们可以得出结论，如果是上述这种分词任务，准确率高显然也是没有说服力的。

在中文分词任务中，一般使用在标准数据集上词语级别的精确率、召回率与 F_1 值来衡量分词模型的准确程度。

3.6.1 混淆矩阵

对于二分类问题，可将样例根据其真实类别与分类器预测类别的组合进行如下划分。

- 真实值是 Positive，模型认为是 Positive 的数量（True Positive=TP）。
- 真实值是 Positive，模型认为是 Negative 的数量（False Negative=FN）。
- 真实值是 Negative，模型认为是 Positive 的数量（False Positive=FP）。
- 真实值是 Negative，模型认为是 Negative 的数量（True Negative=TN）。

令 TP、TN、FP、FN 分别表示其对应的样本数，则 TP+TN+FP+FN 为样本总数，分类的混淆矩阵如图 3-2 所示，几个二级指标的概念如表 3-1 所示。

		真实	
		Positive	Negative
预测	Positive	True Positive	False Positive
	Negative	False Negative	True Negative

图 3-2　混淆矩阵

表 3-1　二级指标概念

	计算公式	公式说明
准确率 ACC	$\text{Accuracy} = \frac{TP+TN}{TP+TN+FP+FN}$	分类模型所有判断正确的结果占总观测值的比重
精确率 PPV	$\text{Precision} = \frac{TP}{TP+FP}$	在模型预测是 Positive 的所有结果中，模型预测对的比重
灵敏度 TPR	$\text{Sensitivity} = \text{Recall} = \frac{TP}{TP+FN}$	在真实值是 Positive 的所有结果中，模型预测对的比重

假设我们有一个工业上检测瑕疵的装置，合格品的比例应是 99%，也就是说生产 100 件产品中有 99 件是合格的，只有一件是不合格的。如果这个装置检测出来是 100 件都合

格，那么对于一个不合格品来说，实际是不合格但是被误判断为合格了，我们按照准确率（ACC）公式来衡量该装置，准确率达到了 99%；但是如果按照精确率（PPV）来衡量，精确率便为 0（在实践中，我们优先将关注度高的作为正类）。

在这个案例中，我们更为关注的是不合格品被监测出来，因为一旦不合格品流向了市场，会对企业的口碑造成不良影响。

F_1 值是用来衡量二分类模型精确度的指标。它同时兼顾了分类模型的精确率和召回率。F_1 分数可以看作模型精确率和召回率的一种加权平均，它的最大值是 1，最小值是 0。越接近 1 代表了模型的精确度越高，反之越差。

$$F_1 = 2\times\frac{\text{precision}\times\text{recall}}{\text{precision}+\text{recall}}$$

3.6.2 中文分词中的 P、R、F_1 计算

在中文分词中，标准答案和分词结果的单词数不一定相等，而且混淆矩阵针对的是分类问题（如瑕疵判断、性别预测等），而中文分词却是一个分块问题。

先做一些名词解释：

“模型切分出的所有词语数”为模型预测的分词效果。

“标准答案”为实际的分词效果（真值，正确答案）。

P= 模型准确切分的词语数 / 模型切分出的所有词语数。

R= 模型准确切分的词语数 / 标准答案。

示例如下：每个单词按它在文本中的起止位置可记作区间 $[i, j]$，其中 $1\leqslant i\leqslant j\leqslant n$，其中 n 为句子的长度，如表 3-2 所示。

表 3-2 分词示例

	单词序列	集合中的元素
标准答案	研究 生命 的 起源	[1, 2], [3, 4], [5, 5], [6, 7]
分词结果	研究生 命 的 起源	[1, 2, 3], [4, 4], [5, 5], [6, 7]
重合部分	取交集	[5, 5], [6, 7]

分词的 P、R 以及 F_1 为：

$$P=\frac{2}{4}=50\%$$

$$R=\frac{2}{4}=50\%$$

$$F_1=\frac{2\times0.5\times0.5}{0.5+0.5}=50\%$$

如果测试文本不止一句，只需要将结果累加计入“标准答案”“分词结果”“重合部分”这3个集合，最后计算一次 P 和 R 的值就可以了，代码如下所示。

```
import re
def to_region(segmentation):
    region = []
    start = 0
    for word in re.compile("\\s+").split(segmentation.strip()):#空格，回车，换行
        等空白符
        end = start + len(word)
        region.append((start,end))
        start = end
    return region
import numpy as np
def prf(target,pred):
    A_size,B_size,A_cap_B_size = 0,0,0
    for g,p in zip(target,pred):
        A,B = set(to_region(g)),set(to_region(p))
        A_size += len(A)
        B_size += len(B)
        A_cap_B_size += len(A & B)
    p,r = A_cap_B_size/B_size, A_cap_B_size/A_size
    f = 2 * p *r /(p+r)
    return p,r,f
```

输入数据如下所示。

```
target=["研究 生命 的 起源"]
pred= ["研究生 命 的 起源"]
print(prf(target,pred))
```

输出值如下所示。

```
研究 生命 的 起源
(0.5, 0.5, 0.5)
```

如果是多语料，准备两个文本：一个文本名为target.txt，存放正确的分词结果；一个文本名为pred.txt，存放模型预测的分词结果。

文本内容参考如下所示。

target.txt：

```
研究 生命 的 起源
```

pred.txt：

```
研究生 命 的 起源
```

计算 P、R 以及 F 的值的命令如下所示。

```
def prf(target,pred):
    A_size,B_size,A_cap_B_size = 0,0,0
    with open(target) as tg,open(pred) as pd:
        for g,p in zip(tg,pd):
            A,B = set(to_region(g)),set(to_region(p))
            A_size += len(A)
            B_size += len(B)
            A_cap_B_size += len(A & B)
    p,r = A_cap_B_size/B_size, A_cap_B_size/A_size
    f = 2 * p *r /(p+r)
    return p,r,f
```

3.7 本章小结

本章介绍了中文分词的相关技术，并分别基于词典匹配和基于 HMM 匹配的两种分词方法进行实战。作为 NLP 的基础入门章节，希望通过本章的学习，能让读者对中文分词的相关技术有所了解，并能在实际项目得到应用。在后续的章节中，我们会经常用到本章介绍的相关技术，进行更高层的应用实现。

CHAPTER 4

第4章

数据预处理

NLP处理的主要是非结构化的数据，比如客户提供的各种文本数据集，使用编程语言可以轻松地将这些文本数据集读入算法服务器的内存中，但是内存中存储的都是字符串。我们知道计算机擅长处理的是数字（比如0、1），所以，要使用NLP技术开发文本分类、自动生成、机器翻译、自动对话等方面的应用之前，需要掌握数据预处理方面的知识。

本章要点如下：

- 数据集介绍；
- 数据预处理；
- TorchText预处理详解。

4.1 数据集介绍

我们通过以下示例进行数据集介绍。示例来自2012年6月和7月国内、国际的体育、社会、娱乐等方面的18个频道的新闻数据，提供URL和正文信息[⊖]。数据的文本编码是GB2312，需要将编码转为UTF-8。

每篇数据格式说明如下所示。

```
<doc>
<url>页面URL</url>
<docno>页面ID</docno>
<contenttitle>页面标题</contenttitle>
<content>页面内容</content>
</doc>
```

⊖ 示例下载地址：https://www.sogou.com/labs/resource/ca.php

注意　content 字段去除了 HTML 标签，保存的是新闻正文文本。

本例我们使用了精简版数据（1 个月的数据，437MB）。转编码的 shell 脚本如下所示。

```
#!/bin/bash
# get all filename in specified path
for filename in 'ls $1'
do
    if [[ $filename =~ \.txt$ ]];then
        enca -L zh_CN -x UTF-8  < $filename  > /root/news/sogu/${filename#*.}
    fi
done
```

4.2 数据预处理

我们首先创建一个 CreateDataSet 函数，函数接收“数据集地址”这个参数，循环遍历各个数据集，将每个 <doc>…</doc> 节点中的 content 子节点与所对应的 url 子节点通过正则表达式的方式提取出来，url 子节点中的类别名称也需要通过正则表达式生成，具体代码如下所示。

```
import re
import os

def CreateDataSet(root):
    # 定义正则表达式
    patternUrl = re.compile(r'<url>(.*?)</url>', re.S)
    patternContent = re.compile(r'<content>(.*?)</content>', re.S)
    contents_list = []
    classes_list = []
    #查看新闻的种类共有多少以及每个种类有多少篇新闻:
    for file in os.listdir(root):
        # 设置路径打开文件
        file_path = os.path.join(root, file)
        with open(file_path,'r') as f:
            text = f.read()
            # 正则匹配出 url 和 content
            urls = patternUrl.findall(text)
            contents = patternContent.findall(text)
            for i in range(urls.__len__()):
                patternClass = re.compile(r'http://(.*?).sohu.com', re.S)
                    #http://yule.sohu.com
                classes_list.append(patternClass.findall(urls[i])[0])
```

```
                contents_list.append(contents[i])
    return classes_list,contents_list
```

调用 CreateDataSet 函数，将提取的新闻内容与类别名称存储于服务器内存中。

```
import time
start_time=time.time()
classes_list,contents_list = CreateDataSet("/root/news/sogu")
end_time=time.time()
print('数据源长度为 '+str(len(classes_list)))
print("读入文件的总时间为 : "+str(end_time-start_time))
```

输出结果如下所示。

```
数据源长度为 429819
读入文件的总时间为 : 11.850060224533081
```

接着进行如下操作。

```
# 去除几个不需要的新闻类别，同时删除字数小于 100 字的新闻
for i in range(contents_list.__len__())[::-1]:
    if (len(contents_list[i]) < 100 or classes_list[i] == '2008'
            or classes_list[i] == 'cul' or classes_list[i] == 'mil.news' or
                classes_list[i] == 'career'):
        contents_list.pop(i)
        classes_list.pop(i)
```

通过 Counter 类，我们发现每个新闻类别下的新闻数量不均衡。

```
from collections import Counter
Counter(classes_list)
```

输出结果如下所示。

```
Counter({'news': 79335,
    'house': 65799,
    'sports': 73505,
    'yule': 28582,
    'it': 9704,
    'business': 57041,
    'travel': 7070,
    'auto': 6130,
    'women': 12880,
    'health': 5051,
    'learning': 5824})
```

针对每一个新闻类型，提取 1000 篇新闻（读者可以根据服务器性能提取不同的新闻

数量）。

```
# 每一类提取 1000 篇新闻
X = []
y = []
d = {"business":0, "health":0, "house":0, "it":0,
    "learning":0, "news":0, "sports":0, "travel":0, "women":0, "yule":0,"auto":0}
for i in range(len(classes_list)):
    if (d[classes_list[i]] < 1000):
        d[classes_list[i]] += 1
        X.append(contents_list[i])
        y.append(classes_list[i])
```

接着，我们将这 1000 篇新闻组成一个元组（目的是形成“新闻内容”对应“新闻类别”），以方便之后的加工处理，shuffle 的目的是将数据尽可能均匀分布，最后我们将数据集拆分成训练集和验证集。

```
import random
datagroup = list(zip(X,y)) # 组成 tuple
length = len(datagroup)
random.shuffle(datagroup)
trainvalid_index = int(0.8*length)
trainset,validset = datagroup[:trainvalid_index],datagroup[trainvalid_index:]
```

4.3 TorchText 预处理

在实现读取文本与分词功能之后，我们需要对文本数据做进一步处理。TorchText 在第 2 章已经详细讲解过了，就不在本节中过多阐述了。TorchText 处理文本主要分 4 步，下面进行详细介绍。

4.3.1 torchtext.data

torchtext.data 定义了一个名为 Field 的类，它可以用来定义数据如何读取和调用自定义分词方法。

```
import jieba
from torchtext.data import Field

# 定义分词方法
def tokenizer(text): # create a tokenizer function
    stopwords = stopwordslist('/root/news/stopword.txt')  # 这里加载停用词的路径
```

```
    return [word for word in jieba.cut(text) if word.strip() not in stopwords]
        #使用Jieba做中文分词并且加载停用词，TorchText需要的是分词之后的词组成的list，而
        不是自己拼接的str（与tfidf需要的输入不同）

#加载停用词词库
def stopwordslist(filepath):
    stopwords = [line.strip() for line in open(filepath, 'r',encoding='utf-8').
        readlines()]
    return stopwords

#Field类处理数据
TEXT = Field(sequential=True, tokenize=tokenizer, batch_first=True,fix_
    length=200) #使用了分词方法tokenizer
LABEL = Field(sequential=False)
```

在上述代码中，我们定义了两个Field对象，一个用于存储实际的新闻文本，另一个用于存储标签数据。

对于新闻文本，我们调用了自定义的分词方法，并且将文本的最大长度限定为200(在实际生产环境中，我们可以按照实际情况调整最大长度)，sequential设置为True。这是因为需要将新闻文本数据表示成序列，并且使用分词方法。对于标签数据，我们不需要使用分词方法，所以直接将sequential设置为False就可以了。

Field的构造函数还可以接收一个名为tokenize的参数，该参数默认使用str.split函数，在本例中我们使用Jieba分词器自定义分词函数。另外，对于不同的网络层，大部分模型输入的维度不同，但是输入的第一个维度通常都是batch_size，比如torch.nn.Linear的输入是（batch_size, in_features)，torch.nn.Conv2d的输入是（batch_size, C, H, W)，所以，在构造Field对象的时候，设置batch_first=True。在定义label中，可以设置use_vocab参数，表示是否使用Vocab对象。如果设置为False，就表示此字段中的数据已为数字，默认值为True。

4.3.2 torchtext.datasets

torchtext.datasets实例提供了对数据集的封装。TorchText预置的Dataset类至少需要传入examples和fields这两个参数。examples是由TorchText中的example对象构造的列表，example是对数据集中每一条数据的抽象。fields可简单理解为每一列数据与Field对象的绑定关系。

值得注意的是，如果数据集中存在模型训练中不需要的特征，在构建Dataset的过程中可以直接使用None来代替。需要特别注意的是，对于测试数据集（test）中的标

签（label)，在机器学习比赛中我们不知道最终的测试集的标签，因此在构建 fields 和 examples 时都需要设置为 None。如果用自己划分出来的测试集，测试集也有对应的标签，需要修改对应代码，用对应的 field 项替换 None。在之后的实例中，我们使用验证集数据做模型预测。

TorchText 中有各种内置 Dataset，用于处理常见的数据格式。对于 csv/tsv 文件，使用 TabularDataset 类很方便。但是，当我们需要对数据进行更多预处理时，例如执行 shuffle、dropout 等数据增强操作时，自定义 Dataset 会更灵活。

```
from torchtext import data
from tqdm import tqdm
import numpy as np
import random
from torchtext import data
from tqdm import tqdm
import numpy as np
import random

# 定义 Dataset
class MyDataset(data.Dataset):

    def __init__(self,datatuple,text_field,label_field,test=False):
        fields = [("text",text_field),("label",label_field)]
        examples = []
        if test:
            # 如果为测试集，则不加载 label
            for content,label in tqdm(datatuple):
                examples.append(data.Example.fromlist([content, None], fields))
        else:
            for content, label in tqdm(datatuple):
                # Example: Defines a single training or test example.Stores
                    each column of the example as an attribute.
                examples.append(data.Example.fromlist([content,label], fields))
        # 之前是一些预处理操作，此处调用 super 初始化父类，构造自定义的 Dataset 类
        super().__init__(examples, fields)
```

接着生成训练集和验证集的对象。

```
train=MyDataset(trainset,text_field=TEXT,label_field=LABEL,test=False)
valid=MyDataset(validset,text_field=TEXT,label_field=LABEL,test=False)
```

4.3.3　构建词表

使用 TorchText 构建词表非常容易，在加载完数据之后，可以调用 build_vocab 并传

入负责为数据构建词表的必要参数[⊖]。

```
from torchtext.vocab import Vectors
vectors=Vectors(name='/root/news/sgns.sogou.word') #使用预训练的词向量，维度为300
TEXT.build_vocab(train, vectors=vectors)
LABEL.build_vocab(train)
```

vectors参数可以直接传入一个字符串类型的值，可以使用类vocab.Vectors指定我们所需的词向量。当词汇表构建完成后，我们就可以获得词频、每个词的向量以及标签索引等。

查询词频的命令如下所示。

```
print(TEXT.vocab.freqs)
```

查询新闻类别标签的索引命令如下所示。

```
print(LABEL.vocab.stoi)
```

在输出结果中可以观察到，TorchText增加了一个类别<unk>。

```
defaultdict(<bound method Vocab._default_unk_index of <torchtext.vocab.Vocab
    object at 0x7f87423bb710>>, {'<unk>': 0, 'sports': 1, 'health': 2, 'auto':
    3, 'news': 4, 'women': 5, 'it': 6, 'learning': 7, 'travel': 8, 'yule': 9,
    'house': 10, 'business': 11})
```

查询每个词的300维的向量命令如下所示。

```
print(TEXT.vocab.vectors)
```

4.3.4 构建迭代器

Iterator是TorchText到模型的输出，Iterator具有一些NLP特有的便捷功能，它提供了对数据的一般处理方式，比如打乱、排序等，可以动态修改batch大小，这里也有splits方法可以同时输出训练集、验证集和测试集。

1）验证集和训练集使用BucketIterator.splits()，目的是自动进行shuffle和padding，为了保证训练效率，尽量把句子长度相似的数据shuffle在一起。

2）测试集用Iterator。

3）sort是对全体数据按照升序进行排序，而sort_within_batch仅对一个batch内部的数据进行排序。

4）sort_within_batch参数设置为True时，sort_key对每个小批次内的数据进行降序

⊖ 下载地址：https://github.com/Embedding/Chinese-Word-Vectors

排序。当我们想使用 pack_padded_sequence 将 padded 序列转换为 PackedSequence 对象时，这项操作是必需的。注意，sort 和 shuffle 默认只针对 train=True 字段，但是 train 字段默认是 True。所以，测试集可以这么写：testIter = Iterator(tst, batch_size = 64, device = −1, train=False)。

5）repeat 是否在不同 epoch 中重复迭代。

6）device 可以是 torch.device。

如果使用 Pycharm，请使用以下代码。

```
from torchtext.data import BucketIterator
DEVICE = torch.device("cuda" if torch.cuda.is_available() else "cpu")
train_iter,valid_iter=BucketIterator.splits(
    (train,valid),
    batch_size=(batchsize,batchsize),
    device=DEVICE,
    sort_key=lambda x: len(x.text),
    sort_within_batch=False,
    shuffle=True,
    repeat=False
)
```

如果使用的是 Jupyter Notebook，则使用以下代码。如果使用上面的 Pycharm 代码，Notebook 会报错。

```
import torch
from torchtext.data import BucketIterator
batchsize=64
DEVICE = torch.device("cuda" if torch.cuda.is_available() else "cpu")
train_iter = data.BucketIterator(dataset=train, batch_size=batchsize,
    shuffle=True, sort_key=lambda x: len(x.text),
    device=DEVICE,sort_within_batch=False, repeat=False)
valid_iter = data.BucketIterator(dataset=valid, batch_size=batchsize,
    shuffle=True, sort_key=lambda x: len(x.text),
    device=DEVICE,sort_within_batch=False, repeat=False)
```

TorchText 只能在 PyTorch 上使用？

初学者刚接触 TorchText 的时候，往往会被 TorchText 强大的文本预处理能力所震撼，但是随之而来也有一个疑问，那就是 TorchText 是否可以在其他主流的深度学习框架上使用？虽然 TorchText 是为 PyTorch 设计的，但是也可以与 Keras、TensorFlow 和 MxNet 结合使用。

4.4　本章小结

本章主要介绍了文本预处理技术，介绍了在不同的工作领域如何使用预训练的词向量，着重讲解了 TorchText 文本预处理技术。这里再重点提一下 BuketIterator，它是 TorchText 最强大的功能之一，它会自动将输入序列进行 shuffle 并做 bucket 处理。这个功能之所以强大是因为我们需要填充输入序列，当长度相同时才能批处理，填充量由 batch 中最长的序列决定。因此，当序列长度相似时，填充效率最高。BucketIterator 会在后台执行这些操作。需要注意的是，我们需要告诉 BucketIterator 我们想在哪个数据属性上做 bucket。我们希望根据 text 字段的长度进行 bucket 处理，因此我们将其作为关键字参数传入 sort_key=lambda x: len(x.text)。BucketIterator 和 Iterator 的区别是，BucketIterator 会尽可能地把长度相似的句子放在一个 batch 里面。另外值得注意的是，如果我们想训练一定的 epoch，可以设置 repeat=False，这样我们的数据会训练 10 个 epoch 然后停止。如果我们不知道应该在多少个 epoch 的时候停止，比如当精度或者 loss 达到某个值的时候停止，我们就可以设置 repeat=True，当 loss 低于某个预设值的时候，程序就会停止。

CHAPTER 5

第5章

词向量实战

近年来，词向量被广泛使用在各类自然语言处理的应用中。词向量技术作为纽带，改变了原先极为松弛离散的语言表述，将文字巧妙地映射成为深度神经网络的高维输入神经元，使得深度学习在图像方面取得的大量突破得以延续到自然语言处理领域中。因此，研究深度学习在自然语言处理中的应用，一定离不开词向量技术，词向量技术堪比 NLP 技术栈中的范式。本章将带领各位去探究词向量技术的来龙去脉，介绍两种主流词向量算法（word2vec 与 glove）的原理和它们在 PyTorch 框架上的实现，并运用中文数据集验证其模型效果。通过对算法的实现，可以从底层理解词向量的实现细节，从而深入理解词向量技术的原理。

本章要点如下：

- 词向量由来；
- word2vec 算法；
- glove 算法。

5.1 词向量的由来

首先，我们从没有词向量这一撒手锏技术的时代说起。有别于图像数据的矩阵数值表示，文本天生存在序列化、离散化、灵活组装等特点，这使得针对文本建模就比针对图像建模更为复杂。one-hot 模型的出现解决了这一问题。

5.1.1 one-hot 模型

one-hot 模型从原理上来看极为简单，即把所有文本映射到同一个向量空间中。我们假设词汇总量为 V，针对任意一篇文档 X，则可用一个向量表示该文档，即：

$$X=[x_1,x_2,x_3,\cdots,x_v]$$

其中 x_i 表示词汇表中索引号为 i 的单词在文档 X 中是否出现，如果出现则为 1，否则为 0，这里的 one-hot 指的是用 1 比特表示特征的方法。下面我们用一个例子来具体说明 one-hot 模型是如何进行自然语言处理的。图 5-1 显示了单词数量为 6 的两篇文章的向量空间表示结果。

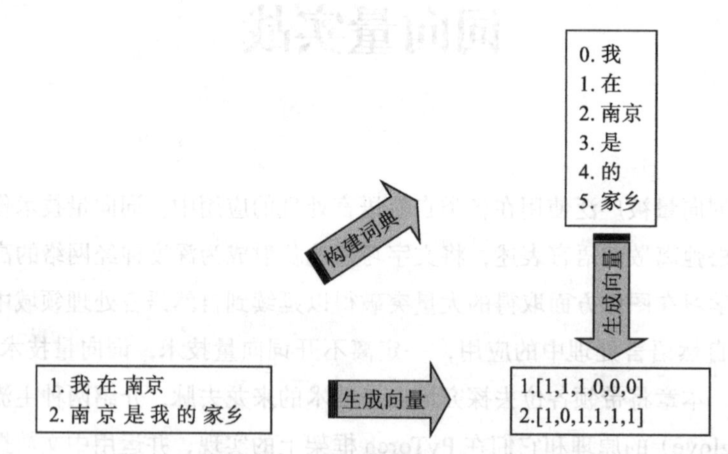

图 5-1　one-hot 模型文本表示示例 1

可以看出，任何一个词汇都被映射为词典中的一个索引值。在原始文本中，若该索引对应单词出现，则标记为 1，反之为 0。这就是词向量的雏形，只不过这时的词向量只有一个维度。这种将离散序列文本转换成同一向量空间内向量的技术被称为 one-hot 技术，通过该技术我们可以将任意文本片段映射成一个向量。变成向量的优势不仅体现在可以通过余弦、欧式距离等公式快速计算文本的相似度，还可以像图像处理一样，对统一空间的向量进行整体建模。运用这一技术进行机器学习建模的技术，统一被称为向量空间模型（Vector Space Model）。

我们可以再进一步探究一下：如果我们通过去停止词技术去掉符号和一些不重要的词，应该如何表示呢？针对这一问题，图 5-2 给出了相应结果。

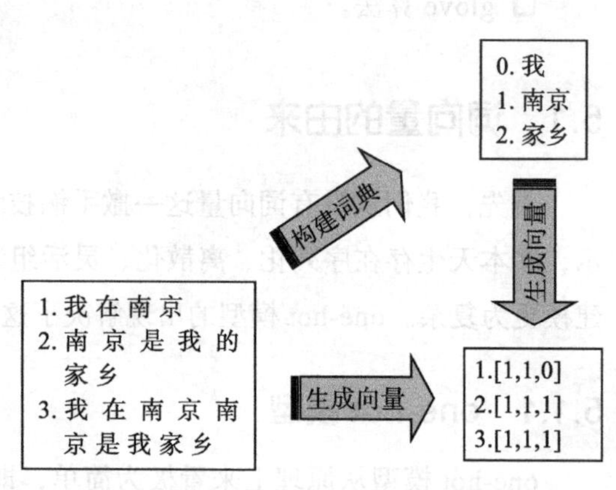

图 5-2　one-hot 模型文本表示示例 2

如图 5-2 所示，one-hot 模型并不考虑词出现的次数，仅用布尔类型（0 和 1）来判断某个单词是否出现。这样会导致篇章 2 和篇章 3 的向量空间一致。利用词频或者词频 – 逆文档频（TF-IDF）作为单词对应特征，取代布尔型特征，这是处理文本的有效手段。例如，图 9-2 中的篇章 2 可以用词频特征表示为 [1, 1, 1]，而篇章 3 则表示为 [1, 2, 1]。这样，二者所代表的向量就不完全一样了。

虽然利用词频或文档频特征可以避免上述问题，但是 one-hot 模型还存在许多不足。

首先，one-hot 模型是将单词完全拆分建模，无法考虑语序问题。例如，文本“老虎 / 吃 / 狮子”和“狮子 / 吃 / 老虎”在语义上存在明显差异，然而，在向量空间表示中，无论利用何种词特征加权，其结果都是一致的。这明显存在错误，为了解决这一问题，NLP 学者提出了多元模型（即把连续出现的词汇组合成一个新词放在词汇表里），避免了上述歧义的发生。多元模型引发了学者对于语言模型的更深层思考，我们将在后续章节重点讲述。

其次，任何一种语言，其背后所包含的词汇量都是极大的，倘若加上二元或多元模型，词汇量将成指数增长，这将引起维度灾难（The curse of dimension）。为什么说维度多不好呢？其主要原因是，在通过向量空间建模时，如果特征维度过多，会导致模型更加庞大，训练周期更长，模型更容易欠拟合（Underfitting）。图 5-2 中的去停止词可稍微缓解这一问题，然而停止词只是词汇中极小部分的集合，特征维度的缩小极为有限。

最后，也是最为关键的，one-hot 模型会将单词本身割裂开，不考虑词汇之间的语义相关性。例如，文本“父亲 / 爱 / 吃 / 苹果”和“爸爸 / 喜欢 / 啃 / 红富士”没有一个单词相关，若直接利用余弦计算二者的相似度，将得出其相似度为 0，这明显与真实语义相悖。这一问题也有学者用语义词网（WordNet）来解决，即通过预先对语言的理解（熟识相关同义词组合）来解决语义相关性问题。然而，人为设定的语义网络经常不符合真实任务所需，弱语义相关的词汇也无法通过语义词网进行捕获。

虽然 one-hot 模型存在诸多问题，但仍然掩盖不了其优秀的建模能力。通过 one-hot 模型巧妙地将不同离散序列的文本映射成同一向量空间下的若干向量，使得统计机器学习建模学习变成可能。利用 one-hot 及其相关变种建模方法，使得朴素贝叶斯和支持向量机在 20 世纪 90 年代大范围地运用在各项 NLP 任务中，诸如垃圾邮件分类、舆情监控等在该模型的辅助下取得了不错的效果。模型的整体设计思路非常值得我们学习与借鉴。

5.1.2　神经网络词向量模型

为了解决维度灾难与词义关联问题，Bengio 在 2003 年发表了论文 *A neural probabilistic language model*，提出了 NPLM 模型，并首次提出了“词向量模型”这一概念。这一思路的引入，打破了原有的对于单词单维度的描述，同时运用语言模型与神经网络相关技术，完成了对于单词特征的训练学习。可以说这篇论文的思路，为后面大放光彩的word2vec与glove奠定了基础。

本节将正式介绍词向量这一技术。正如5.1.1节提到的，one-hot模型是利用单词特征（布尔特征）来表示一个词汇。既然可以运用单词作为特征表示篇章，很自然地就可以联想到运用特征表示单词，组装成单词的高维特征向量，也就是词向量。单词可以通过哪些特征来表示呢？

在这个问题上，不同的学者提供了不同的思路。有的学者提出运用语义网相关的信息作为特征，也有学者提出运用情感词汇的人工标定特征作为情感词汇特征，更有学者提出将文本信息、中文偏旁部首，甚至文字的图像信息纳入词向量。Bengio在这篇论文中巧妙地运用神经网络解决了词向量特征难以制定这一问题。他认为，我们在理解单词时，脑海中并不存在若干思维固化特征。人脑理解单词的过程可能只是某些神经元信号的强弱发生变化，因此我们不需要人为设定单词的特征维度，而应该固定单词维度，通过大量语料将其做成一个机器学习任务，让机器自动学习单词的表征。为了仿照人类神经元的学习方式，Bengio运用了神经网络反向传播这一技术来训练词向量。

这里需要重点说明的是，词向量技术最大的优势是，虽然它是机器学习中的监督学习任务，但不需要用户标注。无论是本节提到的词向量，还是后来的word2vec与glove，都不需要用户标注。看到这里，也许有些读者会感到困惑，为什么监督学习不需要标注？没有标注怎么监督学习？这里就不得不提到将要在后面章节中重点讲述的语言模型的优势了。自然语言处理不同于图像识别，它是序列化数据。如果把任意一段文本的前k个词看成输入，把k+1个词看成输出，那么任意一篇样本就可以构建大量监督学习所需要的训练样本。我们选择k=3，通过图5-3中单句话的预测示例加以说明。

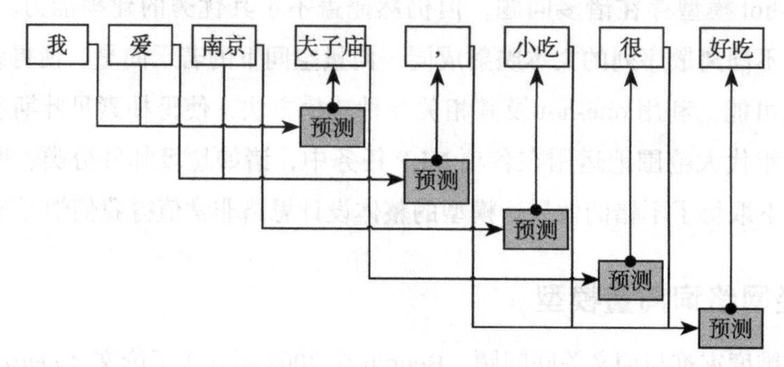

图5-3　语言模型示例

在图5-3中，预测任意词汇需要前3个词作为支撑。例如预测单词“夫子庙”，则需

要“我”“爱”“南京”作为支撑。这个 k 值也就是词向量当中重要的超参数——窗口大小。这里需要注意的是，有别于我们经常见到的监督模型非黑即白的判别，语言模型学习的是下一个单词出现的概率，即 P（$w_i = \mathrm{i} \mid w_{i-k}, w_{i-k+1}, \cdots, w_{i-1}$）。因此，并没有标准答案。在图 5-3 中，“我 / 爱 / 南京”去预测夫子庙（地名）并非唯一答案，它可以是任意的南京地名或者小吃，我们只是希望模型可以学到下一个词大概率是一个南京地名或者小吃即可。这点对于模型训练很关键，即我们并非期望 P（w= 夫子庙 | 我 / 爱 / 南京）=1，而是期望 P（w= 夫子庙 | 我 / 爱 / 南京）>P（w= 随机词汇（例如卢浮宫）| 我 / 爱 / 南京），即在“我爱南京”的语境下，“夫子庙”出现的概率应远高于卢浮宫。我们在后面开发词向量模型的负采样样本时就会运用这一逻辑。

我们在 NLP 实战中经常会遇到大量的抽象概念，例如刚刚提到的语言模型。对于这部分内容的学习，除了要掌握其定义和含义以外，还需要用一些例子进行测试与验证。希望读者在学习的过程中也能模拟一些例子，甚至计算出其对应取值，这样可以强化对于抽象知识的理解。

Bengio 将语言模型和神经网络技术相结合，最终完成了对于文本数据语言模型的神经网络建模与学习，其网络模型如图 5-4 所示。

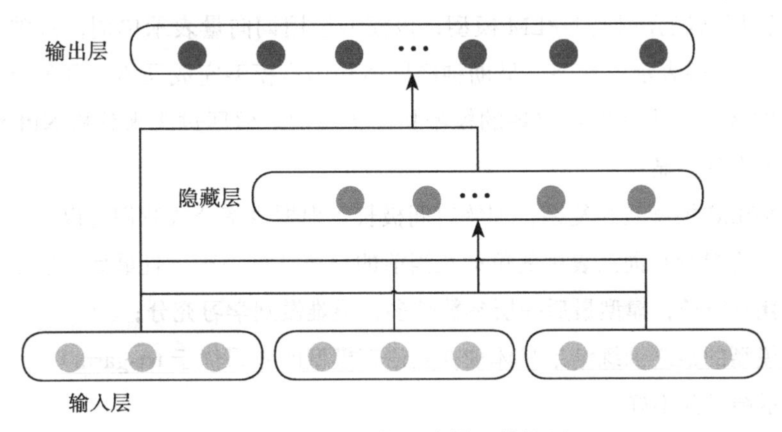

图 5-4　神经网络语言模型结构图

如图 5-4 所示，神经网络语言模型由以下 3 部分组成。

1）词向量矩阵 C：在训练集中出现的任意单词都是词向量矩阵中的一个向量，利用查找表（look up table）查找可以找到其对应的向量 C（w_t）。需要说明的是，针对未登录词（即未在训练集出现过的单词），一般会预置一个“UNK”向量用来替换。

2）神经网络映射函数 g：用来将序列化特征向量映射成统一特征表示，即 f(i, w_{t-1}, ⋯,

$w_{t-k}) = g(i, C(w_{t-1}), \cdots, C(w_{t-k}))$，中间设置相关隐层节点数用来学习隐层相关表示。

3）归一化函数 h 与当前词概率模型 P：用 softmax 函数将神经网络表示的隐层特征收紧，然后判断当前词汇 i 在所有词汇中出现的分布概率，即 $P(w_t = i|w_{t-k}^{t-1}) = \frac{e^{h_i}}{\sum_j e^{h_j}}$。

由这 3 部分可以发现，模型最终是为了学习出下一个单词 w_t 是单词 i 的概率，这个概率是通过计算所有单词的概率并求和得出的。这里可以看出，Bengio 针对 softmax 的结果又做了一个概率归一化操作，其主要目的就是为了让每个单词出现的概率分布都在 0 ～ 1 之间，且所有单词的概率和为 1，即 $\sum_{i=1}^{V} P(w_i) = 1$。

看到这里，也许有些刚刚学习神经网络的读者会产生困惑：传统神经网络都是固定输入，学习隐层输入，那输入矩阵 C 应该永远不变，为什么会存在词向量学习的过程？的确是这样，传统的神经网络都是对于隐层的参数学习。但 Bengio 的思路较为创新，他运用最终的结果计算损失函数时，同时学习输入的词向量和隐层参数。具体来说，在做梯度更新时，运用求偏导数的方式，固定隐层参数学习词向量参数，固定词向量参数学习隐层参数，最终二者都会学习。后续的 word2vec 和 glove 也用了同样的方法学习词向量，本章不再赘述。

至此，我们已经介绍完 NPLM 模型，该模型运用词向量表示单词，打破了原有 one-hot 模型的语义割裂表示的状态，借助神经网络和语言模型完成词语级别的建模，最终取得了突破性的效果，为后面再出现的模型指明了方向。但回过头来分析 NPLM 模型的结构，其不足也十分明显：

第一，NPLM 模型较为复杂，训练时间极长。根据概率公式我们可以得出，每计算一次语言模型，要把所有词汇表中的单词在当前的分布计算一次，且最后一层隐层接入所有单词，计算耗时极长，模型最后一层参数较多，很难做到学习充分；

第二，模型的最终训练结果只体现在其语言模型的效果优于 tri-garm（三元文法模型），其词向量表示结果并不好。

虽然 NPLM 模型存在诸多问题，但这并不影响它的重要地位，它和 one-hot 模型激发了后来者对神经网络语言模型的深度思考。

为什么要学习 NPLM 模型？

我们在刚开始学习 NPLM 模型的时候，经常会产生这样的疑惑：这个模型太老了，它已经被证实存在明显不足，已经有比它更优秀的模型，为什么还要学习它？

我们要知道，正是由于 one-hot、NPLM 模型出现了各种各样的问题，才促使了更多人加入神经网络语言模型的开发，并沿着前人的路不断开拓。因此，我们在学习这些模型的时候，应该多想想在当时的环境下，前人是如何创新性地构想出如此优秀的模型，这才是值得我们借鉴与学习的地方。

5.2 word2vec

5.2.1 初探 word2vec

在 5.1 节，我们介绍了两个模型：one-hot 与 NPLM，二者都有明显的优势和不足。直到 word2vec 的诞生，才真正引起了所有人的重视，它将 NLP 的发展带入了新的时代。2013 年，Tomas Mikolov 在谷歌工作期间发表的论文中首次提出了 word2vec 这一概念，并将源码及运用源码训练维基新闻的词向量开源。这一概念一经提出，便引起了大量学者的关注，通过测试，由 word2vec 模型训练的词向量效果十分优异。

图 5-5 所示是 word2vec 词向量 PCA 降维可视化效果，每一个 x 代表一个单词，我们可以看到图中左边都是国家名，右边都是国家对应的首都。这张图体现出模型可以自动组织概念并学习语义间蕴含的关系，尽管在训练中并未显式标注首都的含义，模型仍然可以学习到相关向量。“国家首都”这一语义蕴含是用 vector（国家）-vector（首都）获得的。

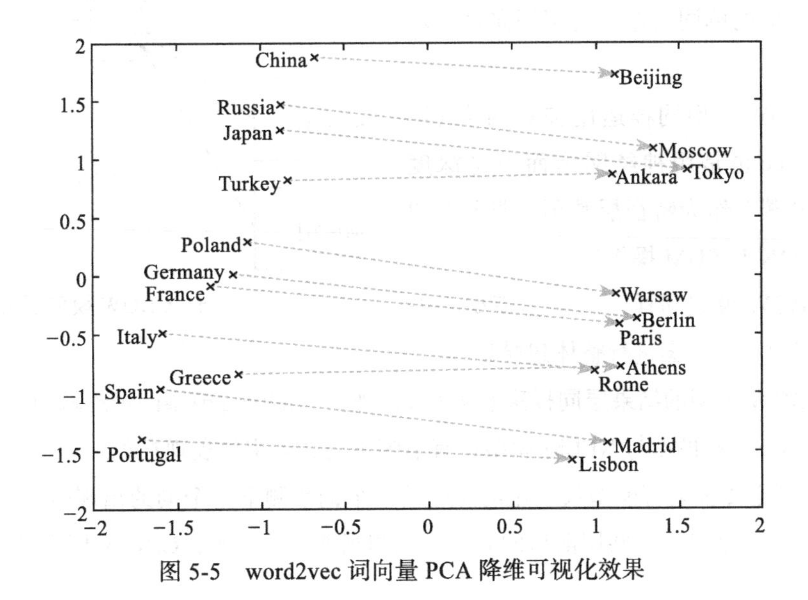

图 5-5　word2vec 词向量 PCA 降维可视化效果

从图5-5中可以发现，虽然国家和首都会发生变化，但是其对应的vector（国家）-vector（首都）基本不变，在二维可视化中可以看出，都是一个向右下方倾斜的向量。Mikolov还举了一个最为经典的词向量例子：

vector("King")-vector("Man")+vector("Woman")=vector("Queen")

即"国王"对应的语义向量减去"男性"的向量加上"女性"的向量就是"王后"对应的词向量。这个词向量极为优秀，因为机器在没有任何教育监督学习的情况下可以学习到"国王""王后""男性""女性"背后的语义，这符合真实的自然语言表示。

那么，词向量究竟是如何做到这一点的呢？同样是考虑将单词映射成向量，在表示上面，为什么词向量使用的模型会较之前的NPLM更加优秀呢？必须要深入word2vec模型一探究竟。作者Mikolov主要提出了CBOW和Skip-gram两种词向量模型。

5.2.2 深入CBOW模型

图5-6所示为CBOW模型（Continuous Bag-of-Words）框架。

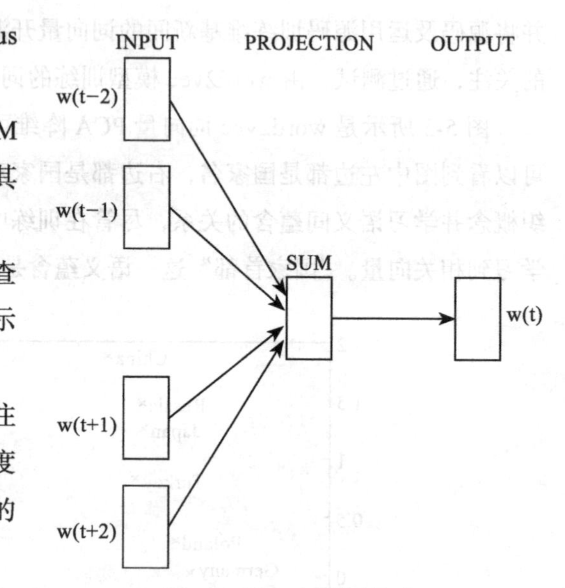

图5-6 CBOW模型框架

我们可以看出，CBOW模型与NPLM模型存在一些相同和不同点。总的来说，其相同点有如下4点。

1）CBOW模型同样从词向量矩阵中查每个单词对应的单词向量，运用词向量表示单词对应的特征。

2）CBOW模型同样运用神经网络（注意，word2vec也是用神经网络而不是深度学习进行建模）作为特征层映射（即图中的PROJECTION与SUM操作）。

3）CBOW模型同样运用语言模型损失函数作为模型训练方案进行整体建模学习。

4）CBOW模型的结果层同样采取softmax作为当前语言模型的最终输出。

然而，CBOW模型与NPLM模型也有诸多不同，其主要表现在如下4点。

1）不同于传统语言模型仅利用前文的前k个词预测下一个词的出现概率，CBOW模型考虑了上下文信息，一共用前后的k个词预测当前词的概率，CBOW模型更注意上下文的整体信息。

2）CBOW 模型将上下文的向量直接求和并作为输入，将待预测词向量作为输出，相比 NPLM 模型，简化了模型输入的网络结构。

3）在最终计算损失函数（loss）时，有别于 NPLM 模型需要计算所有单词在下一次出现的概率，CBOW 采用负采样的方式完成模型学习，即利用文中出现的单词作为正样本，利用特定概率分布去采样单词表中的若干样本作为负样本，通过正负样本的学习来完成模型整体参数的学习。

4）CBOW 模型的输出层将哈夫曼树作为可选项，这样可以加速模型的整体训练速度，即模型的收敛速度。

浅层神经网络不如深层神经网络好？

读到这里，也许会有读者感到失望，word2vec 竟然不是使用深度学习的模型？确实，在某些信息的误导下，word2vec 被认为是一个深度学习模型。然而，其本质只是个浅层（仅有一个隐层）神经网络，但这并不意味着 word2vec 模型不如深度学习的模型好，相反，word2vec 的原作者 Mikolov 在他的前一个模型 RNNLM 中使用深度学习模型 RNN 来做训练，其效果并不如 word2vec 好。从这个例子中可以看出，在处理真实任务的时候，不能唯“深度”论，而是应选择适合场景的模型，真正做出效果的模型才是好模型。

针对刚刚提到的第三个不同点，我们可以再深入了解一下。Mikolov 用哈夫曼树将单词按照词频由高到低建树，保证了高频词的训练节点个数小于低频词的训练节点个数。但细心的读者一定会发现，原有的输出层是全连接，每个单词的训练节点个数只有 1 个。利用哈夫曼树的确可以让高频词的训练节点个数下降，但仍然大于等于一个。这样一来，训练内容变多了，训练时间应该拉长，怎么还会下降呢？想要弄清这一问题，需要理解单轮训练时间与模型整体收敛时间。确实，利用哈夫曼树会导致单轮训练时间变长，但是引入树层结构会增加神经网络的隐藏权重，增加哈夫曼树所有节点的权重。因此，通过哈夫曼树构建的输出层会让众多单词（叶子节点）共享部分路径。这样，在训练词向量模型的同时，更新叶子节点与非叶子节点的权重，会加快模型收敛的速度，让模型可以更快达到收敛。

5.2.3　Skip-gram 模型介绍

图 5-7 为 Skip-gram 模型的框架图。

可以看出，Skip-gram 模型框架与 CBOW 相似。Skip-gram 模型也是仅通过学习上下文来训练整体模型，利用负采样来进行模型训练，将哈夫曼树作为输出层的可选项。本节的重点是对比 Skip-gram 模型与 CBOW 模型的差异，这样有助于读者更深刻地理解这两个模型。

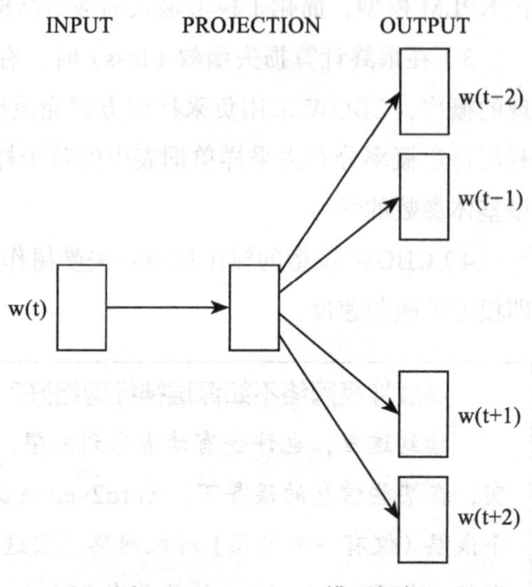

图 5-7　Skip-gram 模型框架

总的来说，Skip-gram 与 CBOW 模型的差异体现在如下 3 个方面。

1）从图 5-6 与图 5-7 的对比可以看出，二者最本质的区别在于：CBOW 模型希望模型运用上下文的 k 个词去预测当前词，而 Skip-gram 模型则希望模型运用当前词汇去预测上下文可能出现的单词，并不关注其语序。

2）CBOW 模型的训练时长明显小于 Skip-gram 模型。其原因也并不难理解，因为 CBOW 模型将上下文出现的词向量求和得出当前向量，针对每个单词只需计算一次，而 Skip-gram 模型则需要将当前单词和上下文的词向量计算 1 ～ k 次（并非固定每次都是 k 次，Mikolov 在源码中随机抽取窗口内的一部分单词用来训练）。

3）CBOW 模型擅长高频词汇的词向量学习，Skip-gram 模型擅长长尾词汇的词向量学习。这是因为二者网络结构不同，CBOW 模型由于将上下文的词向量统一计算处理，因此高频词出现概率更大，其向量学习的概率更大，因此会学习得更好。Skip-gram 模型与之相反，它每次仅计算两个词单向，因此对低频词汇计算次数多于 CBOW 模型。

通过与 CBOW 模型的对比可以明显看出 Skip-gram 模型的特性：速度相对较慢，但其对低频词的学习更好，适用于不过度看重训练时间、中长尾词汇向量对任务影响较大的场景。

5.2.4　word2vec 模型本质

至此，我们介绍了 word2vec 的由来及其核心的 CBOW 模型和 Skip-gram 模型。本节将探究 word2vec 算法的本质，希望从中找到其广为流行与效果出众的原因。

正如上文所说，Skip-gram 与 CBOW 模型的整体框架和设计理念都有 NPLM 的影子，为什么其效果远优于 NPLM 呢？这里我通过一个例子向各位说明。词向量最常见的一个应用是：查询与某一个词汇的 top k 个词汇。例如，运用中文维基百科训练的词向量效果如下：检索“李白”,top3 的词汇是“杜甫”“白居易”“诗人”；检索“篮球”,top3 的词汇是“足球”“职业”“运动员”。从中可以看出，词向量模型学习到李白与杜甫、篮球与足球的语义关系，而这种关系在原始的维基百科语料集中并没有显性体现。这个例子与作者列举的英文的“国家 – 首都”的例子相呼应。从另一方面也说明，word2vec 是跨越语言边界的通用模型，在各种语言上均取得了较为优秀的表现。

word2vec 的优秀表现引发了许多学者的思考，为什么模型可以学到与“李白”最相似的词汇是“杜甫”呢？ word2vec 明明是一个上下文相关模型，那么在“唐代的李白是一名诗人”这句话中，为什么 word2vec 不认为“李白”与“的”“是”最相似呢？在我看来，其原因是 word2vec 是学习语义的纵向理解。所谓的纵向理解，是考虑语义信息槽位的纵向关联，即任何词汇都不与其周围词汇保持语义一致性，而是同与环境一样的词汇保持语义一致性。简单来说，如果两个词汇所处的语义环境大体一致，这两个词汇本身的语义就是一致的。这种逻辑从语义上表述是成立的。例如，“我在餐厅吃 X”，这里“X”很明显是一种食物，那么，“炒饭”“拉面”这些都是可以填在 X 里面的词汇，其本身存在某种语义关联性。再回头来看李白与杜甫的例子，“唐代的李白是一名诗人”，“唐代的杜甫是一名诗人”。如果按照这种方式表述，word2vec 自然能学习到李白与杜甫的关系。

从本质上来看，word2vec 需要学习的并不是“李白”的向量近似于“唐代”向量，而是通过 pair< 李白，唐代 >、pair< 李白，诗人 >、pair< 杜甫，唐代 >、pair< 杜甫，诗人 > 学习出李白与杜甫的词向量是近似的。换言之，是通过“李白”“杜甫”同时对“唐代”“诗人”组成 pair 反推出“李白”和“杜甫”相似，而非简单推理出 A 和 C 或 B 和 C 相似。还有一点需要说明的是，特别高频的词汇，诸如“的”“是”“一名”等能与所有词汇组成 pair，这将导致其语义向量本身会被任意拉扯，会在相似度计算中与任意核心向量都不相似，所以我们也就不担心“李白”和“的”向量相似。

总的来说，正是 word2vec 优秀的纵向理解能力和算法本身无监督自学习的特性，以及其跨语种的优异表现，使其广为流行。时至今日，其与后来者 glove 仍难分伯仲，都是词向量领域最为闪耀的星星。

5.3 glove

5.3.1 初探 glove

word2vec 的出现让更多人关注到词向量以及词向量带来的一系列影响，时至今日，很多人依然会把word2vec等同于词向量。然而，对于词语的向量化表示，真的只有一种方法吗？难道word2vec真的没有不足之处吗？至少glove的作者Jeffrey Pennington就提出了不同的看法。Pennington认为，word2vec这一模型最大的问题就是看数据的视角过窄。正如上节所说，word2vec学习的正样本是同一窗口内的某一组词汇，每次学习的时候，并不考虑这两个词在全局中的概率分布，这样的学习并不利于模型理解这个词汇的全局信息，因此其词向量的学习会变得相对片面，学习也相对缓慢。

那么，有没有什么模型是学习全局词汇特征的呢？Pennington想到了我们在本章最开始提到的one-hot模型，该模型统计了单词的全局特征。Pennington对这个问题进一步剖析，放弃了“文档 × 单词”矩阵，直接利用“单词 × 单词”的词共现矩阵建模。

至此，我们已经介绍完了glove最重要的两个部分：与word2vec一致的窗口文本学习（local context window），以及借鉴one-hot模型的词共现矩阵（word-word co-occurrence matrix）。Pennington认为，只考虑稀疏矩阵会像one-hot模型一样失去对于语义的理解能力，但是只考虑窗口学习又会像word2vec一样仅能学习单词在固定范围内的上下文语义表征。下一小节将介绍glove是如何将这两部分内容结合在一起并完成模型训练过程中的词向量学习的。

5.3.2　glove模型原理

首先，我们对一些基本的概念进行定义。先定义词共现矩阵为X，其中$X_{i,j}$代表单词j在单词i窗口内出现的次数，不难看出X是对称矩阵，即$X_{i,j}=X_{j,i}$。定义在单词i窗口内出现单词的总次数X_i，其中$X_i=\sum_k X_{i,k}$。那么单词j在单词i文本窗口内出现的概率可以定义为：$P_{i,j}=P(j|i)=\dfrac{X_{i,k}}{X_i}$。Pennington对60亿英文文本进行分析和挖掘，得出相关数据如表5-1所示。

表5-1　单词条件概率分布表

概率比	k=solid	k=gas	k=water	k=fashion
P(k|ice)	1.9×10^{-4}	6.6×10^{-5}	3.0×10^{-3}	1.7×10^{-5}
P(k|steam)	2.2×10^{-5}	7.8×10^{-4}	2.2×10^{-3}	1.8×10^{-5}
P(k|ice)/P(k|steam)	8.9	8.5×10^{-2}	1.36	0.96

通过表5-1发现这样一个特性，当一个单词与ice（冰）语义相关，但与steam（蒸汽）语义无关时，其概率比P(k|ice)/P(k|steam)就会很大（表中举例为固体<solid>）；当一个单词与steam语义相关，并且与ice语义也相关时，其概率比P(k|ice)/P(k|steam)就会很小

（表中举例为气体 <gas>）；当一个单词与二者都有关或都无关的时候，其比率都会稳定在 1 附近。因此，可以进一步得到表 5-2。

表 5-2 任意单词 k 同单词 i, j 概率对比表

j \ i　p(k|i)/p(k|j)	相关	不相关
相关	1	极大
不相关	极小	1

Pennington 根据这一发现进行更深层的思考，即可以通过设计语义相关函数 F，运用统一参考标准单词 k 来判断单词 i 与单词 j 的语义表征相关性，即 $F(w_i, w_j, w_k) = \frac{P_{ik}}{P_{jk}}$。其中 w_i， w_j， w_k 都是其对应的词向量。考虑利用向量的计算公式进一步改进原有公式：

$$F((w_i - w_j)^T w_k) = \frac{F(w_i^T w_k)}{F(w_j^T w_k)}$$

再结合上面提到的 $P_{i,j}$，则有 F $(w_i^T w_k) = P_{i,j} = \frac{X_{i,k}}{X_i}$。对公式左右求对数，并考虑引入关于单词 i 与单词 k 的常量偏差量，则有：

$$w_i^{\mathrm{T}} w_k + b_i + b_k = \log X_{i,k}$$

至此，可以得到整体 glove 模型的损失函数 J 为：

$$J = \sum_{i,\, j=1}^{V} f(X_{ij})(w_i^T w_j + b_i + b_j - \log X_{i,j})^2$$

其中，$f(X_{ij})$ 是一个加权函数，用于惩罚过于高频的单词。其函数为：

$$\mathrm{f}(x) = \begin{cases} (x / x_{max})^{\mathrm{alpha}}, \ x < x_{max} \\ \quad 1, \quad \text{otherwise} \end{cases}$$

其函数表现如图 5-8 所示。

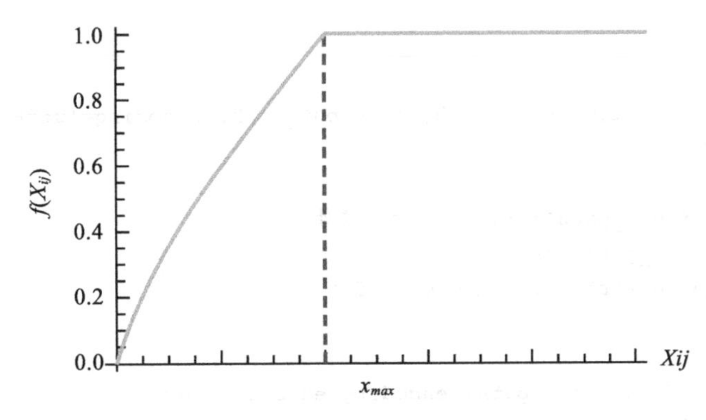

图 5-8 glove 损失函数中的加权函数图例

至此，glove模型的核心部分介绍完毕，模型通过将共现矩阵纳入损失函数，并利用上下文窗口作为统计样本空间，结合词向量与词共现矩阵，避免word2vec只聚焦局部特征与one-hot只考虑词共现特征的问题，综合考虑二者，希望词向量模型学习到更全面且更精准的语义表达。针对损失函数J的分析，glove模型并未使用深度学习或神经网络作为模型框架，而是借助词共现矩阵，完成对于词向量表示的学习。由于考虑到词语分布的全局性，Pennington在论文中表明glove语义表征效果优于word2vec，然而，在真实的自然语言处理任务中，尤其是与中文相关的任务中，其效果并非全面优于word2vec，因此需要读者根据任务特性选择合适的词向量模型。

5.4 word2vec实战

本节将运用PyTorch框架进行Skip-gram源码实战，其中将包含预处理函数、模型框架、模型训练、模型评估4个方面。

5.4.1 预处理模块

预处理模块代码主要参考dataset.py。在预处理模块中，我们需要将原始数据转换成模型需要的输入数据。其中包括原始数据分词处理、构建单词–索引双向字典与构建词频统计字典和构建负采样样本空间。

1. 原始数据分词处理

英语表述中单词以空格作为分隔，中文表述中并无明显分隔符（泰语、日语等语种都没有词分隔符）。因此，将中文原始文本切分成由空格分隔的若干中文词语是word2vec模型训练必不可少的一步。我们使用Jieba作为分词工具，其切分部分代码如下。

```
import jieba

def process_file(file_input_path, file_out_path, encoding='utf8'):
    """初始化函数
    Args:
        file_input_path[str] : 原始数据文件
        file_out_path[str]   : 输出文件
        encoding[str]   : 编码(默认utf8)
    """
    words = ''
    with open(file_input_path, encoding=encoding) as f:
        for line in f:
```

```
            # 过滤字符小于 3 的单行
            if len(line) < 3:
                continue
            s = ''
            for word in jieba.cut(line):
                # 过滤单字
                if len(word) > 1:
                    s += word + ' '
            words += s.strip()+'\n'
    f = open(file_out_path, mode='a', encoding='utf8')
    f.write(words)
    f.close()
```

上述代码有 3 点值得注意。

首先，读文本运用的是 with open 关键词。推荐运用这种方式进行文件读取，相比 f.readlines() 方式，with open 所占用的内存空间更小，这在大文本数据上体现得更为明显。

其次，代码中运用追加模式，在 file_out_path 中将本次预处理结果不断追加进输出结果中。这里需要格外强调的是，应避免多次 IO 的出现，若不是在最后阶段将所有结果追加进输出文件，而是在预处理阶段直接将处理结果写入（本例中直接将 s 写入文件），这样虽然结果上并无差异，但多次 IO 会导致代码性能急速下降，需引起各位重视。

最后，处理中文文本文件时，需要重点考虑输入文件的编码，GBK、GB2312、GB18030、UTF-8、UTF-16 都有可能作为输入文件的编码，同时需要考虑输入文件是否带有头信息 BOM（"\uFEFF"），在处理上需要慎重。作为输出文件，尽量使用 UTF-8（不带 BOM）作为输出编码，这样更加规范，并且方便后续模块进行解析。

2. 构建单词 – 索引双向字典与词频统计字典

在训练 word2vec 词向量时，需要构建对应的单词 – 索引双向字典，这是为了方便后面快速构建词向量矩阵和查询某个索引对应单词而建立的。在处理文本数据的时候，我们经常会有单词 – 索引双向查询的需求。原先的做法一般是通过构造两个字典结构来完成双向查询的需求，现在利用 Python 的第三方库 bidict 就可以轻松完成相关操作，示例代码如下。

```
from bidict import bidict
word2id = bidict({'快乐':1,'兴奋':2,'乐观':3})
print(word2id['快乐'])
print(word2id.inverse[2])
```

对应结果如下。

```
1
兴奋
```

在后续的负采样任务中，我们还会依赖词频统计的结果，它需要根据每个单词出现的频率构造特有的负采样样本空间。因此，我们在构建词典的同时，顺便完成词频统计的工作，避免对原始海量文本重复解析。在构建词频统计词典的任务中，不存在反查需求。用Python原生的字典，确实可以完成我们的需求，但是其代码需要做判空逻辑，代码略有冗余。其实，Python内置库defaultdict就可以更加便捷地解决这一问题，示例代码如下。

```
from collections import defaultdict
word_count = defaultdict(int)
for word in ['a','b','c','a','a','c']:
word_count[word] += 1
print(word_count)
```

对应结果如下。

```
defaultdict(<class 'int'>, {'a': 3, 'b': 1, 'c': 2})
```

最终，我们构建索引双向字典及词频字典的代码如下。

```
from bidict import bidict
from collections import defaultdict

def build_vocab(self):
    """ 构建词 - 索引双向字典及词频统计字典
    """
    # 词 - 索引双向字典
    self.word2index = bidict()
    # 单词词频统计字典
    self.word_count = defaultdict(int)
    self.word2index['UNK'] = 0
    index = 1
    with open(self.fname, encoding='utf8') as f:
        for line in f:
            for word in line.split():
                self.word_count[word] += 1
    # 过滤低频次
    remove_word_list = []
    for word, count in self.word_count.items():
        if count >= self.min_count:
            self.word2index[word] = index
            index += 1
        else:
```

```
            remove_word_list.append(word)
        for word in remove_word_list:
            self.word_count.pop(word)
        # 单词数量
        self.vocab_size = len(self.word2index.keys())
        # 为了防止负样本数量大于样本数量，采取极值处理
        # 一般训练不会出现这种情况
        if self.K >= self.vocab_size:
            self.K = max(1, self.vocab_size - self.window_size)
```

3. 构建负采样样本空间

在 word2vec 模型中构建负采样样本空间是为了按照相关概率分布采样负样本。如果按照简单的均匀分布去采集负向单词样本，那么其负采样样本空间就是单词列表本身，唯一需要考虑的是不要采集与原始正样本一致的样本。然而，这种方法存在明显的不足：采样均匀分布不符合单词出现的概率分布。为了解决这一问题，Mikolov 设计了新的采样分布概率，针对单词 w_i 的概率：

$$\mathrm{p}(w_i)=\frac{tf(w_i)^{0.75}}{\sum_{u\in vocab}tf(w_u)^{0.75}}$$

其中 $tf(w_i)$ 代表 w_i 对应的词频信息。可以想象，利用上述公式采样负样本时，每一次都需要大量计算。为了提升采样效率，Mikolov 采用了线段法构造样本空间。定义负采样样本空间包含 M（在实践中一般取值为 10^8）个单词，每个单词出现的个数为 $M*\mathrm{p}(w_i)$。然后，在这 M 个数的样本中随机选取一个词，即完成了单个负样本的采集。负采样样本空间构建与负采样的相关代码如下。

```
import numpy as np
import random

def build_negative_sample_space(self):
    """ 构建负样本采样空间
    """
    M = 1e8
    self.negative_sample_space = []
    word_value = np.array(list(self.word_count.values()))**0.75
    word_value /= word_value.sum()
    word_size_in_space = np.round(word_value * M)
    for i, word in enumerate(self.word_count):
        self.negative_sample_space += [self.word2index[word]] * \
            int(word_size_in_space[i])
```

```
def pick_negative_smaples(self, pos_index):
    """负样本采样
    Args:
        pos_index[int]    : 正样本索引值
    Returns:
        neg_samples[List] : 负样本采样列表
    """
    neg_samples = []
    while len(neg_samples) < self.K:
        neg_index = random.choice(self.negative_sample_space)
        # 避免负采样的样本隶属于正样本列表
        if neg_index != pos_index:
            neg_samples.append(neg_index)
    return neg_samples
```

5.4.2　模型框架

模型框架代码参考 skipGramModel.py，主要由两部分组成，包括模型初始化模块和模型前向反馈（forward）模块。

1. 初始化模型

整体框架采用PyTorch的神经网络训练框架，构建类SkipGramModel，继承nn.Module，并对其进行初始化，代码如下。

```
def __init__(self, vocab_size, embed_size, use_gpu):
    """初始化函数
    Args:
        vocab_size[int] : 单词数量
        embed_size[int] : 词向量维度
        use_gpu[boolean]: 是否使用 GPU
    """
    super(SkipGramModel, self).__init__()
    self.vocab_size = vocab_size
    self.embed_size = embed_size
    self.input_embs = nn.Embedding(vocab_size, embed_size)
    self.input_embs.weight.data.uniform_(-1, 1)
    self.output_embs = nn.Embedding(vocab_size, embed_size)
    self.output_embs.weight.data.uniform_(-1, 1)
    if use_gpu:
        self.input_embs = self.input_embs.cuda()
        self.output_embs = self.output_embs.cuda()
```

在SkipGramModel初始化函数中，入参包括单词总数、词向量维度和是否使用GPU三部分。由于模型需要用中心词判断窗口词是否出现（见图5-7），因此需要将输入与输

出变成单词总数 × 词向量维度的矩阵，借助 nn.Embedding 模块进行矩阵生成，并利用 uniform 对词向量进行 [−1, 1] 的均匀分布初始化。

2. 前向反馈（forward）模块

forword 模块作为 torch.nn 框架的核心模块，聚焦于网络损失函数的计算，并由框架完成反向传播梯度更新，因此代码更为简洁，如下所示。

```
def forward(self, pos_c, pos_v, neg_v):

    """ 前向传播 .
    Args:
        pos_c[torch.tensor]: 中心词序列 [batch_size,1]
        pos_v[torch.tensor]: 窗口词序列 [batch_size, 1]
        neg_v[torch.tensor]: 负向词序列 [batch_size, neg_size]
    Returns:
        Loss                : 损失值
    """
    emb_c = self.input_embs(pos_c)
    emb_v = self.output_embs(pos_v)
    score = torch.mul(emb_c, emb_v).sum(dim=-1)
    emb_v_neg = self.output_embs(neg_v)
    neg_score = torch.mul(emb_v_neg, emb_c).sum(dim=-1)
    pos_loss = F.logsigmoid(score).sum()
    neg_loss = F.logsigmoid(-1 * neg_score).sum()
    return -1 * (pos_loss + neg_loss)
```

注意，在每一次计算损失函数时，将利用 1 个正样本与 neg_size 个负样本一同计算其 loss，所以需要将两部分的 loss 累加作为整体 loss 输出。在计算损失值时，首先获取输入向量 emb_c 和目标向量 emb_v，将两个向量相乘获得损失值 pos_loss，并运用相同方法计算负例损失 neg_loss，相加后返回整体 loss。

5.4.3　模型训练

模型训练代码主要参考 word2vec_main.py。模型训练过程就是不断读取原始数据并进行正负样本损失计算，运用梯度更新方法不断更新模型参数。其中，模型参数主要包含词向量对应取值以及模型框架内部相关参数。本次训练中，输入数据采用预处理模块分词生成的文件 news_seg.txt，相关参数初始化代码如下。

```
d = Word2vecdataset('news_seg.txt',K=20, window_size=3, min_count=100)
    vocab_size = d.vocab_size
    embed_size = 100
    batch_size = 4096
```

```
    batch_iter = d.build_batches(batch_size)
    use_cuda = True
    lr = 0.1
lr_decay = 0.8
sg = SkipGramModel(d.vocab_size, embed_size, use_cuda)
optimizer = torch.optim.Adagrad(sg.parameters(), lr=lr)
```

主要参数包括：负样本数量 20、（左右）窗口大小 3、单词最小出现词频 100、词向量维度 100、单批数据样本量 4096、使用 cuda 加速、初始学习率 0.1、学习率衰减率 80%。模型使用上节编写的 SkipGramModel，梯度优化器使用 Pytorch 封装好的 Adagrad 优化器。

需要说明的是，上述参数是依据本次数据集规模、训练要求、训练机器配置三部分综合制定的，我们可以针对自身情况进行修改，通过不断尝试来掌握调整参数的技巧。这里提到的学习率、衰减率是训练过程的优化技巧，图 5-9 反馈了不同学习率下损失值随训练轮数（epoch）变化的曲线。

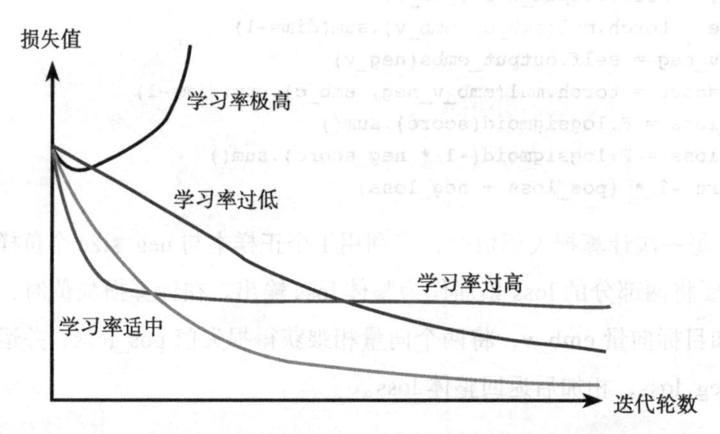

图 5-9　不同学习率下的损失值变化曲线

随着训练轮数的增加，为了避免出现梯度振荡现象，学习率不应该一成不变。高学习率与低学习率都会导致损失下降不显著，甚至会导致损失上升。只有在良好的学习率下，损失值变化曲线才会如图 5-9 预期的一样逐步下降。这里定义的良好学习率就是学习率随着训练轮数上升不断按比例衰减。这种学习率制定方式比较好理解，起初损失值变化差异较大，学习空间相对较大，可以运用较高学习率进行学习。随着训练轮数的增加，损失值差异变小，学习能力放缓，因此学习率也应该不断下调。所以，运用衰减函数，当学习率衰减为自身原有学习率的 80% 时，可以避免出现梯度来回波动、学习停滞不前的现象。

学习率衰减已经成为神经网络框架学习的常见优化技巧，被广泛使用。近年来提出的学习率热身（warm up）是指学习率不应该一直衰减，而应该先逐渐上升，提高学习范围，到后期再慢慢下降，这样的学习率更符合参数学习的一般规律。感兴趣的读者可以进一步研究学习率热身的流程，进而加深对学习率调节的认知。在 PyTorch 中，我们可以手动修改整体模型的学习率，其代码如下。

```
def adjust_learning_rate(optimizer, lr):
    """学习率手动调整 .
    Args:
        optimizer[torch.optim.adagrad] : 模型使用梯度集成类
        lr[float]                      : 修改的学习率
    Returns:
        None
    """
    for param_group in optimizer.param_groups:
        param_group['lr'] = lr
```

整体训练过程代码如下所示。

```
for i, (c, pos_index_list, neg_index_list) in enumerate(batch_iter):
    pos_c = torch.Tensor(c).long()
    pos_v = torch.Tensor(pos_index_list).long()
    neg_v = torch.Tensor(neg_index_list).long()
    if use_cuda:
        pos_c, pos_v, neg_v = pos_c.cuda(), pos_v.cuda(), neg_v.cuda()
    optimizer.zero_grad()
    loss = sg(pos_c, pos_v, neg_v)
    loss.backward()
    optimizer.step()
    if i % 1000 == 999:
        print('loss:', loss.data.tolist())
        lr *= lr_decay
        adjust_learning_rate(optimizer, lr)
    if i % 10000 == 9999:
        sg.save_embedding('cn_news_word2vec.txt', d.word2index)
```

若运用 GPU 对训练过程加速，需要手动对数据进行转换，告诉框架使用 CUDA 加速。CPU 与 GPU 数据的转换在 PyTorch 中也相对简单，运用 data.cuda() 与 data.cpu() 就可以完成二者间的转换。

PyTorch 神经网络训练流程都是将优化器内梯度清空（zero_grad），调用继承 nn.Module 的实现类（本例中为 SkipGramModel）对应的前向传播 forward 方法计算损失值，并运用框架自动计算相关参数的梯度更新结果 optimizer.step()。在代码实现中，在训练过程中每迭代1000步就会打印loss值，用以评估损失值的变化是否合理，并进行学习率衰减调整。同时，每迭代10 000步保存一次词向量模型。这里使用的是直接覆盖原有模型的方式进行模型保存，也可以评估原有模型和现有模型的效果（自己构建dev验证集或参考word2vec构建上层语义相似度任务来进行模型评估），选择较优模型进行保存，或者及早停止（early stop）较差模型。本节并不涉及相关代码，感兴趣的读者可以查找相关内容进一步优化这里的流程。

5.4.4 模型评估

至此，模型训练完成，下一步将验证训练出来的词向量结果的好坏。模型评估的代码可参考embedSim.py。这里将运用观察法观察与常用词汇最相似的top10单词进行模型评估，计算指定单词的topK单词的代码如下所示。

```
def cal_top_k_sim(self, word, K=5):
    """ 计算与指定单词最相似的 topK 单词
    Args:
        word[str]                         : 指定单词文本
        K[int]                            : topK 取值
    Returns:
        result[list((str,float))]         : 与指定单词最相似的 topK 单词及其相似度
    """
    if word not in self.word2index:
        print('word does not exist in the embedding file')
        return
    if K < 1:
        print('K must bigger or equal to 1!')
    idx = self.word2index[word]
    word_array = self.embedding_array[idx, :]
    result = []
    scores = np.dot(self.embedding_array, word_array) / \
        (self.vector_normal[idx]*self.vector_normal)
    word_indexs = np.argsort(scores)
    print('word:', word)
    result = []
    for word_index in word_indexs[::-1][1:K+1]:
        pair = (self.word2index.inverse[word_index], scores[word_index])
        print(pair)
        result.append(pair)
    return result
```

代码中除了考虑异常边界情况外，运用numpy的矩阵计算与排序，快速查找针对当前单词最相似的topK单词。其中需要取排序结果的1～k+1值为最终结果，避免结果集

中包含自身单词。至此，word2vec 中的 Skip-gram 模型已介绍完毕，下面列举几个我运用上述参数训练出模型计算结果，供读者参考，如表 5-3 所示。

表 5-3 word2vec 模型单词相似度分布表

top 5	电影	明星	湖人	妈妈	日本
1	电视剧	帅哥	热火	父母	韩国
2	影片	巨星	湖人队	爸爸	朝鲜
3	张艺谋	大腕	小牛	家里	泰国
4	拓展	作为	奇才	儿子	德国
5	一部	爱好者	曼联	妻子	巴塞罗那队

5.5 glove 实战

本节将开展 glove 实践，主要将从预处理模块、模型框架、模型训练和模型评估 4 部分进行介绍。

5.5.1 预处理模块

预处理模块代码主要参考 dataset.py。有别于 word2vec 的预处理模块，glove 的预处理模块需要构建词共现矩阵。由于在训练过程中并不会对初始文本进行二次分析，因此会在预处理模块完成原始文本的全部解析。词共现矩阵构建函数代码如下。

```
def build_cm(self):
    """build co-occurence matrix for the batch_data
    """
    data = [],x = [],y = []
    cm = coo_matrix(([0], ([0], [0])), shape=(self.vocab_size, self.vocab_
        size))
    with open(self.fname, encoding='utf8') as f:
        for line_index, line in enumerate(f):
            if line_index % 10000 == 9999:
                print('line index', line_index)
                index = (data, (x, y))
                cm = cm + coo_matrix(index, shape=(
                        self.vocab_size, self.vocab_size))
                data = [],x = [],y = []
            words = line.strip().split()
            for i, word in enumerate(words):
                # 如果中心词不在词向量中，就没必要参与训练
                if word not in self.word2index:
```

```
                    continue
                word_index = self.word2index[word]
                for j in range(1, min(self.window_size+1, len(words)-i)):
                    window_word = words[i+j]
                    # 若窗口词汇是 unk，则其 index 为 0
                    if window_word in self.word2index:
                        window_index = self.word2index[window_word]
                    else:
                        continue
                    if word_index < window_index:
                        x.append(word_index)
                        y.append(window_index)
                    else:
                        x.append(window_index)
                        y.append(word_index)
                    data.append(1.0)
        index = (data, (x, y))
        cm = cm + coo_matrix(index, shape=(
            self.vocab_size, self.vocab_size))
        self.cm = cm.tocsr()
        save_npz(self.base_dir+'cm.npz', self.cm)
```

值得注意的是，由于词共现矩阵的数据规模过大，因此代码实现了内存优化方案。运用Python的第三方类库scipy中的coo_matrix作为词共现矩阵存储的内容。由于窗口有限，大量单词相互之间并不会存在共现情况，例如“演唱会”和“量子计算”这一对词汇几乎不会在文本中共现。因此，采用传统矩阵存储单词 × 单词矩阵将开辟数GB的内存空间，其空间复杂度极高。然而，运用稀疏矩阵coo_matrix可以有效缓解这种情况。稀疏矩阵采用<值，行，列>的方式进行存储（可以参考代码中的index变量），这对于存在大量0值的矩阵存储更为高效。同时，scipy提供了稀疏矩阵间的相加操作运算，这样能避免创建过长list，用以存储稀疏矩阵输入的行列索引。除了稀疏矩阵以外，预处理阶段还值得注意的代码是生成训练批量数据模块，其代码如下所示。

```
def next_batch(self, batch_size):
    """ 构建下一批训练批处理样本
    Args:
        batch_size[int]   : 批处理数量
    Returns:
        batch_data[list]  : 单批次数据，返回单条数据包括
                            词 i 索引，词 j 索引，词 ij 共现分值，词 ij 共现加权分值
    """
    i = np.random.choice(self.vocab_index, size=batch_size)
    j = np.random.choice(self.vocab_index, size=batch_size)
```

```
        word_i = np.minimum(i, j)
        word_j = np.maximum(i, j)
        wij = [self.cm[word_i[x], word_j[x]].tolist() + 1
               for x in range(batch_size)]
        '''
        idx = np.random.choice(self.pair.shape[0], size=batch_size)
        # 切分索引变量
        word_i, word_j = np.hsplit(self.pair[idx], 2)
        wij = [self.cm[word_i[x][0], word_j[x][0]].tolist()
               for x in range(batch_size)]
        '''
        wf = [self.weight_func(wij[idx]) for idx in range(batch_size)]
        return word_i, word_j, wij, wf
```

这里运用 numpy 提供的随机抽取函数抽取训练集中的单词对。之所以不选择像 word2vec 一样直接从原始文本中抽取单词对，就是为了学习随机采样两个单词对应的概率分布，而非只学习窗口内词共现单词的概率分布。

5.5.2　模型框架

模型框架代码主要参考 gloveModel.py。模型框架仍然延续 PyTorch 中神经网络模型训练框架，主类继承 nn.Module，其中核心函数的前向反馈代码如下。

```
    def forward(self, pos_i, pos_j, wij, wf):
        """前向传播.
        Args:
            pos_i[torch.tensor]: 中心词序列 [batch_size,1]
            pos_j[torch.tensor]: 窗口词序列 [batch_size,1]
        Returns:
            Loss                : 损失值
        """
        batch_size = pos_i.shape[0]
        emb_i = self.input_embs(pos_i)
        emb_j = self.output_embs(pos_j)
        score = torch.mul(emb_i, emb_j).sum(dim=-1)
        bi = self.bi(pos_i)
        bj = self.bj(pos_j)
        nf = torch.pow((score.squeeze()+bi.squeeze() +
                        bj.squeeze() - torch.log(wij.squeeze())), 2)
        loss = (nf * wf).sum()
        return loss
```

其中，通过计算输入向量 emb_i 和输出向量 emb_j 的向量点集，同时考虑单词 i 和单词j的常量偏量值与单词i/j之间的共现分数，再乘以其对应的权重函数，最终累和得到这一批数据的整体损失值loss，作为正向反馈结果返回。

5.5.3 模型训练

模型训练模块的代码主要参考glove_main.py。训练流程主要为：先利用5.5.1节提到的next_batch函数不断生成批量数据，再经由gloveModel类中的fowrad模块计算其前向反馈损失值，最终由框架运用backward函数计算反向传播值，交由Python框架完成相关权重值的学习。其中，模型训练与参数设置相关代码同word2vec一致，这里不再赘述，整体模型训练代码参考如下。

```
def main():
    ''' main function for glove trainning
    '''
    base_dir = 'd:/data/word_embedding/'
    g = Glovedataset(base_dir+'news_seg.txt', window_size=7,
                     min_count=100, x_max=1000)
    embed_size = 100
    use_gpu = True
    batch_size = 4096
    iter_size = 20000
    print('start train')
    gm = GloveModel(g.vocab_size, embed_size, use_gpu)
    l_r = 0.5
    l_r_dacay = 0.8
    optimizer = torch.optim.Adagrad(gm.parameters(), lr=l_r)
    time_start = time.time()
    for i in range(iter_size):
        optimizer.zero_grad()
        pos_i, pos_j, wij, wf = g.next_batch(batch_size)
        if use_gpu:
            pos_i = torch.tensor(pos_i).long().cuda()
            pos_j = torch.tensor(pos_j).long().cuda()
            wij = torch.tensor(wij).float().cuda()
            wf = torch.tensor(wf).float().cuda()
        else:
            pos_i = torch.tensor(pos_i).long()
            pos_j = torch.tensor(pos_j).long()
            wij = torch.tensor(wij).float()
            wf = torch.tensor(wf).float()
        loss = gm(pos_i, pos_j, wij, wf)
        if i % 100 == 0:
```

```
        print(loss)
        l_r *= l_r_dacay
        adjust_learning_rate(optimizer, l_r)
    if i % 1000 == 999:
        time_end = time.time()
        print('finish! Time cost:', time_end-time_start)
        gm.save_embedding(base_dir+'glove.txt', g.word2index)
        time_start = time.time()
    loss.backward()
    optimizer.step()
```

5.5.4　模型评估

模型评估模块代码主要参考 embedSim.py。这里的模型评估代码与 word2vec 中的完全一致，我们直接验证其效果，如表 5-4 所示。

表 5-4　glove 模型单词相似度分布表

top 5	电影	明星	湖人	妈妈	日本
1	一看	发达	SMART	伊斯梅	阿德里亚
2	Gate	李芳芳	文稿	德鲁	软绵绵
3	出人意料	中金	绿营	Conrad	谈何
4	张东健	右键	坦率	GX200	纯新盘

5.6　本章小结

本章介绍了词向量技术的来龙去脉，从经典的 one-hot 模型和神经网络词向量模型切入，进一步介绍 word2vec 和 glove 两种主流词向量模型，并对二者的原理和异同点进行深度剖析，最终运用代码实现了上述两种算法。本章力求从底层讲解二者的原理，希望读者通过这一章可以更好地掌握词向量技术，并将其运用到 NLP 的任务中去。相信读者在使用这一技术解决真实问题时，会真正感受到词向量技术特有的魅力。

CHAPTER 6

第6章

序列标注与中文NER实战

不同于分类任务、聚类任务的领域无关性，序列标注任务是自然语言处理的特有任务。因此，通过深入学习序列标注任务，读者可以更加深刻地认识自然语言处理任务的相关特性。序列标注任务应用广泛，在命名实体识别、信息抽取、事件挖掘等应用中都可以看到这项技术的身影。本章就带领各位去探究序列标注任务的整体框架及流程，并介绍3种主流序列标注任务算法——CRF、BiLSTM、BiLSTM-CRF的相关原理。同时，本章将通过PyTorch框架实现BiLSTM和BiLSTM-CRF算法，运用中文NER（命名实体识别）数据集验证其模型效果。希望读者通过对算法源码的学习，能从底层理解相关技术的实现细节，深入理解序列标注的技术原理，将其应用到更多真实的自然语言处理任务中。

本章要点如下：

- 序列标注任务简介；
- 序列标注相关算法；
- BiLSTM算法；
- BiLSTM-CRF算法。

6.1 序列标注任务

6.1.1 任务定义及标签体系

首先，我们从序列标注任务的定义说起。序列标注任务是针对连续序列输入X（$X_1 X_2 X_3 \cdots X_n$）中的每一个元素，在预定义标签集合中选择一个元素并赋予对应标签，最终生成输出标签序列Y（$Y_1 Y_2 Y_3 \cdots Y_n$），我们将把原始序列元素逐一标注并生成新标签序列的任务称为序列标注任务。

下面我们以中文命名实体识别为例，进一步加深对任务定义的理解。在中文命名实体识别任务中，输入序列 X 为原始中文文本字符串，任务是识别人名（PER）、地名（LOC）、公司 / 机构名（ORG）以及其他元素（O），之后对原始中文逐字序列标注，生成目标标签序列 Y，再通过抽取整合同一类型的标签，完成对于上述 4 类实体的识别。

由于原始序列样本会存在多个实体连续出现的情况，若仅用上述 4 个标签，就很难将连续标签进行切分（例如，在“王浩去富士康京津冀的分公司”语句中，模型会将“京津冀”识别成一个 LOC，错将其判定为一个地名）。为了解决这一问题，序列标注任务须将上述标签进一步细化，标签细化方法有多种，图 6-1 为上文中提及的中文 NER 例子的各种标签体系标注结果。

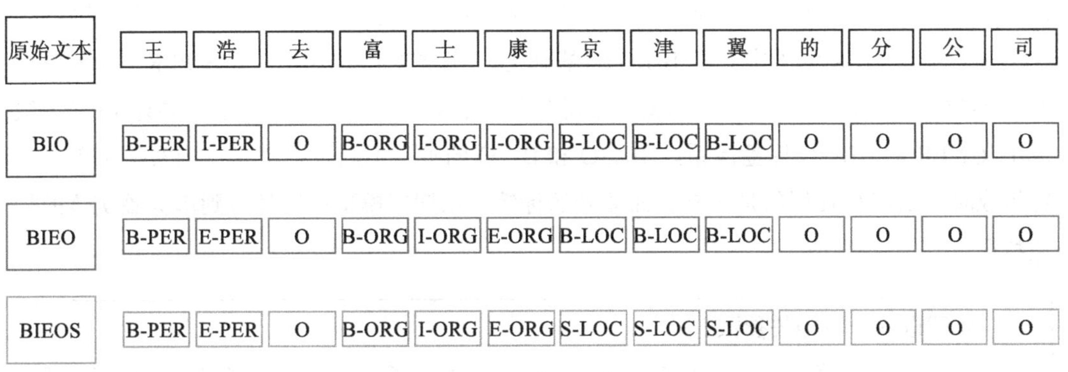

图 6-1　不同标签体系的标注示意图

如图 6-1 所示，标签集主要形态如下。

1. BIO 标签体系

BIO 标签体系主要是将每种类型的标签进一步细分为开始标签（Begin Tag）和内部标签（Inside Tag）。因此，针对上例的中文命名实体识别任务会产生 6 种标签，即 B-PER（人名开始标签）、I-PER（人名内部标签）、B-LOC（地名开始标签）、I-LOC（地名内部标签）、B-ORG（公司名开始标签）和 I-ORG（公司名内部标签），再加上其他标签 O，组成由 7 个标签构成的中文 NER 的 BIO 标签体系。该体系的特点是构建简单、标签数量少，对于模型训练来说，更加快速和高效，在样本较少的情况下模型容错率高（小样本条件下预测 7 个标签比预测 10 个标签和 13 个标签更加精确）。但是，过于简单的标签体系也会导致出现模型过拟的情况，特别是数据样本增多后，该体系的标签往往不如下面两套体系。

2. BIEO 标签体系

BIEO 标签体系在 BIO 的基础上增加了一类标签——结束标签（End Tag）。这样可以区分实体内部字符与实体结束字符，例如，上例中的“富士康”中“士”与“康”的标签会进一步进行区分。需要注意的是，若实体只由一个字符构成，则不存在内部标签和结束标签；若实体由两个字符构成，则不存在内部标签。在上述的中文NER例子中，在BIO的基础上，新增了3个结束标签，即E-PER（人名结束标签）、E-LOC（地名结束标签）、E-ORG（公司名结束标签），与上述7个标签（共计10个）组成中文NER的BIEO标签体系。该体系希望模型可以学到实体开始、内部、结束三部分不同的特征表示，相关试验的结果也表明其效果略优于BIO标签体系。

3. BIESO标签体系

BIESO标签体系是在BIEO的基础上增加一类标签——单标签（Single Tag）。这样可以区分单字符的实体与其他实体，例如“京津冀”中的“京”“津”“冀”均为单标签实体。在上述的中文NER例子中，在BIEO的基础上，新增3个单标签，即S-PER（人名单标签）、S-LOC（地名单标签）、S-ORG（公司名单标签），与上述10个标签（共计13个）组成中文NER的BIESO标签体系。BIESO和BIEO的唯一不同之处就是，当实体由单个字符组成时，BIESO使用的是单标签而非开始标签，以期望模型可以学习到单标签实体的相关特征。

> **如何选择模型相关参数？**
>
> 我们在NLP实践中经常会面临各种选择，例如是否使用深度学习建模、标签体系如何选择、模型超参如何设置、是否需要数据增强、是否需要模型融合等。其实，这些不仅仅是NLP任务独有的问题，在任何建模分析过程中，都需要在各种方法、参数、优化项中不断选择。建立良好的评价指标（F1、BLUE、MSE）以及科学的模型评估方法（ROC曲线、交叉验证、网格搜索）均会从一定程度上辅助我们进行模型选择。希望各位可以铭记一点，参数选择没有绝对不变的定论，只有大量实验积累下来的经验总结，即便这样，也别忘记运用真实数据验证相关经验是否一定生效。

6.1.2 任务特点及对比

本节将序列标注任务同其他任务进行对比，进而分析序列标注本身的任务特点。下面将序列标注任务逐一与文本分类任务、机器翻译/对话生成任务、阅读理解任务进行对比。

1. 与文本分类任务对比

许多刚入门NLP的人会将文本分类与序列标注混为一谈，甚至用文本分类的算法框架解决序列标注任务。究其缘由，主要是因为二者皆需要预测类别标签，且循环神经网络（例如 LSTM、GRU）在两个任务中的表现均十分优异。二者最大的差异是预测长度不同，文本分类任务无论长短，只需预测一个输出结果，而序列标注任务需要预测标签的次数等于输入长度，因此预测次数远高于文本分类任务。在使用循环神经网络做模型训练和预测时，文本分类仅需利用尾部节点的特征进行标签预测（双向循环时，由于头尾节点特征均存在正向逆向特征，因此采用头部节点或尾部节点建模差异不大，但一般不采取所有节点求平均的方式建模），而序列标注则需要针对每一个节点特征分别预测。此外，由于文本分类更聚焦全局整体信息，而序列标注任务需要关注前后序列对当前字符的影响，因此序列标注任务对于局部上下文的敏感度远高于文本分类任务。

2. 与机器翻译 / 对话生成任务对比

目前，机器翻译任务采用的主流框架是端到端方案（seq2seq），即将某种语言的文本字符串放入模型，输出对应的另一种语言的文本字符串。顾名思义，seq2seq 是将一个序列转换成另一个序列。seq2seq 除了可以用于机器翻译任务以外，在文本对话生成任务中也经常用到。二者与序列标注任务最大的区别在于长度是否固定。由于语言形态的差异、对话交流的差异，机器翻译和对话生成不会要求输出文本长度与输入文本长度严格一致，但由于序列标注任务会逐字识别标签，因此长度基本一致。此外，由于对话和翻译要求反馈较为丰富，输出字符可选范围（即输出字典表）远大于序列标注的标签集。因此，简单来看，机器翻译 / 对话生成任务的复杂度要高于序列标注任务，从实验结果来看，序列标注任务的表现也的确优于二者。

3. 与阅读理解任务对比

阅读理解任务是近年来较火的自然语言处理任务，它要求机器先分析一篇文章，然后用户针对这篇文章提出相关问题，由机器从该篇文章的正文中寻找对应段落加以回答。英文环境下最为流行的任务集包含 sQuad 数据集、wiki 数据集，中文数据集主要是百度阅读理解数据集。该任务与序列标注任务相类似的地方在于序列预测，二者均需要逐字分析，判断序列中核心内容的首末位置。然而，二者也存在明显差异。在输入要求方面，序列标注仅需要原始文本片段，而阅读理解则需要输入整篇文章与对应问题。在输出方面，阅读理解仅需答案的首末位置有且只有一个答案，而序列标注则需要逐字判断其对应的标签，同一句话中出现多个人名和地名也属于常见情况。在输出长度方面，阅读理解的输出长度依赖于数据集的要求与问题本身，但普遍长于单个实体长度。因此，运用序列标注的 BIEO 标签体系会导致样本过长无法训练收敛。通常，阅读理解任务多采用双指针模型进行分析，我们将在后续章节深入介绍阅读理解模型（读者也可以反向思考，为什么双指针模型没有运用在序列标注任务上）。总的来说，序列标注比阅读理解更简单，对外部先验知识的依赖较小。

通过上述对比可以看出，序列标注任务具有如下特点：

- 标签集合固定，且数量远小于输入元素集合；
- 输入和输出序列长度基本一致；
- 任务依赖序列间的关联性；
- 对外部先验知识的依赖较小。

6.1.3 任务应用场景

本节将介绍序列标注任务对应的真实应用场景，并展开说明场景的细节。

1. 词性标注

词性标注（POS）是NLP领域最常见也是应用最广泛的场景之一。绝大部分语种（无论是否存在明显单词分隔符）都由语义基础组成部分——单词（token）构成，有单词就一定有对单词词性的标注。例如，针对英文句子“Penny loves Nanjing”的词性标注结果为“Penny/nr loves/v Nanjing/nz”，其中nr代表人名，v代表动词，nz代表机构名。其对应的中文句子“潘妮热爱南京”的词性标注结果为“潘妮/nr 热爱/v 南京/nz”。从上述两例可以看出，词性标注具有普适性，可以用同种标签体系跨越不同的语言进行刻画。

在真实场景中，各种语言，甚至同语种之间都存在不同的词性标签体系，例如滨州数据库对应的标签体系、人民日报分词数据库对应的标签体系、微软MSRA数据库对应的标签体系。无论用哪一套体系都可以对自然语言进行重新刻画，将单词逐一标注，完成对单词的深入细分。主要的词性包括名词、动词、形容词、副词、助词等，其中名词、动词等还可以进一步细分（例如名词可以进一步细分成人名、地名、机构名、专有名词等）。

2. 命名实体识别

命名实体识别（NER）也是NLP领域广为人知的应用场景之一，该应用场景重点强调包括人名、地名、机构名在内的命名实体识别。由于NER也是识别相关名词，很容易将其与POS混为一谈。无论从应用功能，还是技术方案，二者都极为相似，但仍存在两点不同。

第一，NER只关注命名实体，其他词性一律忽视。NER此举旨在让模型聚焦在命名实体识别的精度上，避免模型受到其他词性的干扰。因此，NER在命名实体识别上的精度更高，而 POS 在词性覆盖度上更广。

第二，NER 识别粒度更高，可以识别词组块（chunk）。在真实场景中经常会遇到单词理解不好的情况，例如英文的“New York”和中文的“招商银行马群支行”。然而，上述两例均代表两个完整实体，若将其拆分开则会丢失相关语义信息，影响自然语言处理分析的精度，因此采用 POS 这种粒度较细的方案进行识别，抽取效果较差，而 NER 则可以通过重新标注的方式有效解决这一问题。因此，解决真实问题时，选择 NER 还是 POS，还需对二者特点有更深刻的了解。

3. 事件要素抽取

事件要素抽取任务是利用预定义事件的要素类型，通过模型分析文本数据，接着抽取某一事件实例对应的相关要素取值，进而对该事件实例进行刻画。例如，针对金融投资事件，任务可以预先定义相关事件要素：投资方、被投资方、投资时间、投资金额。然而新闻文本表述风格不同，诸如时间、金额等信息的表述方式不一定规范。因此，针对文本“2019 年 11 月 13 日小鹏汽车完成 C 轮融资，投资方当中有小米的身影，据内部人士透露，本轮融资金额高达 4 亿美元”，刻画的结果如图 6-2 所示，为表现分析效果，刻意使用不规范时间表述方式。

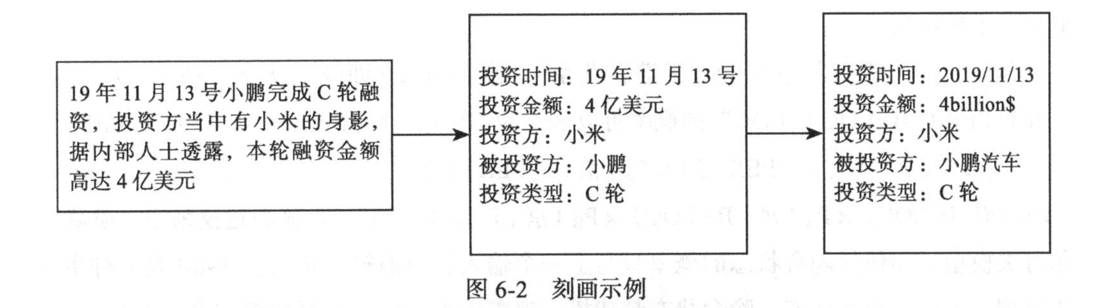

图 6-2　刻画示例

从图 6-2 中可以看出，事件挖掘任务由两部分构成：由序列标注任务构成的事件要素抽取以及由自然语言理解（NLU）构成的事件要素改写。其中，第一部分采用预定义事件要素标签集合，然后构建序列标注任务相关框架，完成对原文中相关要素的抽取。考虑到抽取内容对齐的问题，可采用 NLU 相关技术完成，后文将对其展开讨论。

4. 基因序列分析

基因序列分析是序列标注在生物学上的应用，通过对蛋白质基因序列的逐个标注，可以构建科学基因标注体系，让机器学习基因序列的关联分析，进而刻画基因序列的内在联系，对我们了解基因提供更有力的帮助。

6.2 序列标注的技术方案

本节将介绍序列标注的主流技术方法，包括隐马尔可夫模型（HMM）、条件随机场（CRF）、循环神经网络（RNN）以及最近较火的Bert与序列标注结合方法。希望读者可以通过本节了解技术的发展演变历程，并学会对比和分析不同技术间的异同点。

6.2.1 隐马尔可夫模型

隐马尔可夫模型是NLP发展初期较为成功的运用模型训练来完成机器理解的案例。本书第3章已经介绍了HMM算法的细节，这里不再赘述。这里将运用NER任务再次讲解HMM的核心内容。HMM主要由5部分组成：

1）样本观察状态X（原始输入文本序列）；

2）样本隐含状态Y（原始输入文本对应的输出标签）；

3）开始时刻隐含状态概率分布π（对应输出初始状态各标签的概率分布）；

4）隐含状态之间转移概率分布矩阵A（对应<输出标签数量 × 输出标签数量>概率分布矩阵）；

5）观察状态同隐含状态转移概率矩阵B(对应<输入单词集合大小 × 输出标签数量>概率分布矩阵）。

例如，样本观察状态X为“王浩在北京”，输出结果（即隐含状态序列Y）为“B-PER I-PER O B-LOC I-LOC”的概率可以表示为：$P=\pi(B-PER)\times P_A(B-PER, I-PER)\times P_B$（王，B-PER）$\times P_A$（I-PER, O）$\times P_B$（浩，I-PER）$\times P_A$（O, B-LOC）$\times P_B$（在，O）$\times P_A$（B-LOC, I-LOC）$\times P_B$（北，B-LOC）$\times P_B$（京，I-LOC）。HMM核心建模采用一阶隐马尔可夫模型，即任何隐含状态的概率只与上一个输入和当前输入相关。HMM是一种生成式模型，需要对观察状态、隐含状态都建模，建模较为耗时，数据依赖较多。HMM广泛应用在各类序列建模任务中，包括二元文法（Bi-gram）也采用了一阶隐马尔可夫模型。HMM在序列标注任务中表现较为优秀的是中文POS任务，其杰出的人名、地名识别能力使其时至今日仍被众多开源分词器用作POS的首选模型。

6.2.2 条件随机场

条件随机场（CRF）由Lafferty等人于2001年提出，结合了最大熵模型和隐马尔可夫模型的特点，是一种无向图模型，近年来在分词、词性标注和命名实体识别等序列标注任务中取得了很好的效果。CRF模型和HMM模型存在相似之处，二者皆根据一阶隐马尔可夫模型，运用前一个隐含状态与当前观察状态来预测当前隐含状态。当然，CRF 模型也与 HMM 模型存在明显不同，下面将逐一列举。我们先具体介绍 CRF 的整体框架。

针对样本观察状态 X，其对应的某种隐含状态 Y 的得分主要由若干个预定义特征函数的得分综合生成。其中，特征函数 f 的输入参数包括样本观察状态 X、当前词所在序列位置 i、当前词对应隐含状态 y_i 以及前一个词对应的隐含状态 y_{i-1}。因此，针对特定 X 的某种隐含状态 Y 的得分计算公式如下：

$$\text{score}(X \mid Y) = \sum\nolimits_{j=1}^{K} \sum\nolimits_{i=1}^{N} w_j f_j(X, i, y_i, y_{i-1})$$

其中，N 代表观察样本长度，K 代表特征函数的个数，w_j 代表第 j 个特征函数对应的权重。计算隐含状态 Y 的概率分布公式如下：

$$P(X|Y) = \frac{e^{score(X|Y)}}{\sum_{Y'} e^{score(X|Y')}}$$

其中，Y' 表示任意一种 X 对应的隐含状态分布。通过上述公式可以发现，该概率计算方法同逻辑回归如出一辙，其原因是方便计算相关损失且性能比其他损失公式更加优秀。通过 CRF 的得分公式与概率分布公式可以看出，CRF 重点聚焦在特征函数的选择上。优秀的特征函数及其权重组合将使得得分和概率分布表现更好。

在 CRF 刚提出的时候，特征函数都是用人为预先定义的特征函数构成的，也被称为特征模板。模型构造者根据自身对真实应用场景的理解，定义合适的模板用于 CRF 训练。例如，在 NER 任务中，可以构造一个模板，若 y_{i-1} 为 B-LOC，y_i 为 I-PER，则 f=0，即对任意 X 和 i，存在 $\text{f}(X, i, y_i = \text{I-PER}, y_{i-1} = \text{B-LOC}) = 0$。其背后的逻辑也很简单，即前一个字符被预测成地址开始标签，下一个绝不会是人名内部标签，因为人名内部标签的前面至少紧靠着一个人名开始标签。

CRF 与 HMM 之间的相似点，除了都使用一阶隐马尔可夫模型以外，二者还都针对观察状态、前一个隐含状态及当前隐含状态进行建模。更准确地说，HMM 可以看成一个要求更严苛的 CRF 得分函数。HMM 对应的特征函数只观测当前字符的观察状态（即 X_i）而非全局 X，特征函数从左到右有向计算，HMM 也因此被定义为概率有向图。相反，CRF 要求并不苛刻，每个字符的隐含状态都需要考虑全局观察状态，CRF 被定义为概率无向图。

此外，CRF 是一种判别式模型，即模型预测方式为 $P(Y|X)$，此类模型具有建模复杂度低、数据规模依赖小、精度相对较高等优点。理解了 HMM 是一个严格的 CRF 得分函数后，我们就可以很容易理解为什么 CRF 模型的效果全面优于 HMM。RNN 的出现，再一次让序列标注任务得到突破。

6.2.3 循环神经网络

循环神经网络（RNN）相关思想早在1990年由Paul Werbos等人提出的BPTT中就有体现，但由于算力问题，没有得到大规模推广。直到2005年，Graves等人将LSTM应用到情感分析领域，2014年又被运用在机器翻译领域，使得RNN在NLP的众多领域大放异彩。学者们发现RNN作为序列模型，天生就和文本数据极为匹配，再加上LSTM/GRU等神经节点的引入，让RNN模型具备了文本任务极为依赖的核心技能——上下文相关。

本书在文本分类章节中曾经将RNN模型与CNN模型进行对比，通过实验可以看出，RNN在解决篇幅较长的篇章分类任务、情感较为隐晦需借助上下文理解的情感分析任务中表现优于CNN。相比较而言，CNN在诸如图像处理、短文本分类这种聚焦于局部信息的任务中效果会好于RNN。

单向RNN模型的框架如图6-3所示。

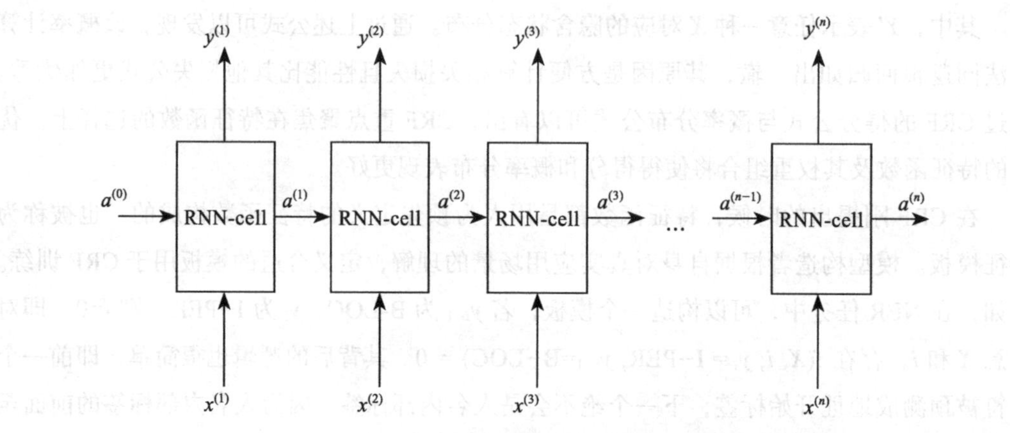

图6-3 单向RNN模型框架

有别于HMM和CRF，RNN聚焦的核心不再是隐含状态标签的转换，而是将隐含状态单独引入第三种维度（a）进行度量，并将隐含状态标签y看成在输入内容x与当前隐含状态取值a通过RNN-Cell（RNN神经节点）计算生成的输出内容。最重要的是，循环神经网络中的循环体现在RNN神经节点全局有且仅有一个，即全局共享神经节点的相关参数。这样极大地降低了建模成本，使模型得以快速收敛。其中，RNN神经节点又可以灵活多变，LSTM、GRU、BRU都可以作为其神经节点。因此，RNN框架普适性较高，且灵活度极大，可以针对具体任务选择合适的神经节点进一步适配任务。

考虑到RNN模型存在序列模型都存在的“单向性”问题，有学者提出了双向RNN框架。神经元的输入除了原先要求的 x_i 和前向序列传播过来的特征 a_{i-1} 以外，还要求解反向序列传播特征 b_{i+1}。双向 RNN 捕获信息的维度更多，因此在很多任务中的表现都优于单向 RNN。

本章在中文 NER 实战部分将采用 LSTM 作为 RNN 神经节点，其原因主要在于 LSTM 相较 GRU、BRU 更为复杂，在数据样本足够多的条件下，虽然训练时间增长，但效果优于其他神经节点。RNN 的出现，改变了包括 CRF 在内的传统机器学习聚焦于手工构造特征的方式，将特征黑盒化，让模型自动学习相关特征。然而，从效果上看，RNN 模型在 NER、POS 等 NLP 任务中远好于传统机器学习模型。这也验证了，在上述 NLP 任务中，RNN 自主学习特征比手工构建的特征更好。

6.2.4 Bert

2018 年 NLP 领域最热门的模型当属 Bert，有学者称，Bert 是继 word2vec 之后的新一代 NLP 范式。本书将在后面的章节中详细介绍 Bert 模型的原理，这里仅说明 Bert 模型广受好评的缘由。

> **NLP 从业者最需要重视的事情是什么？**
>
> 紧跟时代的步伐！在刚参加工作时，我曾有很长一段时间陷入一个怪圈，仿佛任何实际项目的建模问题都可以使用朴素贝叶斯解决。该模型快速有效的特点深深打动了我，导致我较长时间对新模型和新技术不闻不问，等再顿悟时，自身技术仿佛已与时代脱节。因此，建议职场新人们，突破自己的舒适圈，紧跟时代步伐，不断培养自身判断能力，不盲听盲从，也不故步自封，这样才能快速成长。

Bert 模型最大的优势是可以作为预训练模型，使用者根据自身任务特性选取相关模型并调优便可达到极佳效果。在包括文本分类、情感分析、阅读理解在内 13 项 NLP 任务中，运用上述方法均达到最优效果（State of The Art，SOTA）。单模型可以同时在如此多任务上做到效果卓越，其模型普适性的确值得称赞。命名实体识别现阶段最好的效果也是在 Bert 的基础上进行相关优化实现的。因此，时至今日，在处理任何 NLP 相关的任务时，首先考虑的模型就是 Bert。

Bert 是如何应用到命名实体识别中的呢？其实原理非常简单，Bert 运用句子进行语言模型预训练过程，再根据上层任务（阅读理解、语义蕴含、命名实体识别）进行最终参数优化，整体流程如图 6-4 所示。

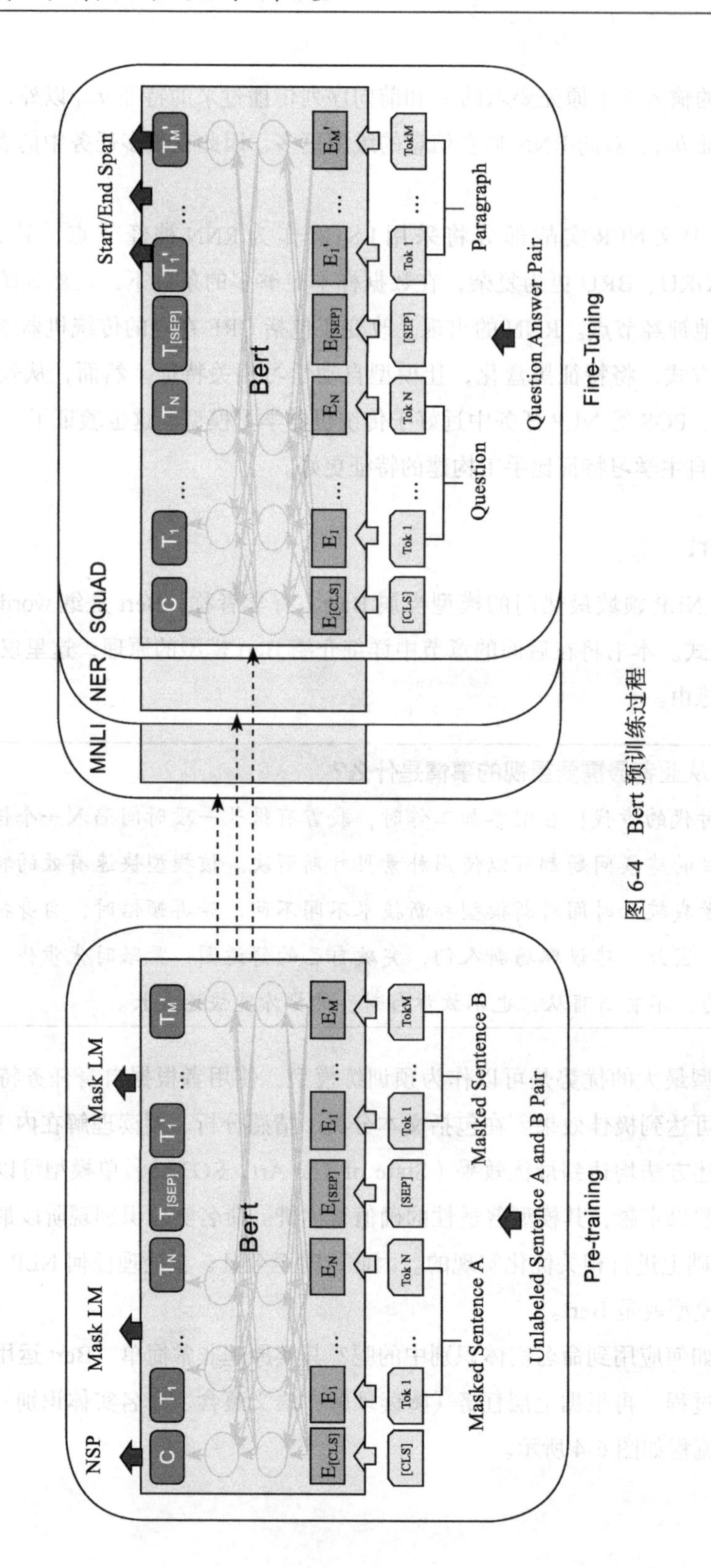

图 6-4　Bert 预训练过程

通过 Bert 预训练过程，让模型理解当前对应语言的相关表征，其中 Bert 的输入与输出保持一致，输入为每个字符对应的字向量模型。从某种意义上讲，Bert 学习文本序列中的每个字符对应的表征，其表征能力（通过实验测试表明）全面优于输入的字向量模型。因此，增加 Bert 语言模型层之后，得到了每个字符的新型表征，并在各项任务上验证了新型表征的优势。

在命名实体识别任务上，通过运用 Bert 的表征作为 BiLSTM-CRF 的输入，进行 NER 模型训练，其精度相较原先得到 3% ~ 5% 的提升。也许有读者会想，既然已经有了 Bert 这么重量级的模型，BiLSTM 或者 CRF 是否还需要存在？实验表明，上述模型对于 NER 任务还是必要的。双向的 LSTM 网络可以学习 NER 任务必要的上下文环境信息，而 CRF 则可以学习输出规则特征（I-LOC 不可能存在于 B-PER 后面）。若放弃双向 LSTM 模型或 CRF 模型，实验精度都会有不同程度的下降。

虽然 BERT-BiLSTM-CRF 模型的效果极为优秀，但也会带来一定风险。Bert 由于参数众多，因此对上层 NER 任务的训练样本有一定要求，相关实验表明，1000 条样本是其模型训练样本的下限（上层任务不同，对数据的依赖也所有不同，阅读理解依赖更多，文本分类依赖更少）。高质量的标注样本一直是深度学习必须正视的问题。由于模型复杂度相对较高，其模型预测耗时与 CRF 和 BiLSTM-CRF 相比明显增多。在不使用 GPU 的情况下，该模型单条预测的耗时为 40ms，是 CRF 模型的 10 倍，是 BiLSTM-CRF 模型的 5 倍。希望各位在决定采用 Bert 模型之前，认真考虑上述两个问题，判断应用场景对精度、耗时、资源的要求，选择最合适的模型。

6.3 序列标注实战

接下来利用 PyTorch 框架开展序列标注任务。本节将详细介绍数据集、数据预处理、模型训练框架以及模型评估相关的内容。下面先分别介绍 LSTM 模型和 LSTM-CRF 模型的内部细节。

6.3.1 中文 NER 数据集

本实战项目采用中文 NER 数据集，该数据集由人民日报 1998 年标注的语料改造而成。1998 年，在人民日报社新闻信息中心的许可下，北京大学计算语言研究所和富士通研究开发中心有限公司以人民日报语料为对象，共同制作了该标注语料库。该语料库对 600 多万字节的中文文章进行了分词和词性标注，被作为原始数据应用于大量的研究和论文中。这里我们采用1998年1月的新闻语料（共计23062篇新闻）作为数据集进行命名实体识别。本数据集质量较高，覆盖范围也较为广泛，在中文分词、词性标注、命名实体识别、词向量训练、语言模型预训练等任务中均可应用该数据集。读者可以通过北京大学开放研究数据平台或者DataHub进行下载。

6.3.2　数据预处理

NER数据集需要针对原始数据进行改造，其原因在于原始数据集的目的是中文分词，本章所涉及的NER任务是希望识别新闻中的人名、地名以及公司/机构名称。因此，需要将原始分词中的无关词标注为O。上述3种词性按照本章中提到的BIO标签进行重新标注，其中值得关注的地方在于，1998年人民日报语料的词性标注采用的是863词性标注集，其人名、机构名的标注方式与常见词性标注略有不同。在人名上面，该数据集采用姓与名分开标注的方式，例如文本“新华社记者樊如钧摄”的标注为“新华社/nt 记者/n 樊/nr 如钧/nr 摄/Vg”，其中樊如钧被切分成两部分；在机构名方面，该数据集采用大词性与小词性组合的方式进行标注，例如文本“由中共北京市委宣传部举办”的标注结果为“由/p [中国/n 北京/ns 市委/n 宣传部/n] nt 举办/v”，其中“中共北京市委宣传部”不仅作为整体机构名词性（nt），而且也分几部分进行处理。标注地名则没有上述问题，其词性对应为ns本身。针对上述问题和BIO标签的标注需要，编写相关代码完成数据集的改写，核心代码如下。

```
for line in f:
    x = ''
    y = ''
    nr_flag = False
    nt_flag = False
    nr_word = ''
nt_word = ''
#ignore the ID
    for pair in line.strip().split()[1:]:
        word = pair.split('/')[0]
        #split sentence with token '。'
        if word == u'。' and len(x) > 0:
            lines.append(x+'\n')
            labels.append(y.strip()+'\n')
            x = ''
            y = ''
            continue
        #process nt words
```

```
        if pair.startswith('['):
            nt_flag = True
            nt_word = word[1:]
            continue
        if nt_flag:
            if not pair.endswith(']nt'):
                nt_word += word
                continue
        # process nr tag
    if pair.endswith('nr'):
            nr_word += word
        elif len(nr_word) > 0:
            x += nr_word
            y += ' B-PER'+' I-PER'*(len(nr_word)-1)
            nr_word = ''
        if pair.endswith('nt'):
            if pair.endswith(']nt'):
                word = nt_word+word
                nt_flag = False
            x += word
            y += ' B-ORG'+' I-ORG'*(len(word)-1)
        # process ns tag
        elif pair.endswith('ns'):
            x += word
            y += ' B-LOC'+' I-LOC'*(len(word)-1)
        else:
            x += word
            y += ' O'*(len(word))
    if len(x) > 0:
        data.append(x+'\n')
        tag.append(y.strip()+'\n')
```

从代码中可以看出，我们逐条处理文本，过滤行首 ID 信息，并按照句号进行样本切分。针对每条样本逐词分析，对 ns、nr、nt 标签进行对应预处理，并将其他词性标记为 O。将新生成的单条样本与其对应的标注结果追加到整体结果（data、tag）中，用遍历循环的方式完成数据集的转换工作。

随后，根据上述结果构造数据集，单条数据由文本（text）字段和标签（lable）字段组成。这里采用 torchtext 方法构造数据集。利用 torchtext 中的 Example 对象完成对数据集的封装，相关代码如下所示。

```
def build_examples(self):
    fields = [('text', self.text_field), ('label', self.label_field)]
    examples = [data.Example.fromlist([self.data[i], self.tag[i]],
```

```
                                   fields) for i in range(len(self.data))]
    super(CnNewsDataset, self).__init__(examples, fields)
```

最终，我们需要将数据集切分出训练集、验证集和测试集。借助Example的split方法完成数据集的切分，相关代码如下所示。

```
def split_data(self):
    train_data, left_data = self.split(0.3)
    dev_data, test_data = left_data.split(0.3)
    self.text_field.build_vocab(train_data)
    self.label_field.build_vocab(train_data)
    self.train_data = train_data
    self.dev_data = dev_data
    self.test_data = test_data,
```

将原始数据集中70%的数据作为训练数据、21%的数据作为验证数据，剩下9%的数据作为验证数据。值得注意的是，代码中只针对训练集样本进行字典构建（build_vocab），这样一来，验证集和测试集出现未登录词时，程序采用unk字符进行替换。

6.3.3　模型训练框架

模型训练框架主要采用PyTorch，首先利用TorchText中BucketIterator对象的split方法完成批量数据的生成。不同于简单的按照输入顺序生成，BuckerIterator对象将所有样本排序后分批输出样本。其目的是为了避免因为文本长短差异大带来的大量padding（补全）操作，实验证明，每次的训练数据长度大体一致会提升训练效果。此外，BuckerIterator对象生成批量数据的接口还支持同时处理多个数据集（训练集、验证集、测试集）。其对应代码如下所示。

```
def get_data_iter(self):
    train_iter, dev_iter, test_iter = data.BucketIterator.splits(
        (self.train_data, self.dev_data, self.test_data),
        batch_sizes=(self.batch_size, 500, 500),
        sort_key=lambda x: len(x.text),
        sort_within_batch=True)
    return train_iter, dev_iter, test_iter
```

接口中值得注意的细节是，batch_sizes的入参长度需要与前面的数据集个数保持一致，我们将验证集和测试集的批量大小设置为500，在资源允许的情况下其大小可以进一步放宽。此外，我们要求每一批样本在内部都是从长到短排序，这样方便在后续步骤中执行padding操作，将sort_within_batch设置为True即可。在完成训练样本的批量构建后，其训练框架也变得较为简单，对应代码如下。

```
for i in range(EPOCH_SIZE):
    train_iter, dev_iter, test_iter = cnd.get_data_iter()
    print('epoch size', i)
    loss_sum = torch.tensor([0.])
    for j, batch in enumerate(train_iter):
        if j != 0 and j % 10 == 0:
            print('loss average:', loss_sum / 10)
            loss_sum = torch.tensor([0.])
        feature, target = batch.text, batch.label
        feature = feature.to(device)
        target = target.to(device)
        feature.t_(), target.t_()
        mask = feature != tag_to_ix['<pad>']  # + (feature == 3)
        model.zero_grad()
        loss = model(feature, mask, target)
        loss_sum += loss
        loss.backward()
        optimizer.step()
```

每 10 轮打印一次损失平均值，若系统支持 GPU，程序则进行相应转换，连同数据、标签一同放置在模型中，通过参数迭代完成模型训练。

6.3.4 模型评估

字准确率、召回率和 F1 值是 NER 模型评估的部分指标。字准确率是指判断每个非补全（pad）字符对应的标签是否正确。除了字准确率的评估以外，常见的评估方式还包括整句话每个字符都必须严格一致的句准确率和忽略大量 NER 无效样本的非 O 样本准确率。本实例中，我们重点关注字准确率、召回率和 F1 值，相关代码如下。

```
def cal_precision(self):
    precision_scores = {}
    for tag in self.tag_set:
        if self.y_pre_tags_counter[tag] == 0:
            precision_scores[tag] = 0
        else:
            precision_scores[tag] = self.label_acc_count_dict.get(tag, 0) / \
                self.y_pre_tags_counter[tag]

def cal_recall(self):
    recall_scores = {}
    for tag in self.tag_set:
        recall_scores[tag] = self.label_acc_count_dict.get(tag, 0) / \
            self.y_tags_counter[tag]
    return recall_scores
```

```
def cal_f1(self):
    f1_scores = {}
    for tag in self.tag_set:
        p, r = self.precision_scores[tag], self.recall_scores[tag]
        f1_scores[tag] = 2*p*r / (p+r+1e-10)  # 加上一个特别小的数，防止分母为0
    return f1_scores
```

值得注意的是，在计算相关指标时，需要避免出现除以0这种极端情况，尽量在代码层面进行相关判断。

6.4 BiLSTM

本节将介绍如何运用双向LSTM模型完成中文NER任务训练的全过程，主要分为参数介绍、BiLSTM模型框架和模型效果评估。

6.4.1 参数介绍

本次模型的相关参数如下所示。

```
EMBEDDING_DIM = 128
HIDDEN_DIM = 128
BATCH_SIZE = 64
EPOCH_SIZE = 100
cnd = CnNewsDataset(fname='199801.txt',
                    is_preprocess=True, batch_size=BATCH_SIZE)
VOCAB_SIZE = len(cnd.text_field.vocab)
tag_to_ix = cnd.label_field.vocab.stoi
NUM_LABELS = len(tag_to_ix)
ix_to_tag = dict(zip(range(NUM_LABELS), cnd.label_field.vocab.itos))
model = MY_BiLSTM_Model(NUM_LABELS, BATCH_SIZE,
                        HIDDEN_DIM, VOCAB_SIZE, EMBEDDING_DIM)
model = model.to(device)
optimizer = optim.Adam(model.parameters(), lr=0.001)
```

本次模型的字向量维度128维、隐层维度128维（一般特隐层大小设置为与字向量维度一致），字向量全部随机初始化，批量大小64，迭代轮数100轮，优化器选择adam，学习率为0.001。相关训练代码参考train_LSTM_batch.py。

6.4.2 BiLSTM模型框架

本项目的BiLSTM模型（MY_BiLSTM_Model）继承自PyTorch框架的nn.Module，

本节提到的相关代码参考 MyLSTM.py，其初始化部分的代码如下所示。

```
def __init__(self, num_labels, batch_size,
                hidden_dim, vocab_size, embedding_dim):
    super().__init__()
    self.batch_size = batch_size
    self.hidden_dim = hidden_dim
    self.vocab_size = vocab_size
self.embedding_dim = embedding_dim
self.num_labels = num_labels
    self.word_embeds = nn.Embedding(vocab_size, embedding_dim)
    self.lstm = nn.LSTM(embedding_dim, hidden_dim,
                        bidirectional=True, batch_first=True)
    self.classifier = nn.Linear(hidden_dim * 2, num_labels)
```

模型中首先定义词向量层，紧接着是一个双向 LSTM 网络，然后跟随一个线性层将 LSTM 网络的输入层转换成最终标签大小的输出层。需要注意的是，线性层的输入节点数量是隐层节点（128 维）的 2 倍，其原因是 LSTM 是双向的，任意字符实际输出节点数量是设置节点数量的 2 倍（256 维）。

深度学习常见错误——shape 不匹配

很多 NLP 从业者（尤其是新手）在编程过程中经常会遇到因为 shape 不匹配而报错的情况。早期版本的 TensorFlow 无法在内部打印相关训练尺寸的大小，该问题比较麻烦。PyTorch 可以在训练过程中输出相关参数 shape 的大小，以减少这一问题的出现。这里也提供如下方法减少该情况发生。

1）从源头出发，在每次需要设置尺寸时写好注释，甚至提前用草稿推演一次，在代码执行前掌握正确 shape 的大小，避免错误的发生。

2）利用 debug 方式单步调适，判断每步执行后相关变量的 shape 是否符合预期，这样可以快速定位错误所在位置。

模型正向传播，计算输出层结果的部分代码如下所示。

```
def cal_logits(self, sentences, mask):
    embeds = self.word_embeds(sentences)
    lengths = torch.sum(mask, dim=1).tolist()
    packed = pack_padded_sequence(embeds, lengths, batch_first=True)
    packed, _ = self.lstm(packed)
    sequence_output, _ = pad_packed_sequence(
        packed, batch_first=True)
    return self.classifier(sequence_output)
```

针对输入文本，获取其对应的字向量矩阵，利用掩码求得批量文本的长度大小，借助 PyTorch 的批量 padding 方法（pack_padded_sequence）完成样本补全并放入双向 LSTM 网络中，同时将输出结果中文本真实长度所对应的输出节点取出（利用 pad_packed_sequence 方法），最终放入线性分类器中以获取输出标签对应的分值。模型在获取相关分值后将计算其与正式结果的差异，损失值计算部分采用交叉信息熵，代码如下所示。

```
def cal_loss(self, logits, targets, mask):
    targets = targets[mask]
    m = mask.unsqueeze(2).expand(-1, -1, self.num_labels)
    logits = logits.masked_select(m)
    logits = logits.view(-1, self.num_labels)
    loss = F.cross_entropy(logits, targets)
    return loss
```

计算损失值时，首先借助掩码获得真实标签与模型真实预测结果，并同时放入交叉熵中进行计算，得到最终损失值。至此，本项目的正向传播与损失计算相关模块全部介绍完毕，模型对应的 forward 代码如下所示。

```
def forward(self, sentences, mask, targets):
    logits = self.cal_logits(sentences, mask)
    return self.cal_loss(logits, targets, mask)
```

模型预测代码如下所示。

```
def predict(self, sentences, mask):
    logits = self.cal_logits(sentences, mask)
    _, result = torch.max(logits, dim=2)
    return result
```

预测过程中，调用计算前向结果获取模型的 logits 值，并选择最大值所在列作为输出结果返回。至此，预测部分代码也介绍完了，接下来参考上节提到的训练框架开展整体训练与模型评估，这部分代码参考 train_LSTM_batch.py。

6.4.3　模型效果评估

BiLSTM 模型经过 100 轮训练后，在测试集中测试相关指标，如表 6-1 所示。

表 6-1　BiLSTM 模型训练精度表

	precision	recall	F1-score	support		precision	recall	F1-score	support
O	0.9705	0.9822	0.9763	788502	I-PER	0.6868	0.67	0.6783	17707
I-ORG	0.6439	0.704	0.6726	24831	I-LOC	0.6732	0.5412	0.6	13763

（续）

	precision	recall	F1-score	support		precision	recall	F1-score	support
B-LOC	0.7349	0.5523	0.6306	9486	B-ORG	0.0401	0.5127	0.0743	5134
B-PER	0.8525	0.3738	0.5197	9187	avg/total	0.9413	0.947	0.9416	930372

乍看之下，感觉模型的整体精度较高，整体 F1 值达到 94.1% 左右，但仔细观察数据则会发现，其主要原因是模型对 O 的识别率较高，通过观察 O 单项的准确率与召回率可以看出，模型大概率将样本预测为 O 标签，这与真实分布相关。然而，模型对人名、地名以及机构名的识别率都在 60% 左右，并不是一个优秀的模型。该模型存在较大的优化空间，除了加入 CRF 以外，加入 dropout 机制、字向量预训练、增加 Attention 层都是可以尝试的方向。

6.5 BiLSTM-CRF

6.5.1 参数介绍

BiLSTM-CRF 模型的相关参数如下所示。

```
EMBEDDING_DIM = 128
HIDDEN_DIM = 128
BATCH_SIZE = 64
EPOCH_SIZE = 100
cnd = CnNewsDataset(fname='199801.txt',
                    is_preprocess=True, batch_size=BATCH_SIZE)
VOCAB_SIZE = len(cnd.text_field.vocab)
tag_to_ix = cnd.label_field.vocab.stoi
tag_to_ix['<sos>'] = len(tag_to_ix)
NUM_LABELS = len(tag_to_ix)
ix_to_tag = dict(zip(range(NUM_LABELS), cnd.label_field.vocab.itos))
model = MY_BiLSTMCRF_Model (NUM_LABELS, BATCH_SIZE,
                        HIDDEN_DIM, VOCAB_SIZE, EMBEDDING_DIM)
model = model.to(device)
optimizer = optim.Adam(model.parameters(), lr=0.001)
```

为了与上节的 BiLSTM 模型进行纵向对比，两个模型的相关参数保持一致。唯一区别在于预测标签时由于 CRF 层的需要，应加入终止符“ <sos>”标签的预测。相关训练代码参考 train_LSTMCRF_batch.py。

6.5.2 BiLSTM-CRF 模型框架

BiLSTM-CRF 模型（MY_BiLSTMCRF_Model）同样也继承自 PyTorch 框架的 nn.Module，

本节提到的相关代码参考MyLSTMCRF.py。其初始化部分代码如下所示。

```
def __init__(self, num_labels, batch_size,
                 hidden_dim, vocab_size, embedding_dim, tag2id):
    super().__init__()
    self.batch_size = batch_size
    self.hidden_dim = hidden_dim
    self.vocab_size = vocab_size
    self.embedding_dim = embedding_dim
    self.num_labels = num_labels
    self.word_embeds = nn.Embedding(vocab_size, embedding_dim)
    self.lstm = nn.LSTM(embedding_dim, hidden_dim,
                        bidirectional=True, batch_first=True)
    self.classifier = nn.Linear(hidden_dim * 2, num_labels)
    self.transitions = nn.Parameter(
        torch.randn(self.num_labels, self.num_labels))
    self.start_id = tag2id['<sos>']
    self.end_id = tag2id['<eos>']
    self.pad_id = tag2id['<pad>']
    self.tag2id = tag2id
```

模型初始化的开始部分和BiLSTM模型一致，仅在原有线性层（classifier）后面增加一层转移矩阵层，其大小为[输出标签数量 × 输出标签数量]。对应的计算前向标签分数的相关代码如下所示。

```
def cal_logits(self, sentences, mask, lengths):
    embeds = self.word_embeds(sentences)
    lengths_list = lengths.tolist()
    packed = pack_padded_sequence(embeds, lengths_list, batch_first=True)
    packed, _ = self.lstm(packed)
    num_lables = self.num_labels
    sequence_output, _ = pad_packed_sequence(
        packed, batch_first=True)
    # lstm_logits shape:
    # [batch_size, max_len, num_labels, num_labels]
    lstm_logits = self.classifier(sequence_output)
    lstm_logits = lstm_logits.unsqueeze(2)
    lstm_logits = lstm_logits.expand(-1, -1, num_lables, -1)
    # trans_logits shape:
    # [1, num_labels, num_labels]
    trans_logits = self.transitions.unsqueeze(0)
    # logits shape:
    # [batch_size, max_len, num_labels, num_labels]
    logits = lstm_logits + trans_logits
    return logits
```

模型在原有 LSTM 输出的结果上加入了转移矩阵的输出。注意，这里计算的 logits 并不是最终得分，而是所有得分的可能情况，一共存在 [标签数量 × 标签数量] 种可能，在训练过程中，将真实标签分数与模型最终输出节点分数进行拟合来计算损失，而在训练过程中则是将最大分数对应的标签作为预测标签输出，这便是加入 CRF 层的模型全貌。其中，修改计算损失函数的代码如下所示。

```
def cal_loss(self, logits, targets, mask, lengths):
    batch_size, max_len = targets.shape
    num_labels = self.num_labels
    target_trans = self.indexed(targets)
    # use mask to get real target
    # shape [unmask_length]
    target_trans_real = target_trans.masked_select(mask)
    m_mask = mask.view(batch_size, max_len, 1, 1)
    m_mask = m_mask.expand(batch_size, max_len,
                           num_labels, num_labels)
    logits_real = logits.masked_select(m_mask)
    logits_real = logits_real.view(-1, num_labels*num_labels)
    # get real score for model score index with golden target
    final_scores = logits_real.gather(
        dim=1, index=target_trans_real.unsqueeze(1)).sum()
    all_path_scores = self.get_path_score(logits, lengths)
    loss = (all_path_scores - final_scores) / batch_size
    return loss
```

有别于 BiLSTM 计算损失值时简单地将目标与得分求交叉熵，加入 CRF 层后，模型首先修改了 targets 层的定义，利用相关函数（indexed）让其带入上一节点信息，对应代码如下。

```
def indexed(self, targets):
    """
    将targets中的数转化为[类别数量*类别数量]序列对应的索引
    """
    _, max_len = targets.size()
    for col in range(max_len-1, 0, -1):
        targets[:, col] += (targets[:, col-1] * self.num_labels)
    targets[:, 0] += (self.start_id * self.num_labels)
    return targets
```

假设标签数量为 11，当前字符对应的标签 I-LOC 的索引为 2，前一个字符对应的标签 B-LOC 的索引为 1，其修改后标签为 2+1 × 11=13，用这种方法完成标签与前向标签的矩阵转换。加入前向标签后，参考原有模型，对当前新标签和得分分别执行掩码操作。针对真实标签，运用gather函数（获取索引对应值）获得真实标签对应的分数（final_scores）；针对模型预测数据，则是借助get_path_score函数完成模型最终分数预测，相关代码如下。

```
def get_path_score(self, logits, lengths):
    batch_size, max_len, _, _ = logits.shape
    # scores_t代表batch个字符对应所有标签的分数
    scores_t = torch.zeros(self.batch_size, self.num_labels)
    scores_t = scores_t.to(device)
    for t in range(max_len):
        # 判断batch长度t的样本数量
        batch_size_t = (lengths > t).sum().item()
        if t == 0:
            # 初始化分数由start_id来获取
            scores_t[:batch_size_t] = logits[:batch_size_t, 0, self.start_id, :]
        else:
            # 把原先的前一字符的分数加入当前字符分数列中
            scores_t[:batch_size_t] = torch.logsumexp(
              logits[:batch_size_t, t, :, :] +
              scores_t[:batch_size_t].unsqueeze(2),
              dim=1
            )
    all_path_scores = scores_t[:, self.end_id].sum()
    return all_path_score
```

这里，利用所有得分可以计算出单个样本结束节点的得分并将所有得分求和得出总得分，该得分即模型计算生成分数，通过其与真实分值差值完成整体损失值的计算。损失函数计算完成后，借助训练框架梯度更新，不断优化模型的相关参数，进而获得更好的输出结果。

在模型预测阶段，本模型比BiLSTM模型更复杂，对应的预测函数代码如下所示。

```
def predict(self, sentences, mask):
    # calculate crf logits score
    lengths = torch.sum(mask, dim=1)
    logits = self.cal_logits(sentences, mask, lengths)
    result = self.viterbi(logits, lengths)
    return result
```

首先通过计算前向所有可能情况获得对应分数矩阵，然后通过维特比算法获得最大结果作为输出结果展示，其中维特比算法的相关代码如下所示。

```
def viterbi(self, logits, lengths):
    batch_size, max_len, num_labels, _ = logits.shape
```

```
viterbi = torch.zeros(batch_size, max_len, num_labels)
viterbi = viterbi.to(device)
bp = torch.zeros(batch_size, max_len, num_labels).long()
backpointer = (bp * self.end_id)
backpointer = backpointer.to(device)
# convert length into long tensor
lengths = lengths.long().to(device)
# 向前递推
for step in range(max_len):
    batch_size_t = (lengths > step).sum().item()
    if step == 0:
        viterbi[:batch_size_t, step,:] = logits[: batch_size_t, step, self.
            start_id, :]
        backpointer[: batch_size_t, step, :] = self.start_id
    else:
        max_scores, prev_tags = torch.max(
            viterbi[:batch_size_t, step-1, :].unsqueeze(2) +
            logits[:batch_size_t, step, :, :],dim=1
        )
        viterbi[:batch_size_t, step, :] = max_scores
        backpointer[:batch_size_t, step, :] = prev_tags
backpointer = backpointer.view(batch_size, -1)  # [B, L * T]
tagids = []  # 存放结果
tags_t = None
for step in range(max_len-1, 0, -1):
    batch_size_t = (lengths > step).sum().item()
    if step == max_len-1:
        index = torch.ones(batch_size_t).long() * (step * num_labels)
        index = index.to(device)
        index += self.end_id
    else:
        prev_batch_size_t = len(tags_t)
        before_batch_value = (batch_size_t - prev_batch_size_t)
        new_in_batch = [self.end_id] * before_batch_value
        new_in_batch = torch.LongTensor(new_in_batch).to(device)
        offset = torch.cat([tags_t, new_in_batch], dim=0)
        tmp = torch.ones(batch_size_t).long()
        index = tmp * (step * self.num_labels)
        index = index.to(device)
        index += offset.long()
    tags_t = backpointer[:batch_size_t].gather(
        dim=1, index=index.unsqueeze(1).long())
    tags_t = tags_t.squeeze(1)
    tagids.append(tags_t.tolist())
tagids = list(zip_longest(*reversed(tagids), fillvalue=self.pad_id))
```

```
        tagids = torch.Tensor(tagids).long()
        return tagids
```

维特比算法主要运用贪心算法思想，首先从前到后只计算当前节点的最大分值，然后从后往前回溯最大分值对应路线的索引，再把所有索引全部颠倒获得从前向后的最大路线。维特比算法在计算CRF、HMM分数时都会用到，其运算效率相较暴力穷举的方式有很大的提升。至此，BiLSTM-CRF模型的训练与预测部分的核心代码已经介绍完毕。

6.5.3　模型评价

BiLSTM-CRF模型经过100轮训练后，相关指标在测试集中的测试结果如表6-2所示。

表6-2　BiLSTM模型训练精度表

	precision	recall	F1-score	support		precision	recall	F1-score	support
O	0.9902	0.9929	0.9916	786071	B-LOC	0.8722	0.8774	0.8748	9849
I-ORG	0.8852	0.836	0.8599	25519	B-PER	0.9244	0.88	0.9017	8494
I-PER	0.9328	0.913	0.9228	16337	B-ORG	0.8608	0.8274	0.8438	5278
I-LOC	0.8664	0.8761	0.8712	14346	avg/total	0.9812	0.9814	0.9813	915640

BiLSTM-CRF模型的效果全面优于BiLSTM，主要归功于CRF层特征的学习质量较高。本模型在地名、机构名的识别上有85%左右的精度，在人名识别部分精度甚至可以达到90%。在真实场景中，人名识别的精度也高于其他类型，主要原因在于人名中的姓氏、名字对应的特征更为明显。然而，正如上文所述，目前NER领域的SOTA是Bert模型，其对应的NER的精度可以达到97%以上。建议读者在本项目的基础上加入Bert层的预训练模型，同时扩大对应的训练语料（一个月的语料对应Bert这样的模型略显单薄），进而获取更好的效果。

6.6　本章小结

本章首先阐述了序列标注任务的定义，然后介绍了BIO、BIEO、BIESO三种标签体系。紧接着讲解了序列标注任务的特点，并将其与文本分类、机器翻译、文本生成、阅读理解任务进行了对比，还介绍了序列标注在真实任务中的应用场景。最后，本章介绍了4种主流的完成序列标注任务的技术：HMM、CRF、RNN、Bert，并借助人民日报数据集讲解了BiLSTM模型和BiLSTM-CRF模型的实战。希望通过本章的讲解，可以加深读者对序列标注任务的认识。

CHAPTER 7

第 7 章

文本分类技术

本章将讨论人机对话中一项很重要的技术任务——文本分类。在人机对话中，算法需要识别用户聊天的意图，将意图归纳为设定好的意图类，再基于这些意图类做出合适的反馈。本章我们使用搜狗新闻作为文本分类的素材[⊖]，对文本分类的一般流程和常用模型进行探讨。下面，让我们一起走进文本分类的世界！

本文将介绍如下 NLP 方法：

- TFIDF+Naïve Bayes；
- TextCNN；
- FastText。

7.1 TFIDF 与朴素贝叶斯

7.1.1 TFIDF

TFIDF 代表的是词频 – 逆文档频率，是两个度量的组合。在数学上，TFIDF 是两个度量的乘积，可以表示为 $TFIDF = TF \times IDF$ 。词频（TF）是某一词语出现的次数除以该文件的总词语数。假如一篇文件的总词语数是 100 个，而词语“程序员”出现了 3 次，那么“程序员”一词在该文件中的词频就是 3/100=0.03。可根据不同的文章求得“程序员”一词的 TF 值（每篇文章的 TF 值可能不同，取决于“程序员”出现的次数以及这篇文章的总词数），以这些 TF 值乘以后续的 IDF 值计算这个词在每篇文章中的 TFIDF 值。

逆文件频率（IDF）是指一个词语普遍重要性的度量。该值由总文件数除以包含该词

⊖ 下载地址：https://www.sogou.com/labs/resource/ca.php

语的文件数，再将得到的结果取对数。注意这里需要对包含该词语的文件数加1，避免分母为0，最后也对idf的计算结果加1，避免分子与分母相同（总文档数目与某个词语在各篇文章出现次数加1正好相同）对数为0。数学公式如下表示：

$$IDF(t)=1+\log\frac{C}{1+df(t)}$$

其中 $IDF(t)$ 表示词语 t 的IDF，C表示语料库中文档的总数，$df(t)$ 表示包含词语 t 的文档数量频率。包含词语 t 的文档越少，IDF越大，说明词语具有很好的类别区分能力。还是以“程序员”一词为例，计算文件频率（IDF）的方法是以文件集的文件总数除以出现“程序员”一词的文件数。假设“程序员”一词在1000份文件出现过，而文件总数是10 000 000份，其逆向文件频率就是log（10 000 000 / 1000）=4。最后TFIDF的分数为 $0.03\times4=0.12$。

另外补充一点，TFIDF的度量还需要做一次归一化处理，一般使用的是L2范数来进行矩阵归一化（矩阵是TF和IDF的乘积，将TFIDF矩阵除以矩阵的L2范数进行矩阵归一化，L2范数也称为欧几里得范数，它是每个词语TFIDF权重平方和的平方根）。

我们使用sklearn来实现TFIDF，代码如下。

```
# 建立 TFIDF 词频权重矩阵
from sklearn.feature_extraction.text import TfidfVectorizer
tfidf = TfidfVectorizer(norm='l2') #使用 l2 范数做归一化
tf_train_data = tfidf.fit_transform(train_content) #得到 TFIDF 值
```

下面补充说明一下sklearn.feature_extraction.text.TfidfVectorizer接收的输入参数。

1）use_idf：布尔值，默认为True，使用逆文档频率重新加权。

2）smooth_idf：布尔值，默认为True。通过对文档频率加1来平滑IDF权值。

3）ngram_range：参数类型为tuple，如果觉得单个的词语作为特征还不充分，希望加入一些词组，可以设置这个参数，如允许词表使用1个词语或者2个词语的组合，使用ngram_range=(1, 2)来表示；例如['一切','一切 星球']，得到的TFIDF值为['星球': 7, '一切 星球': 3]，如果我们设置tfidf = TfidfVectorizer(ngram_range=(1, 1))就会有一个小问题，比如“猫吃鱼”和“鱼吃猫”对于1-gram来说都是一样的。如果输入的是'Python is useful'，并且将ngram_range设置为(1, 3)之后可得到'Python' 'is' 'useful' 'Python is' 'is useful' 和'Python is useful'如果是ngram_range (1, 1)则只能得到单个单词'Python' 'is'和'useful'。在实际使用中，切记不要设置过大的ngram_range，会给服务器带来很大的性能影响。

7.1.2 朴素贝叶斯

贝叶斯定理解决了现实生活中经常遇到的问题：已知某条件概率，如何得到两个事件交换后的概率，也就是在已知 $P(A|B)$ 的情况下如何求得 $P(B|A)$。这里先解释什么是条件概率。

$P(A|B)$ 表示事件 B 已经发生的前提下，事件 A 发生的概率，其基本求解公式为：

$$P(A \mid B)=\frac{P(AB)}{P(B)}$$

贝叶斯定理之所以有用，是因为我们可以很容易直接得出 $P(A|B)$，$P(B|A)$ 则很难直接得出，但我们更关心 $P(B|A)$，贝叶斯定理就为我们打通了从 $P(A|B)$ 获得 $P(B|A)$ 的道路。贝叶斯定理基本求解公式如下。

$$P(B \mid A)=\frac{P(A \mid B)P(B)}{P(A)}$$

朴素贝叶斯分类是一种十分简单的分类模型，朴素贝叶斯的思想基础是：对于给出的待分类项，求解此项在各个类别出现的概率，哪个类别的概率最大，就认为此待分类项属于哪个类别。值得注意的是：朴素贝叶斯分类中“朴素”一词的来源是朴素贝叶斯算法假设各个特征之间相互独立。先对联合概率分布 P（特征，结果）进行建模，然后通过下面的公式得到 P（结果 | 特征），朴素贝叶斯分类就是通过这种方法来解决问题的。

$$P(\text{result} \mid \text{feature})=\frac{P(\text{feature},\text{result})}{P(\text{feature})}=\frac{P(\text{feature} \mid \text{result}) \times P(\text{result})}{P(\text{feature})}$$

其中 $P(\text{result})$ 作为类先验概率，$P(\text{feature}|\text{result})$ 是特征对于结果的类条件概率（似然），所以对于根据特征求结果的学习，就转变成了利用训练数据预测 $P(\text{result})$ 到 $P(\text{feature}|\text{result})$ 的过程。为了方便理解，我们来做一个示例。

某个医院早上收了 6 个门诊病人，如表 7-1 所示。

表 7-1　某医院收治病人信息

序号	职业	症状	疾病	序号	职业	症状	疾病
1	护士	打喷嚏	感冒	4	工人	头痛	感冒
2	农夫	打喷嚏	过敏	5	老师	打喷嚏	感冒
3	工人	头痛	脑震荡	6	老师	头痛	脑震荡

现在又来了一个病人，是一个打喷嚏的工人。请问他得了什么病？

根据上述所讲的朴素贝叶斯公式可以得到：

$$P(\text{感冒}|\text{打喷嚏}\times\text{工人})=P(\text{打喷嚏}\times\text{工人}|\text{感冒})\times P(\text{感冒})/P(\text{打喷嚏}\times\text{工人})$$

又因为是朴素贝叶斯假设了特征是相互独立的，因此上面的公式就变为：

$$P(\text{感冒}|\text{打喷嚏}\times\text{工人})=\frac{P(\text{打喷嚏}|\text{感冒})\times P(\text{工人}|\text{感冒})\times P(\text{感冒})}{P(\text{打喷嚏})\times P(\text{工人})}=\frac{0.67\times0.33\times0.5}{0.5\times0.33}=0.67$$

同理 $P(\text{过敏}|\text{打喷嚏}\times\text{工人})=\frac{P(\text{打喷嚏}|\text{过敏})\times P(\text{工人}|\text{过敏})\times P(\text{过敏})}{P(\text{打喷嚏})\times P(\text{工人})}=0$，$P(\text{脑震荡}|\text{打喷嚏}\times\text{工人})=0$。

所以结论是打喷嚏的工人得了感冒。

7.1.3 实战案例之新闻分类

1. 数据预处理

我们使用的数据集是搜狗实验室提供的新闻数据，下面列出每个算法需要修改的代码。

```
import jieba
from torchtext.data import Field

# 定义分词方法
def tokenizer(text): # create a tokenizer function
    stopwords = stopwordslist('/root/news/stopword.txt')  # 这里加载停用词的路径
    return ' '.join([word for word in jieba.cut(text) if word.strip() not in
        stopwords]) # 需要用空格将每个切分后的词串联在一起

# 去除停用词
def stopwordslist(filepath):
    stopwords = [line.strip() for line in open(filepath, 'r',encoding='utf-8').
        readlines()]
    return stopwords

# 告诉 fields 处理哪些数据
TEXT = Field(sequential=True, tokenize=tokenizer, fix_length=200) # 使用了分词方法
  tokenizer
LABEL = Field(sequential=False, use_vocab=True)
```

为了整个模型有一个比较好的分类效果，我们针对每一个新闻类型抽取2000篇文章，值得注意的是，train和valid的输出是TorchText的Example对象，这个对象无法放入TFIDF模型中，所以我们将它们分别放入训练集列表和验证集列表。

```
train_content =[]
train_label = []
for line in train:
    train_content.append(line.text)
train_label.append(line.label)

valid_content =[]
valid_label = []
for line in valid:
    valid_content.append(line.text)
    valid_label.append(line.label)
```

2. TFIDF 实现

TfidfVectorizer 可以把原始文本转化为 TFIDF 的特征矩阵，为后续的朴素贝叶斯模型做文本分类奠定基础。

```
# 建立 TFIDF 词频权重矩阵
from sklearn.feature_extraction.text import TfidfVectorizer

tfidf = TfidfVectorizer(norm='l2',ngram_range=(1,2))
tf_train_data = tfidf.fit_transform(train_content)
tf_valid_data = tfidf.transform(valid_content)
```

补充一点：通过 get_feature_names() 能够获得特征词，通过 vocabulary_ 能够获得特征词及其对应的位置。例如 {' 北京 ': 3, ' 时间 ': 7, ' 市场 ': 5, ' 价格 ': 0, ' 公司 ': 2, ' 企业 ': 1, ' 发展 ': 4, ' 情况 ': 6, ' 汽车 ': 8, ' 考生 ': 9}。最后通过 for 循环查看每一篇文本中的特征词的权重。另外，可以通过 print(tf_train_data.todense()) 输出更为直观的矩阵，例如：

```
# [[ 0.          0.          0.57973867  0.81480247]
#  [ 0.6316672   0.6316672   0.44943642  0.        ]]

# 建立 TFIDF 词频权重矩阵
from sklearn.feature_extraction.text import TfidfVectorizer

tfidf = TfidfVectorizer(norm='l2',ngram_range=(1,2),max_features=10)
tf_train_data = tfidf.fit_transform(train_content)
tf_valid_data = tfidf.transform(valid_content)
print(tfidf.vocabulary_)  # 输出词典及位置
word=tfidf.get_feature_names()# 获取词袋模型中的所有词语
print(word)
weight=tf_train_data.toarray()# 将 TFIDF 矩阵抽取出来，元素 a[i][j] 表示 j 词在 i 类文本中
    的 TFIDF 权重
print(len(weight))
```

```
for i in range(len(weight)):# 打印每类文本的 TFIDF 词语权重，第一个 for 循环遍历所有文本，
    第二个 for 循环遍历某一篇文本下的词语权重
    print(" 这里输出第 ",i," 篇文本的词语 tf-idf 权重 ")
    for j in range(len(word)):
        print(word[j],weight[i][j])
```

3. 朴素贝叶斯

本例使用的是 sklearn 中的朴素贝叶斯模型，如下所示。

```
""" 朴素贝叶斯模型 """
from sklearn.naive_bayes import MultinomialNB
NB_model = MultinomialNB()
NB_model.fit(tf_train_data, train_label)
print(NB_model.score(tf_valid_data,valid_label))
```

最后得到的结果为 85% 的文本分类准确率。

7.2 TextCNN

7.2.1 TextCNN 网络结构解析

说起 CNN，我们通常认为它属于人工智能图像处理领域，主要应用在计算机视觉方向，但是在 2014 年，Yoon Kim 针对 CNN 的输入层做了一些改动，提出了文本分类模型 TextCNN。与处理图像的 CNN 网络相比，TextCNN 在网络结构上没有太大变化（甚至更加简单了）。从图 7-1 中可以观察到 TextCNN 其实只有一层卷积与一层 MaxPooling，最后将输出外接 softmax 来实现分类。

与人工智能图像处理中的 CNN 网络相比，TextCNN 最大的不同在于输入数据的不同。图像数据是二维数据，图像的卷积核是从左到右、从上到下滑动抽取特征的。而自然语言是一维数据，通过 word-embedding 生成了二维向量，但是对词向量从左到右滑动进行卷积没有意义。比如“I”对应的向量 [0, 0, 0, 0, 1]，窗口大小为 1×2，从左到右滑动得到 [0, 0]，[0, 0]，[0, 0]，[0, 1] 这 4 个向量，对应的都是“I”这个词汇，这种滑动没有任何意义，所以在自然语言处理中对于词向量来说，TextCNN 窗口的滑动是从上往下的。

我们再来看 TextCNN 的结构，TextCNN 网络结构分为输入层、卷积层、池化层和全连接层，下面我们逐一讲解各个层的内容与功能。

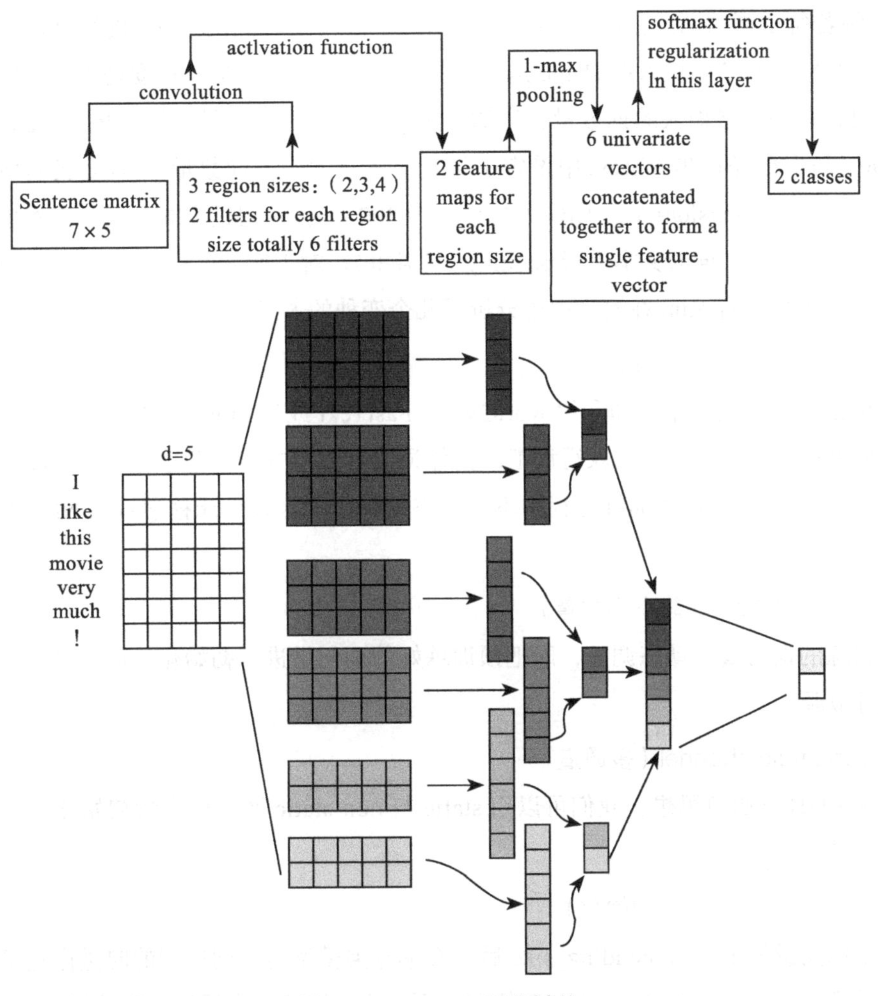

图 7-1　TextCNN 网络结构

1. 输入层

输入层最主要的任务是将一句话或者一段文字传入模型，文字不像图片、语音信号，不是天然的数值类型，需要将一句话处理成数字之后才能作为神经网络的输入（使用 TorchText 预处理之后变为数字）。每个词使用一个向量进行表示，这个向量被称为词向量。一句话可以表示成一个二维矩阵，如图 7-1 中，我们需要先对“I like this movie very much !”这句话进行分词（英文的分词是通过空格切分的），最终我们可以得到 7 个词（包括了标点符号，如果想去掉标点符号，可以使用加载停用词并保证感叹号已经添加其中），倘若每个词的词向量维度 d=5，则这句话可以表示为一个 7×5 的矩阵。需要注意的是，神经网络的结构输入的 shape 是固定的，但是每一篇评论的长度是不固定的，所以我们要固定神经网络输入的词数量，比如人为设定一篇评论的最大词数量 sentence_max_size=300（我们已经在 Torchtext 中设定了每篇文本最大的单词数量），假设我们使用的词向量维度为 5（dimension=5），则输入的形状为 300×5。对超过 300 个词的文本内容进行截断，对不足 300 个词的文本进行 padding（即补 0）。对于输入层输入词向量的表达方式，TextCNN 模型的作者 Kim 在论文中也分析了几个变种的方式。

（1）static（静态词向量）

使用预训练的词向量，即利用 word2vec、FastText 或者 glove 等词向量工具，在开放领域数据上进行无监督学习，获得词汇的具体词向量表示方式，拿来直接作为输入层的输入，并且在 TextCNN 模型训练过程中不再调整词向量，这属于迁移学习在 NLP 领域的一种应用。

（2）non-static（非静态词向量）

预训练的词向量 + 动态调整，即把预训练好的词向量进行初始化，训练过程中再对词向量进行微调。

（3）multiple channel（多通道）

借鉴 RGB 三通道思想，我们可以用 static 与 non-static 两种词向量初始化的方式来搭建两个通道。

（4）CNN-rand（随机初始化）

指定词向量的维度 embedding_size 后，文本分类模型对不同单词的向量作随机初始化操作，后续监督学习过程中，通过 BP 的方向更新输入层的各个词汇对应的词向量。

2. 卷积层

卷积层主要针对输入层接收到的数据进行卷积操作，NLP 中的卷积操作与图像处理中的卷积操作略有不同，图像的卷积核一般为正方形，而 NLP 中的卷积核一般为矩形。对于一个 7×5 的 input（根据图 7-1 中的例子），卷积核的宽度 width= 词向量的大小，高度的取值按需选取。在 Yoon Kim 的论文中，选取了 3 种大小的卷积核 [2, 3, 4]，也就是说卷积核的大小（高 × 宽）分别为 2×5、3×5、4×5（分别对应黄色、绿色、红色区域的矩形），每种卷积核的个数为 2。每个卷积核经过卷积操作之后，会得到一个向量，一共得到 6 个向量。

3. 池化层

TextCNN 在每个向量中选取一个最大值，6 个向量则会选出 6 个最大值，然后将这 6

个最大值进行拼接，作为全连接层的输入。

4. 全连接层

TextCNN 实现的是二分类问题，所以全连接层的输入是六维、输出是二维（分两类）。

TextCNN 相较于 RNN 来说，更适合处理短文本数据，原因是 RNN 处理短文本数据时，LSTM 长时记忆的优势不明显；另一方面，RNN 的优点在于考虑了整个文本的语序，而在短文本场景中，一般只是简短地叙述，这样的语料通过 TextCNN 合理设置 filter 的大小（相较于 RNN 以及 LSTM 来说）恰好就比较适合。

（1）TextCNN 的流程

先将文本分词做 embeding 得到词向量，将词向量经过一层卷积，一层 MaxPooling，最后输出外接 softmax 做分类。

（2）TextCNN 的优势

模型简单、训练速度快、输出效果好。

（3）TextCNN 的缺点

模型可解释型不强，在调优模型的时候，很难根据训练的结果有针对性的调整具体特征，因为在 TextCNN 中没有类似 gbdt 模型中特征重要度（feature importance）的概念，所以很难去评估每个特征的重要度。

7.2.2　实战案例之新闻分类

1. embedding

在 PyTorch 中进行词嵌入操作非常简单，只需要调用 torch.nn.Embedding(m,n) 就可以了，其中 m 表示单词的总数目，n 表示词嵌入的维度。其实词嵌入相当于一个大矩阵，矩阵的每一行表示一个单词。

示例如下：

```
import torch
from torch import nn
# 定义词嵌入
embeds = nn.Embedding(2, 5) # 2 个单词，维度 5
# 得到词嵌入矩阵，开始是随机初始化的
torch.manual_seed(1)
print(embeds.weight)
```

输出结果如下。

```
Parameter containing:
tensor([[-0.6388,  1.8779,  0.0519, -1.1864, -2.2309],
    [-0.0445, -0.4105, -1.4962,  0.3422, -0.2820]], requires_grad=True)
```

这种情况下，因为没有指定训练好的词向量，embedding 会生成一个随机的。

如果使用预训练好的词向量并且不再做后续调整（静态词向量），则代码如下所示。

```
self.embedding.weight.data.copy_(torch.from_numpy(vocab_vectors))
self.embedding.weight.requires_grad = False
```

上面第一句代码的意思是导入词向量，其中 vocab_vectors = TEXT.vocab.vectors.numpy()；第二句代码的意思是在反向传播的时候，不要对这些词向量进行求导更新。

若使用非静态词向量，则将 requires_grad 修改为“True”。

```
self.embedding.weight.data.copy_(torch.from_numpy(vocab_vectors))
self.embedding.weight.requires_grad = True
```

如果使用随机初始化，则只保留下句。

```
self.embedding.weight.requires_grad = True
```

2. Conv1d 和 Conv2d

（1）Conv1d

Conv1d 函数是利用指定大小的一维卷积核，对输入的多通道一维输入数据进行一维卷积操作的卷积层。

```
class torch.nn.Conv1d(in_channels, out_channels, kernel_size, stride=1,
padding=0, dilation=1, groups=1, bias=True)
```

1）in_channels(int)：输入信号的通道。在文本分类中，即为词向量的维度。

2）out_channels(int)：卷积产生的通道。有多少个 out_channels，就需要有多少个一维卷积。

3）kernel_size(int or tuple)：卷积核的尺寸，卷积核的大小为 k。

4）stride(int or tuple, optional)：卷积步长。

5）padding (int or tuple, optional)：输入的每一条边补充 0 的层数。

6）dilation(int or tuple, optional)：卷积核元素之间的间距。

7）groups(int, optional)：从输入通道到输出通道的阻塞连接数。

8）bias(bool, optional)：如果 bias=True，则添加偏置。

一般来说，一维卷积 nn.Conv1d() 用于文本数据，只对宽度进行卷积，不对高度卷积。

通常，输入大小为word_embedding_dim * max_sent_length，其中，word_embedding_dim是词向量的维度，max_sent_length为句子（或者一篇文章）的最大长度。卷积核窗口在句子长度的方向上滑动，进行卷积操作。

输入：批大小为64、每篇输入新闻文章的最大长度为200、词向量维度为300。目标：新闻文章分类，共12类，代码如下所示。

```
import torch
import torch.nn as nn

# max_sent_len=200, batch_size=64, embedding_size=300, kernel_size=2
conv1 = nn.Conv1d(in_channels=300, out_channels=128, kernel_size=2)
# 输入数据 64 为 batch_size，200 为每篇文章的最大长度，300 为词向量维度
input = torch.randn(64, 200, 300)
# batch_size * max_sent_len * embedding_size -> batch_size * embedding_size *
    max_sent_len
input = input.permute(0, 2, 1)#Conv1d 在最后一个维度做卷积
print("input:", input.size())
output = conv1(input)
print("output:", output.size())
# 最大池化
pool1d = nn.MaxPool1d(output.size(2))
pool1d_value = pool1d(output)
print("最大池化输出：", pool1d_value.size())
# 全连接
fc = nn.Linear(in_features=128, out_features=12)
fc_inp = pool1d_value.view(-1, pool1d_value.size(1))# 传入全连接
    [batch,outchanel*w*h]
print("全连接输入：", fc_inp.size())
fc_outp = fc(fc_inp)
print("全连接输出：", fc_outp.size())
# softmax
m = nn.Softmax(dim=1) # 对每一行做 softmax
out = m(fc_outp)
print("输出结果值：", out)
```

输出可以得出如下结论。

1）原始输入大小为（64, 200, 300），经过permute（0, 2, 1）操作后，输入的大小变为（64, 300, 200）。

2）使用1个window_size为2的卷积核进行卷积，因为一维卷积是在最后维度上扫描的，最后output的大小即为：$64 \times 128 \times (200-2+1)=64 \times 128 \times 199$。

3）output经过最大池化操作后，得到的数据维度为：(64,128,1)。

4）接着数据进入（输入特征 =128，输出特征 =12）全连接层，数据维度变为：(64, 12)，再经过 softmax 函数就得到了属于 12 个新闻类别的概率值。

（2）Conv2d

Conv2d 函数是利用指定大小的二维卷积核，对输入的多通道二维输入数据进行二维卷积操作的卷积层。

```
class torch.nn.Conv2d(
    in_channels,
    out_channels,
    kernel_size,
    stride=1,
    padding=0,
    dilation=1,
    groups=1,
    bias=True)
```

输入数据 x 的形状：

[batch_size, channels, height, width]

- batch_size：一个 batch 中样例的个数。
- channels：通道数。
- height：输入 x 的高度，对应的是文本的最大长度。
- Width：输入 x 的宽度，就是词向量的维度。

Conv2d 的参数：

[channels, output, height, width]

- channels：通道数。
- output：输出的深度。
- height：过滤器 filter 的高。
- width：过滤器 filter 的宽。

输出：

[batch_size,output, height, width]

- batch_size：一个 batch 中样例的个数。
- output：输出的深度。
- height：卷积结果的高度。
- width：卷积结果的宽度。

示例如下：

输入：批大小为 64、每篇输入新闻文章的最大长度为 200、词向量维度为 300。目标：新闻文章分类，共 12 类，代码如下所示。

```
import torch
import torch.nn as nn
import torch.nn.functional as F

# max_sent_len=200, batch_size=64, embedding_size=300, kernel_size=2
conv2 = nn.Conv2d(in_channels=1, out_channels=128, kernel_size=(2, 300))

# batch_size * channel * max_sent_len * embedding_dim
input = torch.randn(64, 1, 200, 300)

print("input:", input.size())
output = conv2(input)
# batch_size * kernel_num * H * 1, 其中 H=max_sent_len-kernel_size+1
print("output:", output.size())

# 最大池化
pool2d_value = F.max_pool2d(output, (output.size(2),output.size(3)))
print(" 最大池化输出: ", pool2d_value.size())

# 全连接
fc = nn.Linear(in_features=128, out_features=12)
fc_inp = pool2d_value.view(-1, pool2d_value.size(1))
print(" 全连接输入: ", fc_inp.size())
fc_outp = fc(fc_inp)
print(" 全连接输出: ", fc_outp.size())
# softmax
out = F.softmax(fc_outp, dim=1)
print(" 输出结果值: ", out)
```

二维卷积输入大小为（64, 1，200, 300），使用 1 个 window_size 为 2 的卷积核进行二维卷积，最后输出的大小即为：$64\times128\times(200-2+1)\times1=64\times128\times199\times1$。

输出值经过最大池化操作后，得到的数据维度为：（64, 128, 1, 1），经过全连接层，数据维度变为（64, 12），再经过 softmax 函数就得到了属于 12 个新闻类别的概率值。

（3）MaxPool1d

该函数对输入的多通道数据执行一维最大池化操作。

```
class torch.nn.MaxPool1d(
    kernel_size,
```

```
        stride=None,
        padding=0,
        dilation=1,
        return_indices=False,
        ceil_mode=False)
```

参数说明：

1）kernel_size：最大池化操作的滑动窗大小。

2）stride：滑动窗的步长，默认值是kernel_size。

3）padding：要在输入数据的各维度补齐0的层数。

4）ceil_mode：如果此参数被设置为True，计算输出数据大小的时候，会使用向上取整，代替默认的向下取整操作。

（4）MaxPool2d

该函数对输入的多通道数据执行二维最大池化操作。

```
class torch.nn.MaxPool2d(
    kernel_size,
    stride=None,
    padding=0,
    dilation=1,
    return_indices=False,
    ceil_mode=False)
```

3. TextCNN

```
vocab_size = len(TEXT.vocab)
vocab_vectors = Text.vocab.vectors.numpy()
```

我们选取静态词向量来做演示：首先我们使用Conv2d来实现。

```
import torch
import torch.nn as nn
import torch.nn.functional as F

class TextCNN(nn.Module):
    def __init__(self, num_class,vocab_size,embedding_size):
        super().__init__()
        self.embedding_size = embedding_size
        self.num_class = num_class
        self.embedding = nn.Embedding(num_embeddings=vocab_size, # 词向量的总长度
                          embedding_dim=embedding_size) # 创建词向量对象，
                              embedding_size 为词向量的维度
self.embedding.weight.data.copy_(torch.from_numpy(vocab_vectors))
```

```
        self.embedding.weight.requires_grad = False
        channel = 1 # 输入的 channel 数
        filter_num = 128 # 每种卷积核的数量
        Ks = [2,3,4] # 卷积核 list，形如 [2, 3, 4]
        self.convs = nn.ModuleList([nn.Conv2d(channel,filter_num,(K,embedding_
            size)) for K in Ks]) # 卷积层
        self.dropout = nn.Dropout()
        self.fc = nn.Linear(len(Ks)*filter_num,num_class,bias=True) # 全连接层

    def forward(self, x):
        # batch_size * 1 * max_sent_len * embedding_dim
        output = self.embedding(x) #torch.Size([64, 200, 300])
        output = output.unsqueeze(1)#torch.Size([24, 1, 200, 300])
        output = [conv(output) for conv in self.convs]
        #torch.Size([24, 128, 199, 1])
        # 经过最大池化层，维度变为 (batch_size, out_chanel, w=1, h=1)
        output = [F.max_pool2d(input=x_item,
            kernel_size=(x_item.size(2), x_item.size(3))) for x_item in output]
        # 将不同卷积核运算结果维度（batch, out_chanel, w, h=1）展平为（batch,
           outchanel*w*h）
        output = [x_item.view(x_item.size(0), -1) for x_item in output]

        # 将不同卷积核提取的特征组合起来，维度变为 (batch, sum:outchanel*w*h)
        output = torch.cat(output, 1)
        # dropout 层
        output = self.dropout(output)

        # 全连接层
        output = self.fc(output)
        return output
```

补充说明：我们也可以使用 Conv1d 函数来搭建 TextCNN，因为一维卷积可用于序列模型，代码如下。

```
import torch
import torch.nn as nn
class TextCNN(nn.Module):
    def __init__(self, num_class,vocab_size,embedding_size):
        super().__init__()
        self.embedding_size = embedding_size
        self.num_class = num_class
        self.embedding = nn.Embedding(num_embeddings=vocab_size, # 词向量的总长度
                                      embedding_dim=embedding_size)  # 创建词向量对象，
                                          embedding_size 为词向量的维度
        self.embedding.weight.data.copy_(torch.from_numpy(vocab_vectors))
```

```
        self.embedding.weight.requires_grad = False

        filter_num = 128 # 每种卷积核的数量
        Ks = [2,3,4] #卷积核 list，形如 [2, 3, 4]

        self.convs = nn.ModuleList([
            nn.Sequential(nn.Conv1d(embedding_size,
                    filter_num,
                    kernel_size=k),
                    nn.ReLU(), # 激活函数层
                    nn.MaxPool1d(kernel_size=200-k+1))#200 为文章最长字符数
                    for k in Ks
                    ])

        self.dropout = nn.Dropout()
        self.fc = nn.Linear(len(Ks)*filter_num,num_class,bias=True) # 全连接层

    def forward(self, x):
        output = self.embedding(x)
        #torch.Size([64, 200, 300])
        # 输出尺寸为 batch_size * text_len * embedding_size
        #需要转为 batch_size * embedding_size * text_len
        output = output.permute(0,2,1)#一维卷积是在最后维度上扫描，所以需要改变形状
        output = [conv(output) for conv in self.convs]
        #out[i]:batch_size x feature_size x 1
        output = torch.cat(output, dim=1)# 对应第二个维度（行）拼接起来，比如：5*2*1 和
            5*3*1 的拼接变成 5*5*1
        output = output.view(output.size(0), -1)#取之前输出的第一维
        output = self.dropout(output)
        output = self.fc(output)
        return output
```

4. 训练模型

我们针对每一个新闻类型抽取2000篇文章（与朴素贝叶斯用到的数据集保持一致），实际新闻类别为12，这是因为Torchtext中多了一个类别“<unk>”，一种处理方式是将label的值加1，另一种是在初始化TextCNN模型时设置分类类别为13。

```
model = TextCNN(12,vocab_size,300)
model.cuda()
learning_rate = 1e-3
optimizer = torch.optim.Adam(model.parameters(), lr=learning_rate)
criterion = nn.CrossEntropyLoss()
num_epoches = 50
```

```
model.train()
for epoch in range(num_epoches):
    print('current epoch = %d' % epoch)
    for batch_idx, (data,target) in enumerate(train_iter):
        contents,labels = data[0].cuda(),data[1].cuda()
        outputs = model(contents) # 将数据集传入网络做前向计算
        loss = criterion(outputs, labels) # 计算 loss
        optimizer.zero_grad() # 在做反向传播之前先清除下网络状态
        loss.backward() #loss 反向传播
        optimizer.step() # 更新参数

        if batch_idx % 10000 == 0:
            print('current loss = %.5f' % loss.item())
print("finish training")
```

5. 验证模型

```
# 做 prediction
total = 0
correct = 0
model.eval()
for data, labels in valid_iter:
    contents,labels = data[0].cuda(),data[1].cuda()
    outputs = model(contents)
    _, predicts = torch.max(outputs.data, 1)
    total += labels.size(0)
    correct += (predicts == labels).cpu().sum()
print('Accuracy = %.2f' % (100 * correct / total))
```

模型准确率在 90% 左右，我们可以观察到在同样量级的数据集情况下，深度学习模型的准确率略高于传统机器学习模型。

7.3 FastText

FastText 是 Facebook 开源的一个词向量与文本分类工具，典型应用场景是“带监督的文本分类问题”，提供简单而高效的文本分类和表征学习方法，性能比肩深度学习而且速度更快。

7.3.1 模型架构

如图 7-2 所示，x_1，x_2，...，x_{N-1}，x_N 表示文本中的 n-gram 向量，每个特征是词向量的平均值，此处使用 n-gram 预测指定类别。

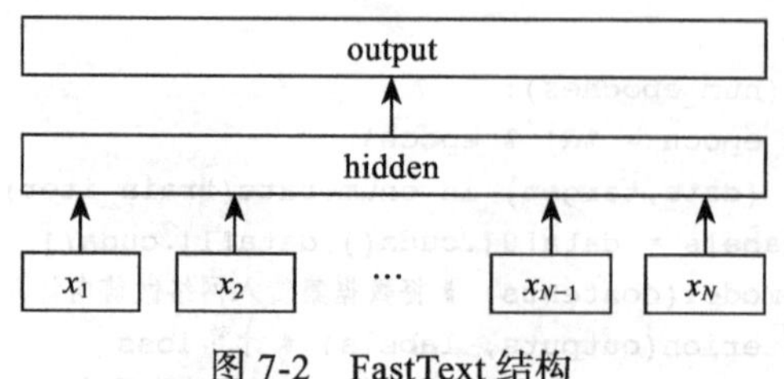

图 7-2 FastText 结构

7.3.2 层次 softmax

对于存在大量类别的数据集，FastText 使用了一个分层分类器（而非扁平式架构）。不同的类别被整合进树形结构中（想象下二叉树而非 list）。某些文本分类任务中的类别很多，计算线性分类器的复杂度高。FastText 模型为了改善运行时间，使用了层次 softmax 技巧。层次 softmax 技巧在赫夫曼编码的基础上，对标签进行编码，能够极大缩小模型预测目标的数量。

FastText 也利用了类别（class）不均衡这个事实（一些类别出现次数比其他类别更多），通过使用赫夫曼算法建立用于表征类别的树形结构。因此，频繁出现类别的树形结构深度小于不频繁出现类别的树形结构，这也进一步提升了计算效率。

7.3.3 n-gram 子词特征

FastText 可以用于文本分类和句子分类，不管是文本分类还是句子分类，我们常用的特征是词袋模型。但词袋模型不能考虑词之间的顺序，因此 FastText 还加入了 n-gram 特征。在 FastText 中，词被看作 n-gram 字母串包。为了区分前后缀情况，“<”“>”符号被添加到词的前后端。除了词的子串，词本身也被包含进 n-gram 字母串包。以 where 为例，在 n=3 的情况下，其子串分别为 <wh, whe, her, ere, re> 以及其本身。

如下代码并没有实现 n-gram 和层次 softmax，不过测试下来验证集的准确率已经达到了 90%。

```
import torch
from torch import nn

class fastText(nn.Module):
    def __init__(self):
        super().__init__()
        self.hidden_size=128
        self.embed_size=300
        self.classes =12
```

```
        # Embedding Layer
        self.embeddings = nn.Embedding(vocab_size,self.embed_size)
        # 若使用预训练的词向量，需在此处指定预训练的权重
        self.embeddings.weight.data.copy_(torch.from_numpy(vocab_vectors))
        self.embeddings.weight.requires_grad = False
        self.fc = nn.Sequential(
            nn.Linear(self.embed_size, self.hidden_size),
            nn.BatchNorm1d(self.hidden_size),
            nn.ReLU(inplace=True),
            nn.Linear(self.hidden_size, self.classes)
        )


    def forward(self, x):
        x = self.embeddings(x)
        x = self.fc(torch.mean(x,dim=1))

        return x
```

7.3.4　安装与实例解析

本节主要讲解安装与部署 Facebook 开源的 FastText，在 Jupyter Notebook 环境下安装 FastText，需要在命令前面输入！符号，代码如下。

```
!pip install fasttext
```

接着我们通过 FastText 来实现文本分类，数据预处理代码如下。

```
import jieba
from torchtext.data import Field

# 定义分词方法
def tokenizer(text): # create a tokenizer function
    stopwords = stopwordslist('/root/news/stopword.txt')  # 这里加载停用词的路径
    return ' '.join([word for word in jieba.cut(text) if word.strip() not in
        stopwords]) # 使用 Jieba 做中文分词并且加载停用词

# 去除停用词
def stopwordslist(filepath):
    stopwords = [line.strip() for line in open(filepath, 'r',encoding='utf-8').
        readlines()]
    return stopwords

# 告诉 fields 处理那些数据
TEXT = Field(sequential=True, tokenize=tokenizer, fix_length=200) # 使用了分词方法
    tokenizer
```

```
LABEL = Field(sequential=False)
```

生成dataset代码如下。

```
train=MyDataset(trainset,text_field=TEXT,label_field=LABEL,test=False)
valid=MyDataset(validset,text_field=TEXT,label_field=LABEL,test=False)
```

因为FastText的输入必须是一个文件，所以需要将训练集和验证集输出到目录中。

```
def write_data(data,file_name):
    with open(file_name,'a+') as f:
        f.write(data+'\n')
```

FastText模型要求输入的格式为 __label__class word1 word2 word3 …，class表示类别标签，其前缀是 __label__，注意是前后各两个下划线。英文分词使用空格断词，而对于中文，需要进行分词处理。我使用Jieba进行中文分词，将处理后的文本写入文件中（如写入txt文件），使用utf-8编码格式。

值得注意的是，处理后的数据每行代表一个文本，以\n结尾，文本以空格分隔单词。比如“我爱北京天安门”处理后为：__label__旅游“我 爱 北京 天安门”。

一条文本可以有多个标签，以空格隔开即可。

```
train_content =[]
train_label = []
print('writing data to fastText format...')
for line in train:
    label = '__label__'+ line.label
    text = line.text
    data = label+' '+text
    write_data(data,'/root/nlp/ftnews/train.txt')
print('done')
valid_content =[]
valid_label = []
print('writing data to fastText format...')
for line in valid:
    label = '__label__'+ line.label
    text = line.text
    data = label+' '+text
    write_data(data,'/root/nlp/ftnews/valid.txt')
print('done')
```

训练模型如下。

```
from fasttext import train_supervised
train_data = '/root/nlp/ftnews/train.txt'
```

```
valid_data = '/root/nlp/ftnews/valid.txt'
model = train_supervised(
        input=train_data, epoch=50, lr=1.0, wordNgrams=2, minCount=1
    )
```

参数说明：

param input：训练数据文件路径。

param lr：学习率。

param dim：向量维度。

param ws：cbow 模型时使用。

param epoch：训练轮数。

param minCount：词频阈值，小于该值在初始化时会过滤掉。

param minCountLabel：类别阈值，类别小于该值初始化时会过滤掉。

param minn：构造 subword 时最少 char 个数。

param maxn：构造 subword 时最多 char 个数。

param neg：负采样。

param wordNgrams：n-gram 个数。

param loss：损失函数类型。

param bucket：词扩充大小，[A，B]：A 语料中包含的词向量，B 不在语料中的词向量。

param thread：线程个数。

param lrUpdateRate：学习率更新。

param t：负采样阈值。

param label：类别前缀。

param pretrainedVectors：预训练的词向量文件路径，如果单词出现在文件夹中初始化不再随机。

return model object：返回模型对象。

验证模型如下。

```
result = model.test(valid_data)
# 结果为（验证数据量，precision，recall）
print(result)
```

通过输出结果（8800, 0.9838636363636364, 0.9838636363636364）可以观察到模型训练效果不错。

对于中文文本分类，我们需要了解以下关键内容

1）在中文文本分类问题中，我们面对的是原始中文文本数据，去掉一些影响分类的脏数据，比如HTML标签、URL地址、表情代号以及一些无意义的文本内容。

2）在条件允许的情况下，建议尽可能多地在数据集上测试不同的算法并记录各项指标的效果，择优选择算法。

3）不要只关注单个指标（比如准确率），应结合多个指标来评估模型。

7.4 后台运行

需要注意的是，如果输入的文本数据集比较多，导致整个程序运行时间过长，我们可以将写好的程序放入算法服务器（比如Linux）后台进行处理，这样我们就不需要坐在计算机前等着了，在Linux下使用命令nohup，示例如下。

```
(dl) root@1def864eef38:/NLP# nohup python putexamples.py > out.file 2>&1 &
[1] 3748
(dl) root@1def864eef38:/NLP# ps -ef | grep 3748
root      3748  3443 89 06:18 pts/1    00:01:02 python putexamples.py
root      4394  3443  0 06:19 pts/1    00:00:00 grep --color=auto 3748
```

成功地提交进程之后，就会显示出一个进程号。这个进程号用来监控该进程或强制关闭进程（ps -ef | grep 进程号 或者 kill -9 进程号）。另外，会生成out.file文件记录程序中print的信息（比如loss的值）。

7.5 本章小结

文本分类是NLP的重要任务之一，它的主要功能就是将输入的文本以及文本的类别训练出一个模型，使之具有一定的泛化能力，能够对新文本进行较好地预测。文本分类的应用很广泛，在很多领域发挥着重要作用，例如垃圾邮件过滤、舆情分析以及新闻分类等。在聊天机器人中，文本分类技术主要用于对话意图的识别。

如今文本分类模型频出、种类繁多、花样百变，既有机器学习中的朴素贝叶斯模型、SVM模型，也有深度学习中的CNN模型、RNN模型，还有各种更高级的Attention模型。

本章主要讲解了传统机器学习的TFIDF结合朴素贝叶斯模型，深度学习中基于CNN的TextCNN以及Facebook开源的FastText。下一章节我们将目光聚焦到NLP中常用的RNN系列深度学习模型。

CHAPTER 8

第8章 循环神经网络

前面提到的几个关于 NLP 的应用，都未考虑词的序列信息，只针对序列化学习。循环神经网络（Recurrent Neural Networks，RNN）则能够通过在原有神经网络基础上增加记忆单元，（理论上）处理任意长度的序列，在架构上能够比一般神经网络更好地处理序列相关问题。

本文将介绍如下 3 种 NLP 方法：

- RNN
- LSTM
- GRU

8.1 RNN

RNN 是神经网络中的一种，它擅长对序列数据进行建模处理。我们先来解释下什么是序列数据。

8.1.1 序列数据

序列数据指的是数据按照一个特定的顺序进行存储（比如时间顺序），我们日常工作生活中，无时无刻不在接触着序列数据。股价就是一类序列数据，它们记录着每个时间点该股票的价值。监控数据也是一类序列数据，例如对于机器 CPU 的监控数据，就记录着每个时间点 CPU 的实际消耗。

我们的生活每时每刻都在产生着数据，例如通过可穿戴设备不断采集个人健康数据，套用模型计算来评估佩戴者的健康度。当然序列数据有多种形式，例如音频就是一种自然序列，我们可以将音频频谱图分成块将其馈入RNN。文本也是一种自然序列，我们可以将文本分成一系列字符或一系列单词馈入RNN。

8.1.2　神经网络需要记忆

在NLP中有一个非常重要的任务——词性标注，我们通过一个示例进行说明，下面有两行训练数据。

1. 让我们来调查他的个人资料，看看有没有问题。

2. 你的调查不全面，会误导公司的决策。

在上面的训练数据中，“调查”一词的词性并不是唯一的，它在第一句中作为动词（v），在第二句中作为名词（n），使用传统神经网络是无法准确学习的，因为传统神经网络学习不到周围的语境。

所以这个时候就需要一个能够记忆以前历史信息的神经网络，比如在第一行训练数据中，遇到“调查”一词时，网络可以判别它前面的词“来”是动词，那么动词后面的“调查”作为动词的概率就远大于名词。

同理，在第二行训练数据中，遇到“调查”一词，网络能够判别它前面的词“的”是助词，那么助词后面“调查”作为名词的概率就比较高了。

所以我们希望有一个神经网络在预测当前任务的时候，能够记忆以前的知识帮助当前的任务完成，这时RNN就闪亮登场了。

8.1.3　RNN基本概念

为了建模序列问题，RNN引入了隐含状态h（hidden state）的概念，h可以对序列数据提取特征，接着再转换为输出值，作为下一步的输入值。先从h_1的计算开始了解，如图8-1所示。

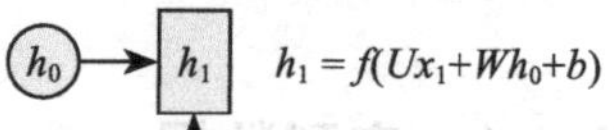

h_0　h_1　$h_1 = f(Ux_1+Wh_0+b)$

x_1　x_2　x_3　x_4

图8-1　h_1的计算逻辑

图8-1中记号的含义如下。

1）圆圈和方块表示向量。

2）一个箭头表示对该向量做一次变换。图8-1中h_0和x_1分别用一个箭头连接h_1，表示对h_0和x_1各做了一次变换。

x是一个向量，它表示输入层的值；h是一个向量，表示隐藏层的值；U是输入层到隐藏层的权重矩阵；b表示截距。h_0一般是初始化为1的向量。

现在我们来了解下W是什么。循环神经网络隐藏层的值h不仅取决于当前输入的x，还受上一次隐藏层值h的影响。权重矩阵W就是将隐藏层上一次的值作为这一次输入的权重。

h_2 的计算和 h_1 类似。需要注意的是，在计算时，每一步使用的参数 U、W、b 都是一样的，也就是说每个步骤的参数都是共享的，这是 RNN 的重要特点。h_2 的计算逻辑如图 8-2 所示。

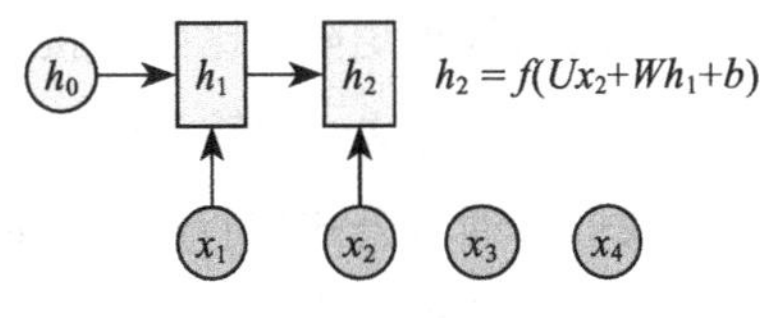

图 8-2　h_2 的计算逻辑

目前的 RNN 还没有输出，得到输出值的方法就是直接通过 h 进行计算：V 代表隐藏层到输出层的权重矩阵；c 代表 bias，又称为截距。图 8-3 所示是输出 y_1 的计算逻辑。

正如之前所说，一个箭头就表示对对应的向量做一次类似于 $f(Wx+b)$ 的变换，f 指的是激活函数，这里的箭头表示对 h_1 进行一次变换，得到输出 y_1。剩下的输出类似（使用和 y_1 同样的参数 V 和 c），图 8-4 所示是输出层的计算逻辑。

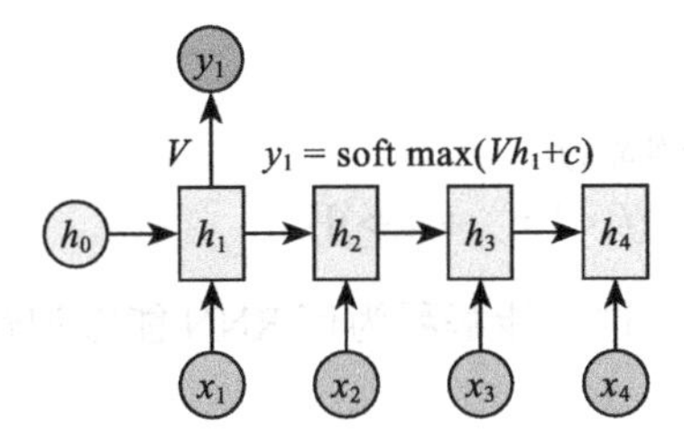

图 8-3　输出层计算逻辑

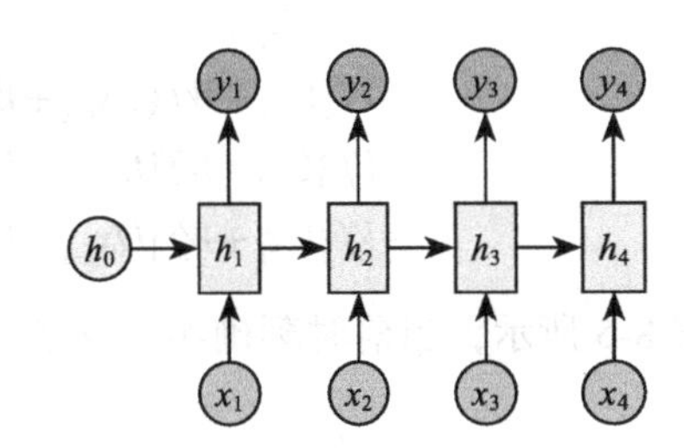

图 8-4　输出层的计算逻辑

如图 8-5 所示，我们再来看看 RNN 具体实现细节的结构图。

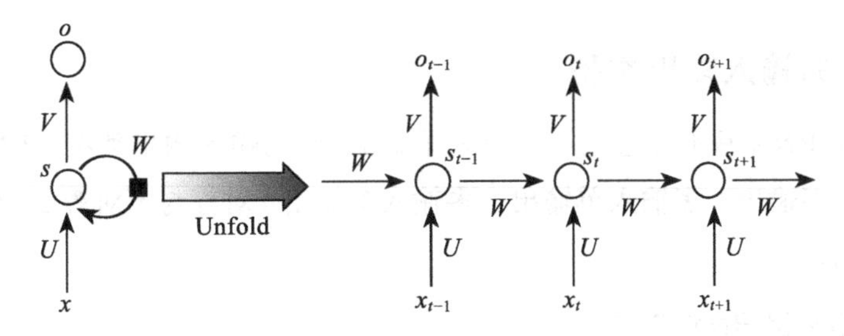

图 8-5　RNN 结构图展开

对 RNN 进行展开，首先是前向传播（Forward Propagation），依次按照时间顺序计算一次即可。然后用反向传播算法进行残差传递，和普通 BP 网络唯一的差别是加入了时间顺序，计算方式有细微的区别，称为 BPTT（Back Propagation Through Time）算法。

我们对图 8-5 进行解读：x 是一个向量，表示输入层的值；s 是一个向量，表示隐藏层的值；U是输入层到隐藏层的权重矩阵；o也是一个向量，表示输出层的值；V是隐藏层到输出层的权重矩阵（比如连接全连接层时候需要的权重矩阵）。权重矩阵W就是隐藏层上一次的值作为这一次输入的权重。

我们再通过公式进行解读。RNN网络在t时刻接收到输入x_t后，隐藏层的值是s_t，输出值是o_t。关键一点是，s_t的值不仅取决于x_t，还受s_{t-1}影响。我们可以用下面的公式表示循环神经网络的计算方法（其中f是激活函数，默认是tanh；g也是激活函数，如果是多分类则为softmax)。

$$o_t = g(Vs_t)$$
$$s_t = f(Ux_t + Ws_{t-1})$$

那么我们将第二个公式代入到第一个公式，就会有下面推导：

$$\begin{aligned}o_t &= g(Vs_t)\\ &=Vf(Ux_t + Ws_{t-1})\\ &=Vf[Ux_t + Wf(Ux_{t-1} + Ws_{t-2})]\\ &=Vf\{Ux_t + Wf[Ux_{t-1} + Wf(Ux_{t-2} + Ws_{t-3})]\}\\ &=Vf\{Ux_t + Wf[Ux_{t-1} + Wf(Ux_{t-2} + Wf < Ux_{t-3} + \ldots >)]\}\end{aligned}$$

如图8-5所示，当前时刻确实包含了历史信息，这就能解释为何RNN能够记忆历史信息了。

补充说明：RNN使用的激活函数是tanh，tanh是帮助调节流经网络的值。tanh函数将数值始终限制在 -1 ～ 1，如果没有tanh函数，当向量流经神经网络的时候，由于各种数学运算的缘故，会使得某些值变得非常大，这让其他值显得微不足道了。

8.1.4 RNN的输入输出类型

我们了解了RNN基本思想之后，再来了解RNN的输入输出类型。RNN输入输出类型分为：单输入多输出、多输入单输出、多输入多输出（对等与不对等2种)，下面分别列举实例进行说明。

1. 单输入多输出RNN结构

单输入多输出RNN结构如图8-6所示。

单输入多输出RNN结构应用场景有如下两种。

1）从图像生成文字（image caption)，此时输入的是图像的特征，而输出的序列是一段句子。

2）从类别生成语言或音乐。

2. 多输入单输出 RNN 结构

多输出单输入 RNN 结构如图 8-7 所示。

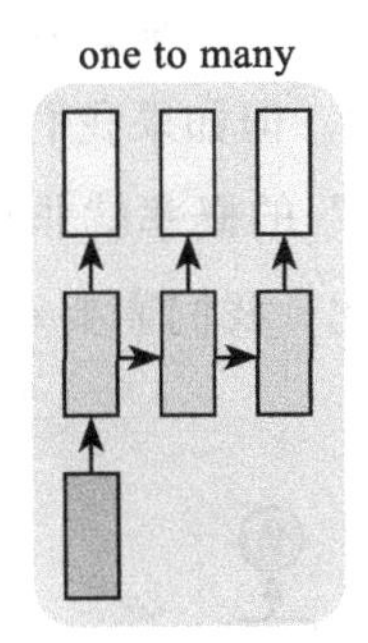

图 8-6　单输入多输出 RNN 结构

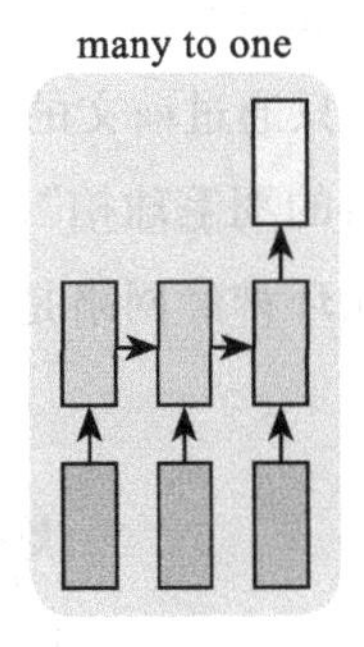

图 8-7　多输入单输出 RNN 结构

多输出单输入 RNN 结构通常应用于处理序列分类问题，如输入一段文字判别所属的类别、输入一个句子判断真情感倾向、输入一段视频并判断它的类别等。

3. 多输入多输出 RNN 结构

（1）如果输入与输出的长度一致就是对等的多输入多输出 RNN 结构，如图 8-8 所示。

对等多出入多输出 RNN 结构广泛应用于序列标注。

（2）如果输入与输出的长度不一致，就是不对等多输入多输出 RNN 结构，如图 8-9 所示。

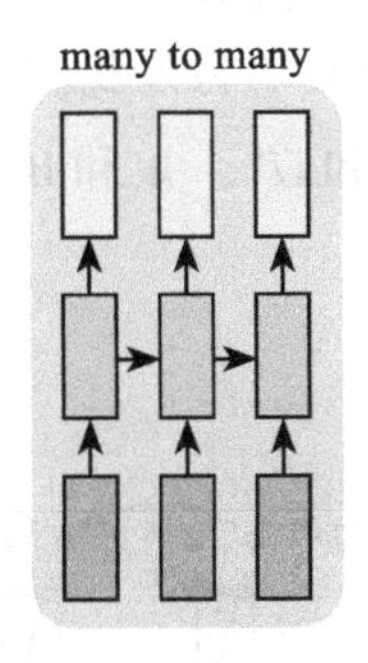

图 8-8　对等多输入多输出 RNN 结构

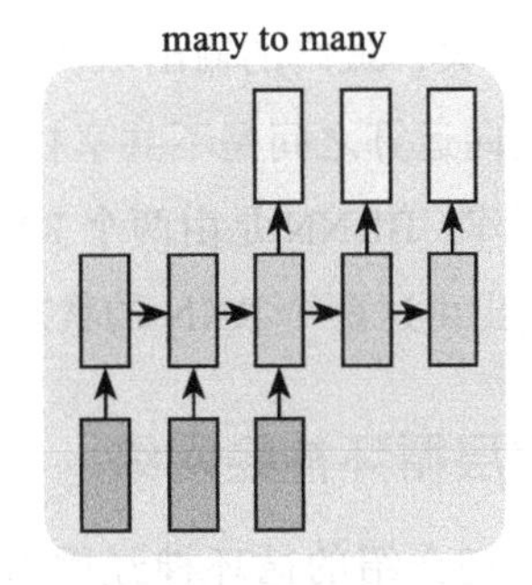

图 8-9　不对等多输入多输出 RNN 结构

不对等多输入多输出 RNN 结构广泛应用于机器翻译，如输入一个文本，输出另一种语言的文本。

8.1.5　双向循环神经网络

对于语言模型来说，很多时候光看前面的词是不够的，无法预测下文，比如下面这句话：

我的羽毛球拍坏了，我打算______一副新的羽毛球拍。

可以想象，如果我们只看横线前面的词，“羽毛球拍坏了”，那么到底“我打算”如何呢？这种情况下只通过前文的输入是无法确定后续输出的。但如果我们也看到了横线后面的词是“一副新的羽毛球拍”，那么，横线上的词填“买”的概率就非常大了。上一节我们提到的基本循环神经网络是无法对此进行建模的，因此，我们需要双向循环神经网络，如图 8-10 所示。

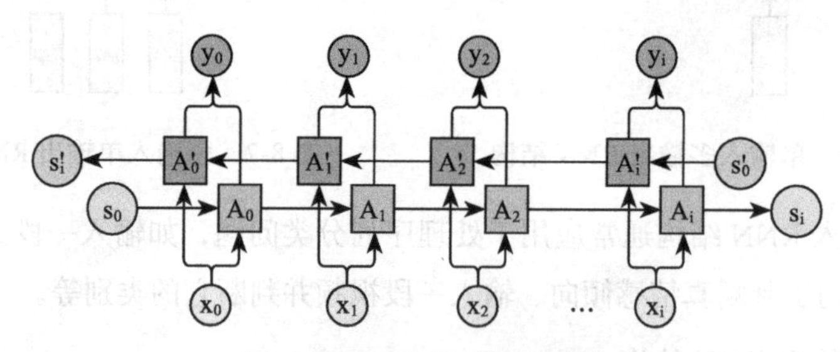

图 8-10　双向循环神经网络

从图 8-10 可以观察到，双向卷积神经网络的隐藏层要保存两个值，一个 A 参与正向计算，另一个 A' 参与反向计算，二者结合得到最终的输出。以 y_2 为例（输出取决于 A_2 和 A'_2），其计算方法为 $y_2 = g(VA_2 + V'A'_2)$，其中 $A_2 = f(Ux_2 + WA_1)$， $A'_2 = f(U'x_2 + W'A'_3)$。

我们可以得到结论：正向计算的时候隐藏层的值 s_t 与 s_{t-1} 有关；反向计算时隐藏层的值 s'_t 与 s'_{t+1} 有关，最终的输出取决于正向与反向的求和运算。另外我们可以得出结论，正向运算和反向运算之间是不共享权重的，也就是说，U 和 U' 、W 和 W' 、V 和 V' 都是不同的权重矩阵。BRNN 是由两个 RNN 上下叠加在一起组成的，输出由这两个 RNN 的状态共同决定。

8.1.6　深层循环神经网络

前面我们介绍的循环神经网络只有一个隐藏层，我们当然也可以堆叠多个隐藏层，这样就得到了深层循环神经网络，深层循环神经网络架构如图 8-11 所示。

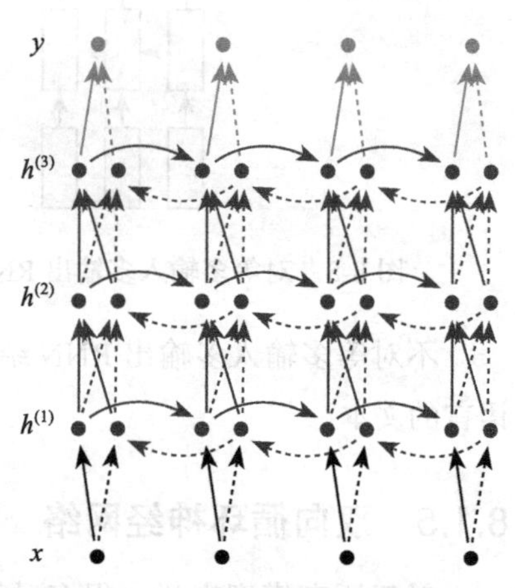

图 8-11　深层循环神经网络架构

我们结合之前提到的双向循环神经网络来学习深层 RNN 的计算逻辑，我们把第 i 个隐藏层的值表示为 $s_t^{(i)}$ 、$s_t'^{(i)}$，则第一层：

$$s_t^{(1)} = f(U^{(1)}x_t + W^{(1)}s_{t-1}^{(1)})$$
$$s_t'^{(1)} = f(U'^{(1)}x_t + W'^{(1)}s_{t+1}'^{(1)})$$

到了第 i 层的时候：

$$s_t^{(i)} = f(U^{(i)}s_t^{(i-1)} + W^{(i)}s_{t-1})$$
$$s_t'^{(i)} = f(U'^{(i)}s_t'^{(i-1)} + W'^{(i)}s_{t+1}')$$

最后输出：

$$o_t = g(V^{(i)}s_t^{(i)} + V'^{(i)}s_t'^{(i)})$$

这样一来，该网络便具有更加强大的表达能力和学习能力，但是复杂性也提高了，同时需要训练更多的数据，所以在实际运用中我们不建议使用过深的 RNN 网络层级。

8.1.7 RNN 的问题

随着时间的推移，梯度会消失。梯度值将用于在神经网络中调整权重。

我们来观察如下的示例，在考虑语言模型的时候，我们尝试使用 RNN 模型预测 “ the clouds are in the __” 这句的最后一个单词是什么。在这种情况下，使用 RNN 模型是完全有能力通过过往的信息预测出最后一个单词是 “sky”。但是如果我们使用 RNN 来预测 “I grew up in France…（省略很多字）. I speak fluent __” 这句的最后一个单词是什么，就非常困难了，如图 8-12 所示。

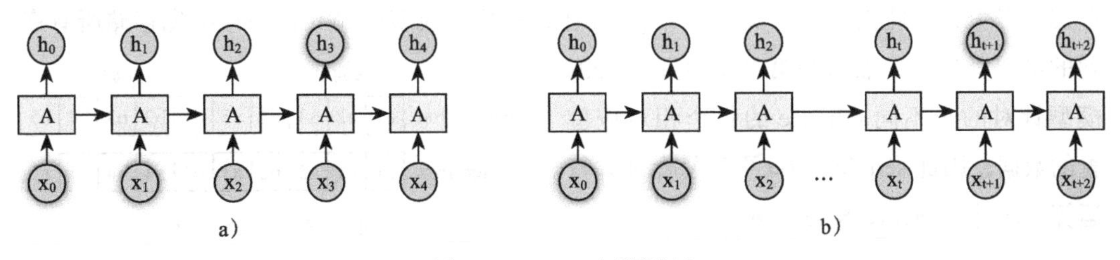

图 8-12 RNN 问题描述

但是，随着时间间隔越来越大，RNN 很难学习到相隔太久的信息。

8.1.8 RNN PyTorch 实现

1. RNN 参数输入与输出

在 PyTorch 框架中，官方已经实现了 RNN 类。我们来了解下 RNN 类的输入与输出参数。

- input_dim：表示输入 x_t 的特征维度。
- hidden_dim：表示输出的特征维度。
- num_layers：表示网络的层数。
- nonlinearity：表示选用的非线性激活函数，默认是 tanh。
- bias：表示是否使用偏置，默认使用。
- batch_first：表示输入数据的形式，默认是 False，默认的形式为 [seq, batch, feature]，也就是将序列长度放在第一位，batch 放在第二位。
- dropout：表示是否在输出层应用 dropout。
- bidirectional：表示是否使用双向的 RNN，默认是 False。

输入 x_t，h_0：

x_t [seq_len, batch, iput_dim]

h_0 [层数 x 方向，batch, h_dim](x 代表相乘)

输出 h_t，output：

output [seq_len, batch, h_dim x 方向]

h_t [层数 x 方向，batch, h_dim]

2. 小案例

下面的案例我们不再使用 batch_first=True，以便保证模型数据能并行运算。因为 batch_first 意味着模型的输入（1 个 Tensor）在内存中存储时，先存储第一个 sequence，再存储第二个，以此类推。而如果是 seq_len 在第一位，模型的输入在内存中先存储所有序列的第一个单元，然后是第二个单元…RNN 模型针对的是不同 seqence 的每个相对应位置的数据，因此 seq_len first 更容易保证并行运算。两种区别如图 8-13 所示。

	序列 1					序列 2				
batch_first	a1	a2	a3	a4	a5	b1	b2	b3	b4	b5
seq_len first	a1	b1	a2	b2	a3	b3	a4	b4	a5	b5

图 8-13　batch first

```
import torch
import torch.nn as nn
# 输入：批大小为 64、每篇输入新闻文章的最大长度为 200、词向量维度为 300
# 目标：新闻文章分类，共 12 类
# 构造 RNN 网络，x 的维度 300、隐层的维度 128、网络的层数 2、双向
rnn_seq = nn.RNN(300,128,2,bidirectional=True)
x = torch.randn(200, 64, 300)
output,ht = rnn_seq(x)
print('output 的尺寸为 ')
print(output.shape)
print(' 取句子最后时刻的 hidden state')
```

```
output = output[-1,:,:]
print(output.shape)
fc = nn.Linear(in_features=128*2, out_features=12)#linear默认在最后的两维做matrxi
    乘法
fc_outp = fc(output)
print("全连接输出: ", fc_outp.shape)
# softmax
m = nn.Softmax(dim=1) #对每一行做softmax
out = m(fc_outp)
print('softmax之后的尺寸为',out.shape)
```

8.2 LSTM

那么我们如何应对 RNN 受短期记忆影响的问题呢？为了减轻短期记忆的影响，研究者们创建了两个专门的递归神经网络，一个是长短期记忆（LSTM)，另一个是门控循环单位（GRU)。LSTM 和 GRU 本质上类似 RNN，但它们能够使用“门”的机制来学习长期依赖。这些门是不同的张量操作，可以学习添加或删除隐含状态的信息。由于这种能力，短期记忆对它们来说不是问题。

总而言之，RNN 适用于处理序列数据以进行预测，但会受到短期记忆的影响。vanilla RNN 的短期存储问题并不意味着要完全跳过它们并使用更多进化版本。RNN 具有更快训练和使用更少计算资源的优势，这是因为要计算的张量操作较少。当期望对具有长期依赖的较长序列建模时，应该使用 LSTM 或 GRU 网络。

8.2.1 LSTM 网络结构解析

长短时间记忆网络（Long Short Term Memory networks，LSTM）由 Hochreiter 和 Schmidhuber 于 1997 年提出，是一种能够学习长时间依赖的 RNN 模型。LSTM 通常用来避免长期依赖问题，在处理许多特殊问题上都取得了非常好的效果，现在已经被广泛应用。

记忆长期信息是 LSTM 的默认行为，在每一个时刻节点上，LSTM 的 cell（单元）会产生 3 种不同的信息：这个时刻的输入数据、来自上一个单元的短期记忆（与 RNN 的 hidden state 的概念类似）以及长期记忆。短期记忆通常指的是 hidden state，而长期记忆指的是 LSTM 新创建的概念—细胞状态。

LSTM 的核心概念在于细胞状态以及“门”结构。细胞状态相当于信息传输的路径，让信息能在序列链中传递下去，我们可以将其看作网络的“记忆”。理论上讲，细胞状态能够将序列处理过程中的相关信息一直传递下去。因此，即使是较早步长的信息也能携带到后边步长的细胞中，克服了短时记忆的影响。我们通过“门”结构来实现信息的添加和移除，“门”结构在训练过程中会学习该保存或遗忘哪些信息。

所有的周期神经网络都具有链式重复模块神经网络。在标准的RNN中，这种重复模块具有非常简单的结构，比如tanh层，如图8-14所示。

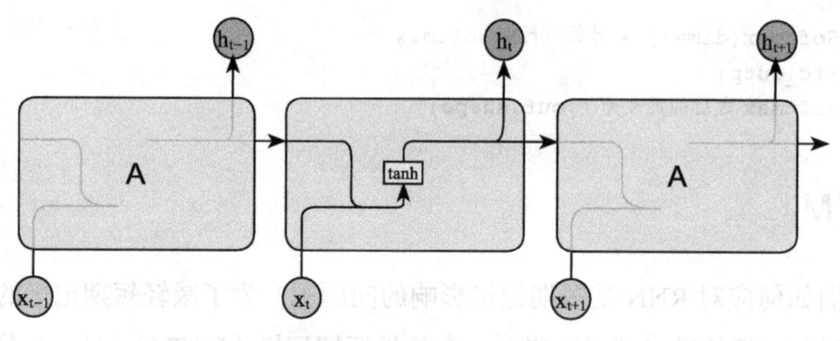

图8-14　简单RNN结构

LSTM同样具有链式结构，但是其重复模块却有着不同的结构。不同于单独的神经网络层，它具有4个以特殊方式相互影响的神经网络层，其中σ代表的是Sigmoid函数，如图8-15所示。

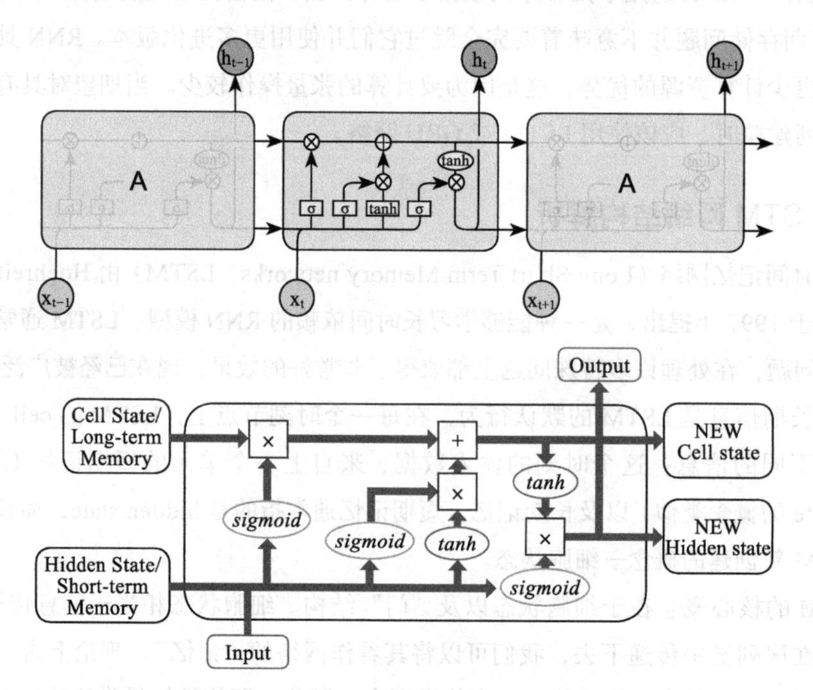

图8-15　LSTM结构

LSTM 结构的关键在于细胞状态，在图 8-16 中以水平线表示。细胞状态就像一个传送带，它顺着整个链条从头到尾运行，中间只有少许线性交互，信息顺着链条的流动保持不变。

LSTM 通过门（gates）结构对单元状态进行信息增加或者信息删除的操作。

门结构选择性的让信息通过，输出一个 Sigmoid 层和逐点乘积操作，如图 8-17 所示。

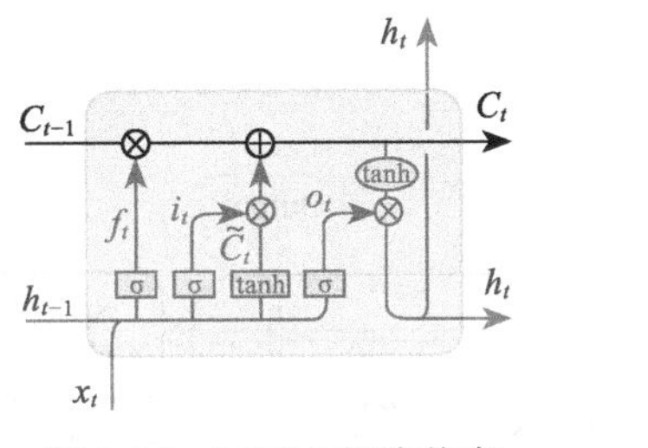

图 8-16　LSTM 细胞状态

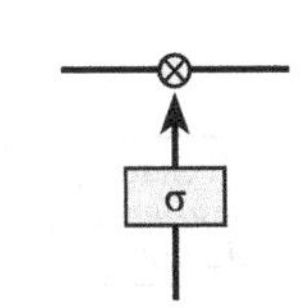

图 8-17　LSTM 中的门

Sigmoid 层的输出在 0 到 1 之间，0 意味着“不让任何信息通过”；1 意味着“让所有信息通过”。

Sigmoid 激活函数与 tanh 函数类似，不同之处在于 Sigmoid 是把值压缩到 0～1 之间，而不是 −1 ～ 1 之间。这样的设置有助于更新或丢弃信息，因为任何数乘以 0 都得 0，这部分信息就会被丢弃。同样的，任何数乘以 1 都得到它本身，这部分信息就会被完整地保存下来（输出值介于 0 和 1 之间，越接近 0 意味着越应该被丢弃，越接近 1 意味着越应该被保留）。这样网络就能了解哪些数据是需要丢弃的，哪些数据是需要保留的。

LSTM 网络具有 3 种门，用来保护和控制单元状态。这 3 种门分别是输入门（input gate）、遗忘门（forget gate）和输出门（output gate）。

输入门决定哪些信息需要被存储在长期记忆中（cell）。首先将前一层隐含状态的信息和当前输入的信息传递到 Sigmoid 函数，将值调整到 0 ～ 1 之间来决定要更新哪些信息（越接近 0 表示越不重要，越接近 1 表示越重要）。接着将前一层隐含状态的信息和当前输入的信息传递到 tanh 函数，创造一个新的候选值向量 $\widetilde{C}_t$。最后将 Sigmoid 的输出值与 tanh 的输出值相乘（两者相乘的结果代表信息是否需要被保存在长期记忆中，与此同时也作为输出结果）。

Sigmoid 的输出值决定了 tanh 的输出值中哪些信息是重要且需要保留的。因为在反向传播的时候，模型会被训练，这一层中的权重会被更新，它学会将有用的信息保留，将无用的信息丢弃。

下面举一个例子进行说明：我们希望把新主语的性别加到状态之中，从而取代希望遗忘的旧主语的性别，输入门的图解结构如图8-18所示。

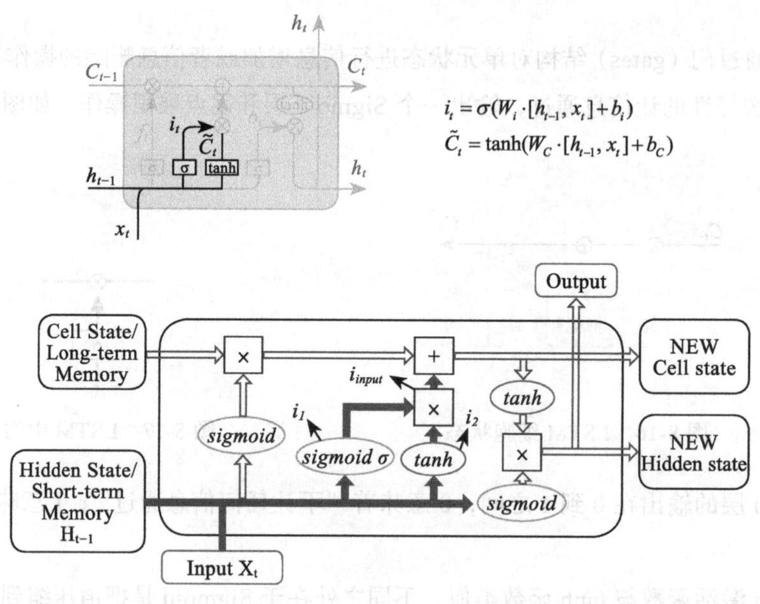

图8-18　输入门结构

输入门的输出是$i_t \times \widetilde{C}_t$。最终的输出表示哪些信息是需要被存储在长期记忆中，并作为输入门的输出。

遗忘门决定哪些信息需要保留在长期记忆中或者被丢弃。接着可以将旧单元状态C_{t-1}更新为C_t。把旧的状态乘以f_t，其计算逻辑为$f = \sigma(W_{forget} \cdot (H_{t-1}, x_t) + bias_{forget})$，最终遗忘之前我们决定丢弃的信息。接着再加上新的候选值$i_t \times \widetilde{C}_t$，这样就产生了一个新版本的长期记忆。

遗忘门是我们用来丢弃关于旧的主语性别信息和增加新信息的地方，遗忘门的结构如图8-19所示。

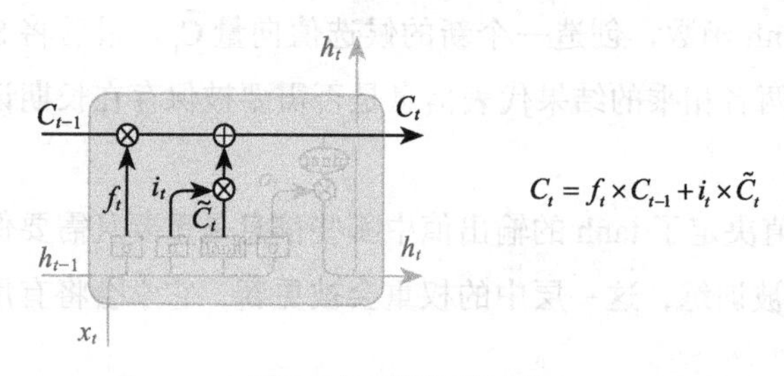

图8-19　遗忘门结构

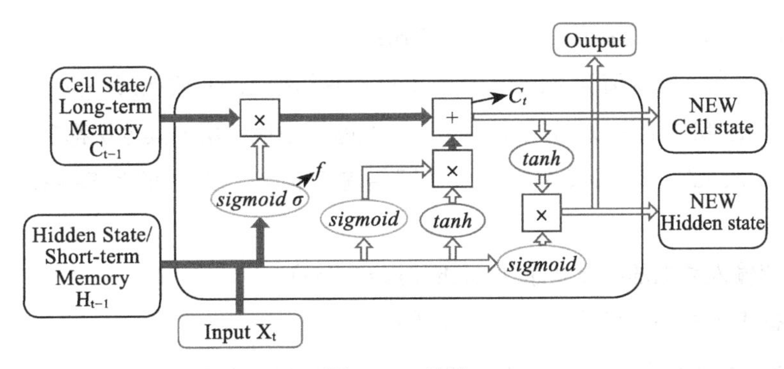

图 8-19 （续）

输出门用来确定下一个隐含状态的值，隐含状态包含了之前输入的信息。首先，我们将前一个隐含状态（短期记忆）和当前输入传递到 Sigmoid 函数中，然后将新得到的细胞状态传递给 tanh 函数，最后将 tanh 的输出与 Sigmoid 的输出相乘，以确定隐含状态应携带的信息（hidden state)，最后把新的细胞状态和新的隐含状态传递到下一个时间步长中（最后隐含状态和 LSTM 输出值的最后一个时间戳是相同的)，如图 8-20 所示。

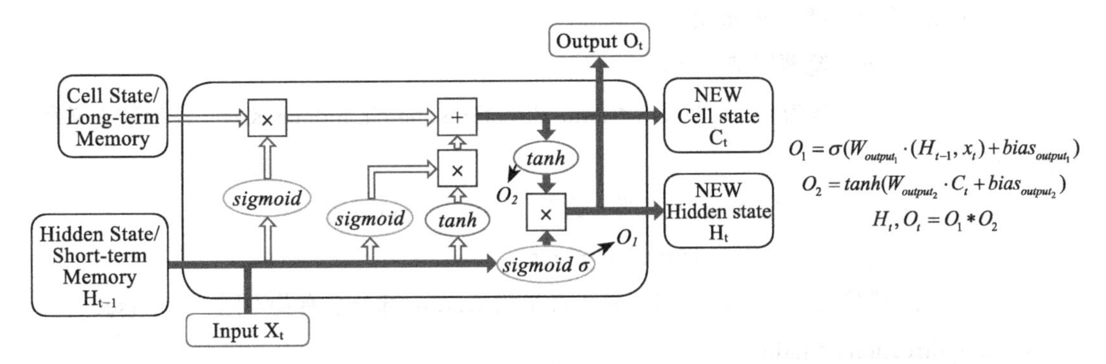

图 8-20 输出门结构

8.2.2 LSTM PyTorch 实现

1. LSTM 参数输入与输出

我们需要关注的 LSTM 参数及含义如下。

1）input_size：输入数据的大小，也就是每个单词向量的长度。

2）hidden_size ：隐藏层的大小（即隐藏层节点数量)，输出向量的维度等于隐藏节点数。

3）num_layers：recurrent layer 的数量，默认值为 1。

4）bias：是否加入偏置量，默认值为 True。

5）batch_first：默认值为 False，官方不推荐我们把 batch 放在第一位。

6）dropout：默认值为 0，如果值非 0，就在除了最后一层的其他层都插入 dropout 层。

7）bidirectional ：如果值为 True，则网络是双向的，如果值为 False，则网络是单向的。

下面介绍输入数据的维度要求（batch_first=False）。

输入数据需要按如下形式传入：input,（h_0,c_0）。

1）input：输入数据，其维度形状为 (seq_len, batch, input_size)。

- seq_len：句子长度，即单词数量，这个是需要固定的。
- batch：传入数据的批次。
- input_size：每个单词向量的长度，必须和前面定义的网络结构保持一致。

2）h_0：维度形状为 (num_layers * num_directions, batch, hidden_size)。

- num_layers * num_directions ：LSTM 的层数乘以方向数量，这个方向数量是由前面介绍的 bidirectional 决定的，如果值为 False, 则方向数量等于 1；反之等于 2。
- batch：传入的数据的批次。
- hidden_size：隐藏层节点数。

3）c_0 ：维度形状为 (num_layers * num_directions, batch, hidden_size), 各参数含义和 h_0 一致。

当然，如果没有传入 (h_0, c_0)，那么这两个参数会默认设置为 0。

输出数据按如下形式输出：output, (h_n,c_n)。

1）output：维度和输入数据类似，只不过最后 feature 部分会有些不同，即：(seq_len, batch, num_directions * hidden_size)。

- 这个输出 tensor 包含了 LSTM 模型最后一层每个 time step 的输出特征。

2）h_n：(num_layers * num_directions, batch, hidden_size)，

- 只输出最后 time step 的隐含状态结果。

3）c_n ：(num_layers * num_directions, batch, hidden_size)，只输出最后 time step 的 cell 状态结果。

2. 小案例

```
# 首先导入 LSTM 需要的相关模块
import torch
```

```
import torch.nn as nn
# 输入：批大小为 64、每篇输入新闻文章的最大长度为 200、词向量维度为 300
# 目标：新闻文章分类，共 12 类
# 构造 RNN 网络，x 的维度 300、隐层的维度 128，网络的层数 2
rnn = nn.LSTM(300, 128, 2)
input = torch.randn(200, 64, 300)
# 初始化的隐藏元和记忆元，通常它们的维度是一样的
# 2 个 LSTM 层，batch_size=64，隐藏元维度 20
h0 = torch.randn(2, 64, 128)
c0 = torch.randn(2, 64, 128)
# 这里有 2 层 ISTM，output 是最后一层 ISTM 的每个词向量对应隐藏层的输出，其与层数无关，只与序列长度相关
# hn，cn 是所有层最后一个隐藏元和记忆元的输出
output, (hn, cn) = rnn(input, (h0, c0))
output = output[-1,:,:]
print('lstm 的输出 ')
print(output.shape)
fc = nn.Linear(in_features=128, out_features=12)
fc_outp = fc(output)
print(" 全连接输出：", fc_outp.shape)
# softmax
m = nn.Softmax(dim=1) # 对每一行做 softmax
out = m(fc_outp)
print(out.shape)
```

8.3 GRU

8.3.1 GRU 网络结构解析

LSTM 的一个变种是 GRU（Gated Recurrent Unit）模型。这个模型将输入门和遗忘门结合成一个单独的“更新门”。而且还合并了细胞状态和隐含状态。LSTM 有两个不同的状态：1. 细胞状态，用于存放长期记忆；2. 隐含状态，用于存放短期记忆。GRU 只有一种隐含状态，依靠门的机制以及运算存储长期记忆和短期记忆，因此 GRU 模型比标准 LSTM 模型要简单，并且越来越受欢迎。GRU 模型结构如图 8-21 所示。

图 8-21 中 σ 指的是 Sigmoid 函数，通过这个函数可以将数据变换为 0 ～ 1 范围内的数值，充当门控信号。

在整个网络做反向传播更新参数的时候，重置门（Reset Gate）的权重会被更新，这些向量会学习如何仅保留有用信息。重置门的计算逻辑如图 8-22 所示。

更新门（Update Gate）的计算逻辑如图 8-23 所示。

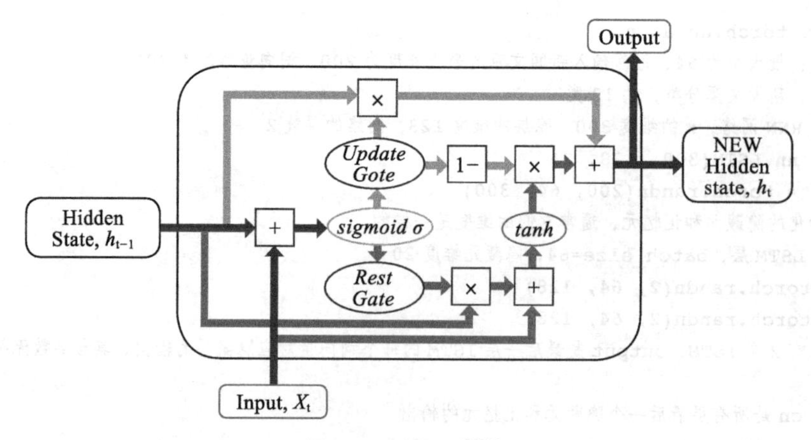

图 8-21　GRU 结构

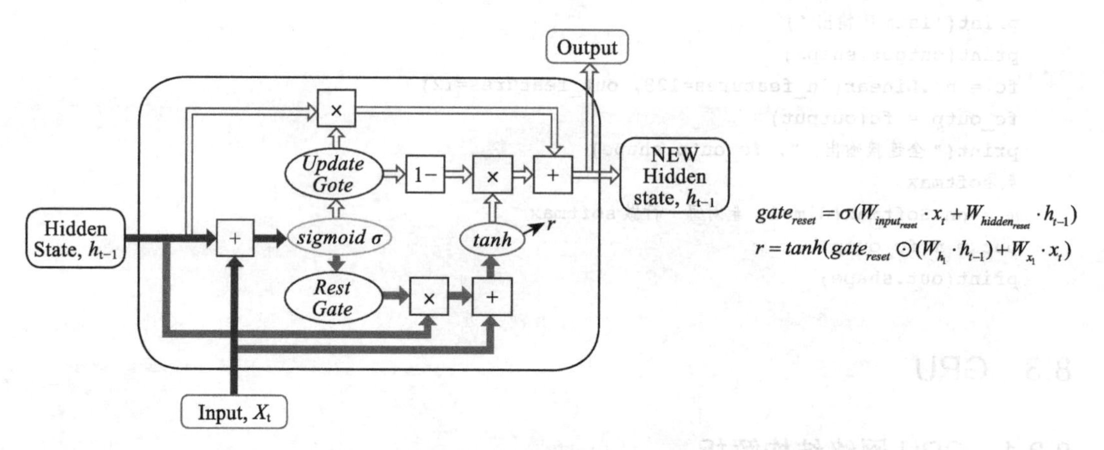

图 8-22　重置门计算逻辑图

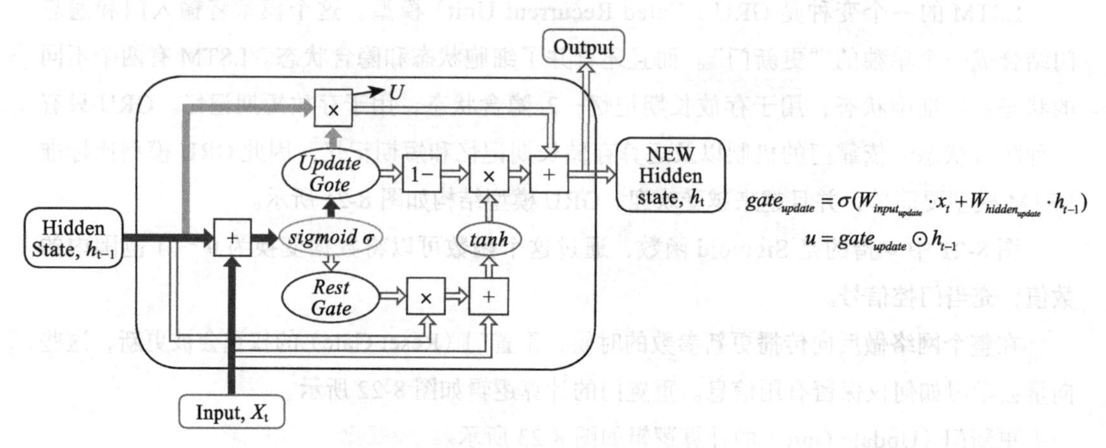

图 8-23　更新门的计算逻辑

需要注意这里与 LSTM 的区别是 GRU 中没有更新门，如图 8-24 所示。

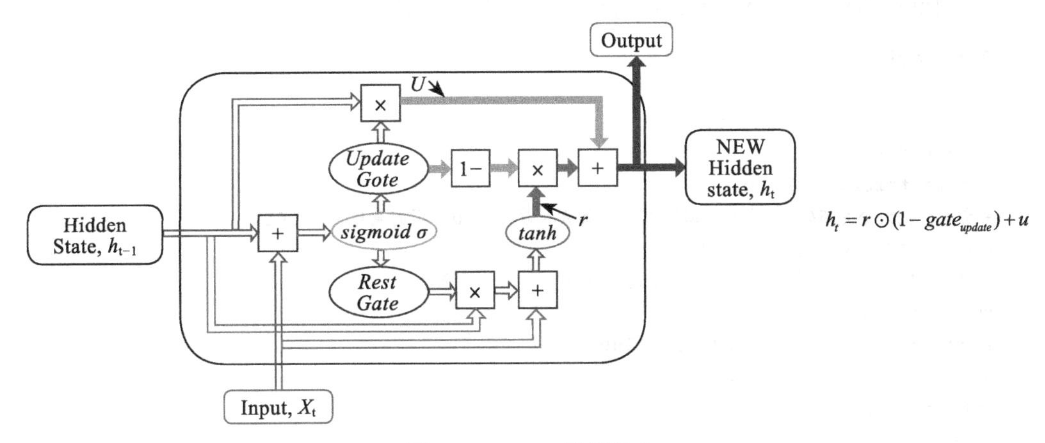

图 8-24　GRU 最终输出

相比于 LSTM，GRU 模型参数少，更为精简，拟合能力相对弱一些，适合小规模不是很复杂的数据集，而 LSTM 参数多，拟合能力强，适合大规模复杂度高的数据集。

8.3.2　GRU PyTorch 实现

1. GRU 参数输入与输出

1）input_size：输入数据 X 的特征值数量。

2）hidden_size：隐藏层的神经元数量，也就是隐藏层的特征数量。

3）num_layers：循环神经网络的层数，默认值为 1。

4）bias：默认值为 True，如果值为 False，则表示神经元不使用偏移参数。

5）batch_first：默认值为 False，如果值为 True，则输入数据的维度中第一个维度就是 batch 值。默认情况下第一个维度是序列的长度，第二个维度才是 batch，第三个维度是特征数目。

6）dropout：默认值为 0。如果不为 0，则表示最后加一个 dropout 层抛弃部分数据，抛弃数据的比例由该参数指定。

7）bidirectional：默认为 False，如果值为 True，则变为双向 RNN。

❑ 输入数据

Input：[seq_len, batch, input_size]。

h_0：[num_layers*num_directions, batch, hidden_size]。

❑ 输出数据

Output：[seq_len, batch, num_directions * hidden_size]。

h_n：[num_layers*num_directions, batch, hidden_size]。

2. 小案例

```
# 首先导入 GRU 需要的相关模块
import torch
import torch.nn as nn
# 输入：批大小为 64、每篇输入新闻文章的最大长度为 200、词向量维度为 300。
# 目标：新闻文章分类，共 12 类
# 构造 GRU 网络，x 的维度 300，隐层的维度 128，网络的层数 2
rnn = nn.GRU(300, 128, 2)
input = torch.randn(200, 64, 300)
output, hn = rnn(input)
output = output[-1,:,:]
print('GRU 的输出 ')
print(output.shape)
fc = nn.Linear(in_features=128, out_features=12)
fc_outp = fc(output)
print(" 全连接输出：", fc_outp.shape)
# softmax
m = nn.Softmax(dim=1) # 对每一行做 softmax
out = m(fc_outp)
print(out.shape)
```

8.4 TextRNN

8.4.1 基本概念

尽管 TextCNN 在很多任务里有不错的表现，但该模型有一个最大问题是固定 filter_size 的视野，一方面无法建模更长的序列信息；另一方面，filter_size 的参数调节也很烦琐。CNN 本质是做文本的特征表达工作，而自然语言处理中更常用的是递归神经网络，它能够更好地表达上下文信息。具体在文本分类任务中，Bi-directional RNN（实际使用的是双向 LSTM）从某种意义上可以理解为捕获变长且双向的 n-gram 信息。

这里的文本可以是一个句子、文档（短文本，若干句子）或篇章（长文本）。因此每段文本的长度都不尽相同。在对文本进行分类时，我们一般会指定一个固定的输入序列 / 文本长度：该长度可以是最长文本 / 序列的长度，此时其他所有文本 / 序列都要进行填充以达到该长度；该长度也可以是训练集中所有文本 / 序列长度的均值，此时对于过长的文本 / 序列需要进行截断，对于过短的文本则需要进行填充。总之，要使得训练集中所有文本 /

序列的长度相同，该长度除之前提到的设置外，也可以是其他任意合理的数值。在测试时，也需要对测试集中的文本 / 序列做同样的处理。

假设训练集中所有文本 / 序列的长度统一为 *n*，我们需要对文本进行分词处理，并使用词嵌入得到每个词固定维度的向量表示。对于每一个输入文本 / 序列，我们可以在 RNN 的每一个时间步长上输入文本中一个单词的向量表示，计算当前时间步长上的隐含状态，然后用于当前时间步长的输出以及传递给下一个时间步长，并和下一个单词的词向量一起作为 RNN 单元的输入，然后再计算下一个时间步长上 RNN 的隐含状态，以此重复，直到处理完输入文本中的每一个单词。由于输入文本的长度为 *n*，所以要经历 *n* 个时间步长。网络结构如图 8-25 所示。

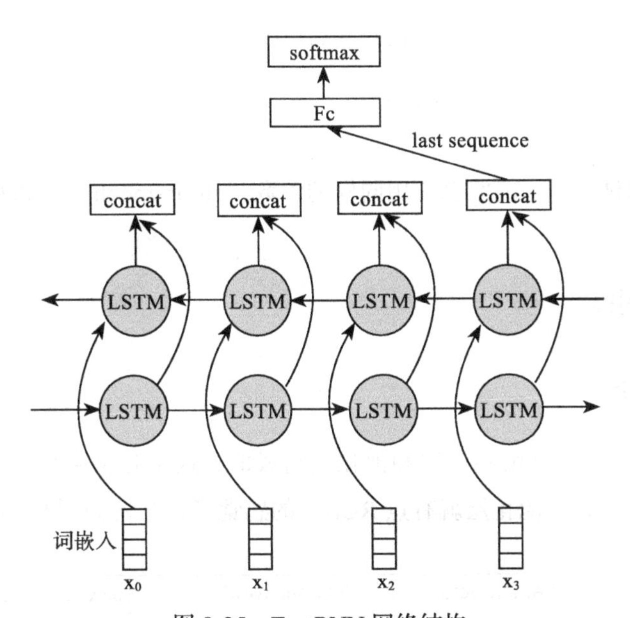

图 8-25　TextRNN 网络结构

8.4.2　实战案例之新闻分类

```
class TextRNN(nn.Module):
    def __init__(self, vocab_size,embed_size,hidden_size, out_size,
                 n_layers=1,bidirectional=True):
        super().__init__()
        self.hidden_size = hidden_size
        self.n_layers = n_layers
        self.out_size = out_size
```

```
        self.embedding = nn.Embedding(num_embeddings=vocab_size, # 词向量的总长度
        embedding_dim=embed_size)  # 创建词向量对象，embedding_size 为词向量的维度

self.embedding.weight.data.copy_(torch.from_numpy(vocab_vectors))
        self.embedding.weight.requires_grad = True
        self.rnn = nn.LSTM(embed_size, hidden_size,
                           n_layers)

        # 加了一个线性层 , 全连接
        self.out = torch.nn.Linear(hidden_size*2, out_size)

    def forward(self,x):
        # 获得词嵌入矩阵
        embeds = self.embedding(x)
        output, (hidden,cn) = self.rnn(embeds)
        output = output[-1,:,:]
        output = self.out(output)
        return output
```

在验证集下测试，和之前案例使用同样的参数，50 个 epoch 下，准确率在 88% 左右。

8.5 TextRCNN

8.5.1 基本概念

一般的 CNN 网络都是由卷积层和池化层组成的，这里是将卷积层换成了双向 RNN，所以结果是，双向 RNN+ 池化层就有点 RCNN 的感觉了，结构如图 8-26 所示。

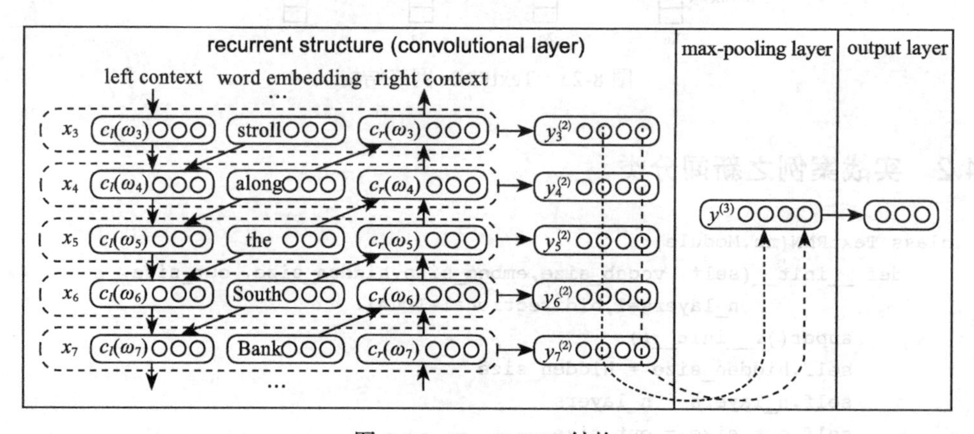

图 8-26　TextRCNN 结构

8.5.2　实战案例之新闻分类

```
import torch.nn as nn
import torch
import torch.nn.functional as F
class TextRCNN(nn.Module):
    def __init__(self, vocab_size,embed_size,hidden_size, out_size,
                n_layers=1):
        super().__init__()
        self.hidden_size = hidden_size
        self.n_layers = n_layers
        self.out_size = out_size

        self.embedding = nn.Embedding(num_embeddings=vocab_size, # 词向量的总长度
        embedding_dim=embed_size)  # 创建词向量对象，embedding_size 为词向量的维度

        # 这里指定了 BATCH FIRST
        self.rnn = torch.nn.LSTM(embed_size, hidden_size,
                                 n_layers,bidirectional=True)

        # 加了一个线性层，全连接
        self.out = torch.nn.Linear(hidden_size*2+embed_size, out_size)

    def forward(self,x):
        # 获得词嵌入矩阵
        embeds = self.embedding(x)
        output, (hidden,cn) = self.rnn(embeds)
        # 拼接 output 和 embedding
        output = torch.cat((output.permute(1,2,0),embeds.permute(1,2,0)),dim=1)
        output = torch.tanh(output)
        output = F.max_pool1d(output, output.size(2))# 在最后一个维度做 maxpooling
        output = output.view(output.size(0),-1)#flatten
        output = self.out(output)
        return output
```

在验证集下测试，和之前案例使用同样的参数，50 个 epoch 下，准确率在 86% 左右。

8.6　实战案例之诗歌生成

在写本节内容的时候，我突然想起唐伯虎的那句诗：人不轻狂枉少年。我想作为成年人的我们，怀念的或许不止是少年悠闲的时光，更是那时初生牛犊不怕虎，愿意勇敢尝

试、不计得失的精神。因而我用了“人再少年”这4个字作为诗篇每句的起始字，作为对少年时代的怀念，生成的藏头诗如下。

人生何所贵，再议良媒后。少壮乃不甘，年华复谁惜。

8.6.1 数据预处理

本节使用的数据是从GitHub上整理的，原始文件是Json格式，而且还是繁体中文，我将文本从繁体中文转换为简体中文，之后再把诗句设置为相同的长度以方便拼接成一个batch。

我将数据预处理封装为一个类，起名为“TextConverter”，下面对数据预处理类的重要组成部分与核心代码进行细致讲解以方便读者理解。

1）root作为输入变量，需要传入诗词文件的地址。length是整个诗词的长度，大部分的诗都是由48个字包括标点符号组成的，因此直接将诗词数据集的总词数除以48之后。取整得到诗词长度length。每首诗的长度为step，这样处理之后相当于将每首诗都设置为固定长度，以利于之后基于batch的模型训练。word_to_int_table与int_to_word_table两个方法分别实现了字典中的字对应的序号以及序号对应的字，代码如下所示。

```
def __init__(self,root):
    self.length = 870144
    self.root = root
    with open(self.root, 'r') as f:
        poetry_corpus = f.read()
    poetry_corpus = poetry_corpus.replace('\n', '')
    self.poetry_corpus = poetry_corpus[:self.length]
    vocab = set(poetry_corpus)
    self.vocab = vocab
    self.step = 48
    self.word_to_int_table = {c: i for i, c in enumerate(self.vocab)}
    self.int_to_word_table = dict(enumerate(self.vocab))
```

2）构建输入诗词的序号，调用build_text_array，返回的是Numpy数组（18128, 48），表示共有18128首诗歌，每首诗歌的长度为48个字。

```
tc = TextConverter('/nlp/dataset/poetry.txt')
print(tc.build_text_array().shape)
```

将第一首诗打印出来。

```
print(tc.build_text_array()[0])
```

我们观察到诗已经转为词所对应的序号了。

```
[3012  712 2226  588 1397 1533 2765 4676  383 4834 3886 2937 1537 4251
 3265 1865  270 1533 4704 5255 2028 1621  896 2937 2879 1450 2950 4732
 2564 1533 1522 4389 1303  425 4226 2937 4599 2329 1537 3867 1056 1533
 5313 2302 1637 2378  922 2937]
```

build_text_array 的实现代码如下。

```
def build_text_array(self):
    text_array = []
    words = []
    for i in range(0,self.length,self.step):
        poem = self.poetry_corpus[i:self.step+i]# 每次取一首诗，间隔为 48
        for index in range(0,len(poem)):
            words.append(self.word_to_int(poem[index]))
        text_array.append(words)
        words=[]
    return np.array(text_array)
```

3）返回字典（vocab）的长度，字典是一个 set 集合，包含输入诗词中的每一个字（不重复）。

```
def vocab_size(self):
    return len(self.vocab) + 1 # 加 1 是因为需要增加未知词 <unk>
```

4）对于每一个输入的字返回其对应的序号，如果这个输入的字并不在原来的字典中，则返回一个默认值（本例设定为字典的最大的序号值）。

```
def word_to_int(self, word):
    if word in self.word_to_int_table:
        return self.word_to_int_table[word]
    else:
        return len(self.vocab)
```

5）对于每一个输入的序号都返回相对应的字。

```
def int_to_word(self, index):
    if index == len(self.vocab):
        return '<unk>'
    elif index < len(self.vocab):
        return self.int_to_word_table[index]
    else:
        raise Exception('Unknown index!')
```

8.6.2 模型结构

PoetryModel模型使用的RNN系列中的GRU，详细代码如下。

```
from torch import nn
class PoetryModel(nn.Module):
    def __init__(self, vocab_size, embedding_dim, hidden_dim):
        super(PoetryModel, self).__init__()
        self.hidden_dim = hidden_dim
        # 词向量层，词表大小 × 向量维度
        self.embeddings = nn.Embedding(vocab_size, embedding_dim)
        # 网络主要结构
        self.rnn = nn.GRU(embedding_dim, self.hidden_dim,num_layers=2) #使用了
          GRU
        # 进行分类，分类的结果是字典中的一个字
        self.linear = nn.Linear(self.hidden_dim, vocab_size)

    def forward(self, input, hidden=None):
        seq_len, batch_size = input.size()
        #print(input.shape)
        if hidden is None:
            h_0 = input.data.new(2, batch_size, self.hidden_dim).fill_(0).float()
        else:
            h_0= hidden
        # 输入 序列长度 × batch (每个汉字是一个数字下标),
        # 输出 序列长度 × batch× 向量维度
        embeds = self.embeddings(input)
        output, hidden = self.rnn(embeds, h_0)
        output = self.linear(output.view(seq_len * batch_size, -1))
        return output, hidden
```

在诗歌生成案例中，target的shape是[16, 47]（target对应的是训练集中每首诗第二个字开始到最后一个字，一共47个字），因此我们使用拥有每一个timestamp的output作为模型的预测输出，output的shape是[47, 16, 512]（其对应的是训练集中每一首诗第一个字到倒数第二个字，一共47个字）。为了后续在criterion中求prediction和target值之间的loss值，在forward函数中通过view函数将前两维进行合并。

8.6.3 模型训练

```
import torch as t
from torch.utils.data import DataLoader
from torch import optim
```

```
def train():
    device = t.device("cuda")
    # 获取数据
    tc = TextConverter('/nlp/dataset/poetry.txt')
    data = tc.build_text_array()
    data = t.from_numpy(data)
    dataloader = DataLoader(data,
                            batch_size=16,
                            shuffle=True,
                            num_workers=2)

    # 定义模型
    model = PoetryModel(tc.vocab_size(),
                        embedding_dim=256,
                        hidden_dim = 512)
    Configimizer = optim.Adam(model.parameters(),lr=0.001)
    criterion = nn.CrossEntropyLoss()

    # 转移到相应计算设备上
    model.to(device)
    # 进行训练
    for epoch in range(20):
        print('epoch='+str(epoch))
        for li,data_ in enumerate(dataloader):
            #data_ 的形状为 torch.Size([16, 48]), 代表的是 batch 以及一首诗
            data_ = data_.long().transpose(1,0)# 使用 transpose 函数将 batch 与
                sequence_len 位置交换, 变为 [48, 16]。
            data_ = data_.to(device)
            Configimizer.zero_grad()
            # n 个句子, 前 n-1 句作为输入, 后 n-1 句作为输出, 二者一一对应
            input_,target = data_[:-1,:],data_[1:,:]
            output,_ = model(input_)
            loss = criterion(output,target.view(-1))
            loss.backward()
            Configimizer.step()
            if li % 1000 == 0:
                print('current loss = %.5f' % loss.item())
    t.save(model.state_dict(),'%s_%s.pth'%('/nlp/mypoem',epoch))
    print("finish training")
```

8.6.4 诗歌生成

给定一些词，生成后续的诗。

```
# 给定首句生成诗歌
```

```
def generate(model,tc, start_words):
    results = list(start_words)
    start_words_len = len(start_words)
    hidden=None
    input = t.Tensor([0]).view(1, 1).long()#初始化 input
    input = input.cuda()
    for i in range(48):
        # print(output.shape)
        # 如果还在诗句内部，输入就是诗句的字，不取出结果，只为了得到最后的 hidden
        if i < start_words_len:
            w = results[i]
            input = input.data.new([tc.word_to_int(w)]).view(1, 1)
        # 否则将 output 作为下一个 input 进行
        else:
            # print(output.data[0].topk(1))
            top_index = output.data[0].topk(1)[1][0].item()
            w = tc.int_to_word(top_index)
            results.append(w)
            input = input.data.new([top_index]).view(1, 1)
        output, hidden = model(input,hidden)
    return results
```

生成藏头诗如下所示。

```
# 藏头诗
def generate_acrostic(model, tc,start_words):
    results = list(start_words)
    start_words_len = len(start_words)
    hidden=None
    poem=[]
    index =0
    input = t.Tensor([0]).view(1, 1).long()
    input = input.cuda()
    for i in range(48):
        # 如果还在诗句内部，输入就是诗句的字，不取出结果，只为了得到最后的 hidden
        if i % 12 == 0:
            w = results[index]
            poem.append(w)
            index += 1
            input = input.data.new([tc.word_to_int(w)]).view(1, 1)
        # 否则将 output 作为下一个 input 进行
        else:
            #top_index = output.data[0].topk(1)[1][0].item()
            _, top_index = t.max(output.data, 1)
            top_index = top_index.item() # 得到 index
            w = tc.int_to_word(top_index) #index 转 word
```

```
            poem.append(w)
            input = input.data.new([top_index]).view(1, 1)
        output,hidden = model(input,hidden)
    return poem
```

比如我们输入“江河湖海”，如下所示。

```
tc = TextConverter('/nlp/dataset/poetry.txt')
model = PoetryModel(tc.vocab_size(),256,512)
model.load_state_dict(t.load('/nlp/mypoem_19.pth', 'cpu'))
model.cuda()
print(''.join(generate_acrostic(model,tc, '江河湖海')))
```

生成的藏头诗如下。

江上青枫岸，人间千万重。河流通岸路，山翠接新春。湖上人还去，云间鸟自飞。海枯人不见，天设雨频过。

总体上看，程序生成诗歌的效果还是可以的，字词之间的组合也比较有意境，但是诗歌缺乏一个明确的主题，读者很难从一首诗里得到一个主旨。

8.7 本章小结

本章我们介绍了序列相关的处理算法，介绍了朴素 RNN、LSTM 和 GRU 模型的原理，以及输入输出参数和代码实现过程，每一个模型都配合了小案例方便读者理解。

在 NLP 中，什么时候选择 CNN 模型，什么时候选择 RNN 模型？

一般来说，CNN 是分层架构，RNN 是连续结构，基于它们的特性，分类任务建议选择 CNN 模型，例如执行情感分类任务，因为情感通常是由一些关键词来表达的，这些词不需要联系上下文就可以理解；对于顺序建模任务，建议选择 RNN 模型，例如语言建模任务，要求在了解上下文的基础上灵活建模。

CHAPTER 9

第9章 语言模型与对话生成

本章将介绍语言模型与对话生成内容，首先介绍自然语言生成相关内容，并在循环神经网络的基础上，引入注意力Attention相关内容，最后基于对话生成任务进行实战。

本章要点如下：

- 自然语言生成；
- 序列生成模型；
- Bert模型；
- 聊天机器人实战。

9.1 自然语言生成介绍

自然语言生成（Natural Language Generation，简称NLG）是从非语言输入构造自然语言输出的处理过程，将复杂的数据转换成便于人类理解的语言，目的是降低人类理解非语言内容的难度。自然语言生成与自然语言理解（Natural Language Understanding，简称NLU）都是自然语言处理（NLP）的重要组成部分，NLU将语言映射到语义，NLG则将语义映射到语言。

NLG技术的典型应用如自动写新闻、聊天机器人、BI的解读与报告生成。比如大家熟悉的客服，人工客服正在被聊天机器人取代，一些电话客服都是机器人呼出的。

本章将我们探讨自然语言生成任务中，应用在聊天机器人的对话生成技术，利用这种技术，机器人回复的内容不是预先储存的，而是机器自己遣词造句得出的。本章我们要实现的模型就是，无论你说什么，机器人都能“理解”你说的话，并回应你一句机器人自己造的句子，这样的技术就是对话生成技术，这个过程叫作回复生成，在深度学习中对应的算法模型则是序列编码与序列生成模型。由概念、技术再到任务和算法，从抽象到具体，虽然名字不同，但任务处理的对象都是由一个句子序列到另一个句子序列。这些序列到序列的转换问题，就是 seq2seq（Sequence to Sequence）。

学习 seq2seq 之前，我们先了解 Sequence 序列模型的发展历程，毕竟 seq2seq 是由两个 Sequence 序列模型组成的。语言是一种序列的表达形式，循环神经网络（RNN）相比无法处理不定长序列的 CNN 系列模型更适合处理语言任务。但它也引入了新的难题，RNN 模型本身存在两个缺点，一个是远程记忆差；另一个是并发计算难。后来，专门克服这个弱点的自注意力机制 Attention 机制就诞生了，它跳出了循环网络的框架，打开了新思路的大门。随后，更高级一点的 Transformer 模型出现了，使得进入大规模语料学习成为充分必要条件，并且为 Bert 的诞生做足了理论铺垫。

加快 NLP 研究的两个催化剂，一个是 RNN，一个是 Attention 机制，这两个新思路把 NLP 推向了深度序列学习的正确道路上。而 Bert 的出现，让 NLP 变成了“网红”，Bert 算法充足的理论基础和庞大的参数量、计算量都不是小小的 word2vec 可同日而语的。Bert 以及追随它的各个巨型算法变种在 2019 年大放异彩，它们把 NLP 中的语义表达能力推到了一个新的高度。如今参数庞大使得 Bert 的使用场景受限，实时计算和难以嵌入式安装是它的软肋。但我相信，NLP 才刚拉开序幕，算法界的“摩尔定律”远远没有到来。

在后面的讲解中，我会介绍几个 seq2seq 框架的模型，并且把 Transformer 和 Bert 作为补充知识进行讲解，最后我会在 PyTorch 框架下使用 seq2seq 模型，实现一个简单的聊天机器人。

9.2 序列生成模型

我们知道 NLP 中有许多关于序列的内容，比如语音识别（Speech Recognition）可以将一段语音转换成文字；机器翻译（Machine Translation）能将中文“知识就是力量”转换翻译成英文“knowledge is power”；情感分类（Sentiment Classification）是把“我讨厌你！”判定为负面情感；文本摘要（Summarization）是从一篇新闻稿件中把摘要抽取出来；机器人问答系统（Question Answering）是对用户问题的自动智能回复。

序列模型的简单定义就是输入和输出均为序列数据的模型，序列模型的目标是将输入序列转换为目标序列数据。序列数据有两个特点，一个是样本长度是变化的，另一个是样本空间非常大。在序列模型提出之前，模型的输入和输出都是固定长度的，应对变化的字符串长度，常常使用补零操作处理，这就造成数据稀疏和计算量大的问题。20 世纪 80 年代流行的 N 元统计模型在处理序列数据时非常吃力。但从 2010 年起，循环神经网络在

NLP上取得了卓越的成绩，深度序列模型才开始崭露头角。

> **如何理解模型框架?**
>
> 模型框架是模型结构中的一种通用范式。除了seq2seq，还有生成对抗学习模型GAN（Generative Adversarial Networks）和深度强化学习模型DRL（Deep Reinforcement Learning），通常为了实现一个任务，都是两个或以上的算法结构通过一种约定好的方式组合在一起。

有了序列模型的铺垫，才有了序列生成模型发展的可能。简单来说，序列生成即seq2seq，基本就是将两个序列模型拼装起来的组合模型，连接这两个组合模型的范式被称为编码器–解码器（Encoder-Decoder）范式。

编码器–解码器范式是NLP领域的概念，它不是指某一种具体的算法，而是某一类通用框架的统称。如果说seq2seq是强调目的，指的是专门解决序列到序列数据问题的统称，那么Encoder-Decoder就是强调用什么来解决序列到序列问题的具体方法。这里需要注意，seq2seq不等于Encode-Decode，seq2seq是序列到序列任务的总称，但不是所有序列到序列任务都需要用Encode-Decode方法，比如HMM的分词任务就不用。编码器除了可以同解码器一起组成范式以外，还可以作为分类任务的特征输入，很多NLP任务都会同时考虑分类任务与序列标注任务，通过联合建模，将二者结合使用。

> **什么是联合建模?**
>
> 联合建模是为了实现多个任务将多种模型组合起来，常见的有实体识别和关系抽取的联合模型任务。联合建模中的多个模型可以一起训练，也可以分开训练。但为了避免NLP多任务间的级联误差效应，建议把联合模型设置成一个整体模型，模型训练时使用共同的目标函数进行优化。

9.2.1 seq2seq的基本框架

从输入输出的形式上划分，序列模型可以分为4类。第一类是一到多形式（one to many），输入的是一个向量，输出的是多个标签。比如图片到文字转换的应用，即看图说话；第二类是多到一形式（many to one），比如对商品的评价进行正向、负向、中性的情感三分类预测；第三类是等长的多到多形式（many to many），输入和输出的字符长度一样，比如自然语言处理中常见的命名实体识别任务；第四类是不等长的多到多形式（many to many），输入和输入字符数量不一样，比如中英文翻译任务，中文一般比英文句子要短一些。

如图 9-1 所示，多到一形式和多到多等长形式都可以轻松地使用 RNN 序列模型实现，图 9-1a 一到多形式在图像领域使用得较多，本章不会涉及讨论。可是 NLP 中多对多不定长的情况非常普遍，比如中英文翻译中，中文字数通常比英文字数少；再比如机器人问答中，问题和答案的长度基本是不同的。当输入的序列长度和输出序列长度不一样时，该如何在同一个模型框架里实现呢？

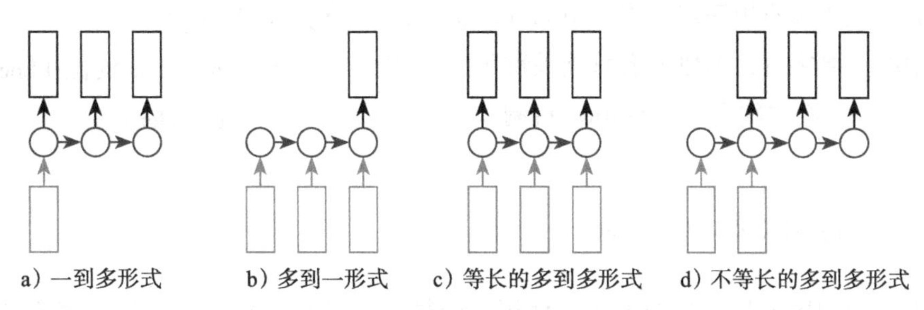

图 9-1　序列模型的 4 种输入输出类型

Encoder-Decoder 框架就巧妙地解决了这个问题。在输入和输出两个独立序列中加入一个中间容器——语义编码层，在两个序列单元之间架起了一个语义桥梁。从图 9-2 中可见，x_1、x_2、x_3 先映射到语义编码层，语义编码层再到 y_1、y_2、y_3 的映射。这个编码层是固定长度的向量，作为二者的中介进行相互翻译。Encoder-Decoder 有两个需要说明的特征：（1）不论输入和输出的序列长度是怎样的，中间语义编码层的向量长度是固定的；（2）不同的任务中，编码器和解码器是可以用不同的算法来实现的（一般都是 RNN）。

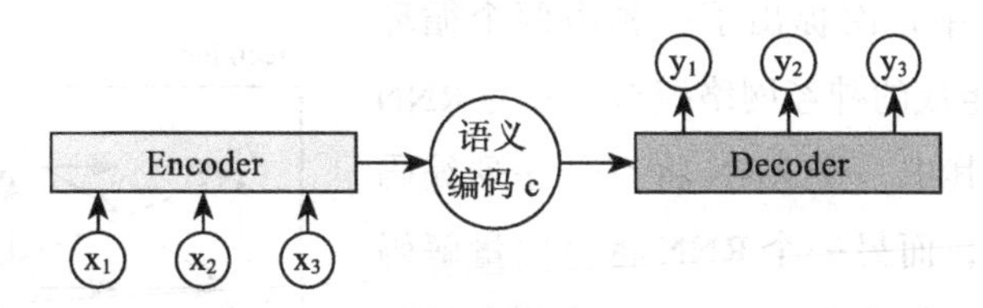

图 9-2　编码解码的基本框架

9.2.2　Encoder-Decoder 框架的缺点

俗话说，成也萧何败也萧何，因为 Encoder-Decoder 中间语义编码层 c 固定长度大小的限制，输入长度序列太长时会丢失信息。比如，输入一篇 5000 字的文章和输入一句 10 个字的短句，得到的语义编码 c 的大小却是一模一样的，推理可知，文章损失的语义信息比句子要多得多。这和 RNN 的长程记忆缺陷很相似，序列长、容器小，总会丢失一些信息。而且它俩的克星也是一样的：Attention。Attention 机制就可以解决信息过长易丢失的问题，引入 Attention 机制的 Encoder-Decoder，将一个语义编码层 c 变成了多个语义编码 c 的序列 [c_1, c_2, c_3......]，如图 9-3 所示。

顺便提一下 Attention 机制是如何解决 RNN 难题的：它跳出了循环序列的魔咒，不再是从左往右或者从右往左依次遍历序列数据。Attention 机制抓取序列中的重要字符，类似人们只读关键字的阅读方式。在下一章会详细介绍 Attention 机制。

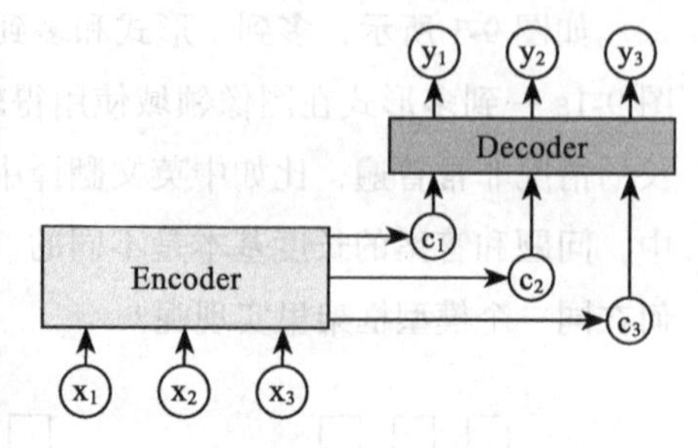

图 9-3　Attention 机制的 Encoder-Decoder 框架

9.3　经典的 seq2seq 框架

实现序列到序列最直观的方法是使用两个循环神经网络 RNN 分别进行编码和解码，它的输入是一个序列，输出是另一个序列，这就是典型的 Encoder-Decoder 框架。下面会详细讲述在深度学习中 Encoder-Decoder 范式下的两个经典的 seq2seq 模型，包括基于 RNN 的 seq2seq 和基于 CNN 的 seq2seq。模型更迭的动机在于解决效率问题。

9.3.1　基于 RNN 的 seq2seq

为了解决序列到序列转换，以及输入和输出序列不定长的问题，Kyunghyun Cho 等人 2003 年在论文 *Learning phrase representations using RNN encoder-decoder for statistical machine translation* 中首次提出了一种由两个循环神经网络（RNN）组成的神经网络模型，称为 RNN 编码器 – 解码器。其中一个 RNN 将符号序列编码成固定长度的向量，而另一个 RNN 将该向量解码成新的符号序列。该模型通过最大化原序列条件下目标序列出现的概率，来同时训练编码器和解码器。这种模型在统计机器翻译（SMT）中取得了突破性进展。如图 9-4 所示，Encoder-Decoder 框架的提出，将人们解决序列问题的方式直接拉高了一个层级，把传统的自然语言中特征寻找工作直接交给了中间插件这个黑盒子，也就是语义编码层，它将

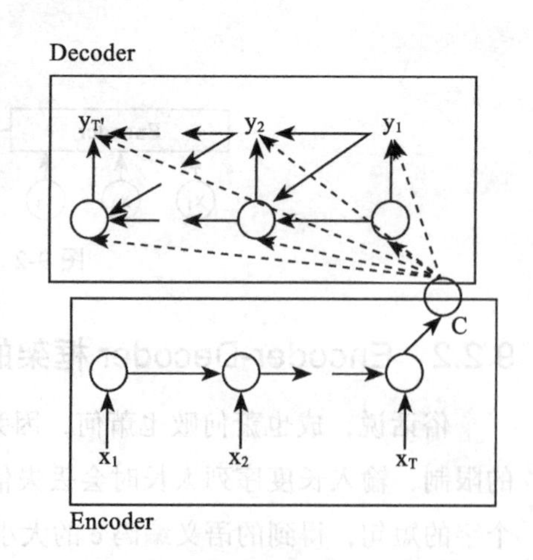

图 9-4　NPLM 的神经网络模型

作为所有特征的汇总和抽象工作。

输入序列 $\boldsymbol{X}$ 传入作为 Encoder 的 RNN 中，会得到一个固定长度的语义向量 $\bar{\boldsymbol{c}}$，然后把 $\bar{\boldsymbol{c}}$ 作为输入和 $\boldsymbol{X}$ 从 Encoder 得到的隐含状态结合得到 $\boldsymbol{Y}$。

Decoder 中 t 时刻的内部状态 $\vec{\boldsymbol{h}}_{(t)}$ 为：

$$\vec{\boldsymbol{h}}_{(t)} = f(\vec{\boldsymbol{h}}_{(t-1)}, y_{t-1}, \bar{\boldsymbol{c}})$$

则下一刻的输出概率为：

$$p(y_t \mid y_{t-1}, \ldots, y_1, \bar{\boldsymbol{c}}) = g(\vec{\boldsymbol{h}}_{(t-1)}, y_{t-1}, \bar{\boldsymbol{c}})$$

通过最大化条件对数似然值，对 RNN 编码器 – 解码器中的两个组件进行联合训练：

$$max_{\bar{\theta}} \frac{1}{N} \sum_{n=1}^{N} logp_{\bar{\theta}}(\bar{y}_n \mid \bar{x}_n)$$

图 9-4 中，Encoder 和 Decoder 都是 RNN 结构。由于单纯的 RNN 在长句任务中表现不佳，而 LSTM 模型则能够很好地解决这个问题。所以日常使用时通常为 LSTM 或者 GRU，因为它们记忆的效率更高。

基于 RNN 的 seq2seq 模型有如下特点。

1）相对于全连接网络，Encoder-Decoder 能够对可变数据进行建模。

2）能够适应一个一个字符输入和输出的形式。

3）由于 RNN 长程记忆差的缺点，LSTM 和 GRU 在 RNN 编码器 – 解码器框架中应用得非常广泛。

但该框架也存在明显的问题。

1）由于使用的是 RNN 序列模型，所以这套模型也存在并行计算困难的问题。

2）还是由于 RNN 序列模型的问题，Encoder 和 Decoder 即使分成了两层，也还是存在长期和短期依赖的问题，没有体现出优势。

3）在转换过程中，序列被压缩成一个固定长度的向量，不仅不能体现局部信息和全局信息，而且较长的序列容易造成信息损失。

9.3.2 基于 CNN 的 seq2seq

对于 RNN 无法并行计算和长短期依赖的问题，Nal Kalchbrenner 等人在 *Neural Machine Translation in Linear Time* 一文中提出了基于 CNN 的 seq2seq 模型。CNN 在图片处理上的成功是基于它能感知局部视野的信息，并通过池化层采样来减少神经网络中的参数量。另外，CNN 还有一个优点就是可以实现并行计算，时间复杂度可以控制在线性范围内。这篇论文提出了新型的 source-target 网络结构 ByteNet，并通过堆叠两个扩展的空洞卷积（Dilated Convolution）神经网络，完成了机器翻译任务并获得很好的效果。

空洞卷积是 CNN 的变种，CNN 构建一个卷积层的核心参数是卷积核尺寸和步长大小，而空洞卷积的核心参数是卷积核尺寸和 rate 的大小，rate 用来控制感受野的大小。我们知道步长大于 2 时，CNN 连续的卷积肯定会造成信息缺失。空洞卷积的改造让卷积感受野指数变大，在不做池化的情况下，可以让每个卷积的输出都包含较大范围的信息。

如图 9-5 所示，ByteNet 的核心是 target network 和 source network 层。相比基于 RNN 的 Encode-Decode 网络，基于 CNN 的 seq2seq 模型将 source network 每一个输出都作为 target vector 对应位置上的输入，代替了只有一个的语义编码层。

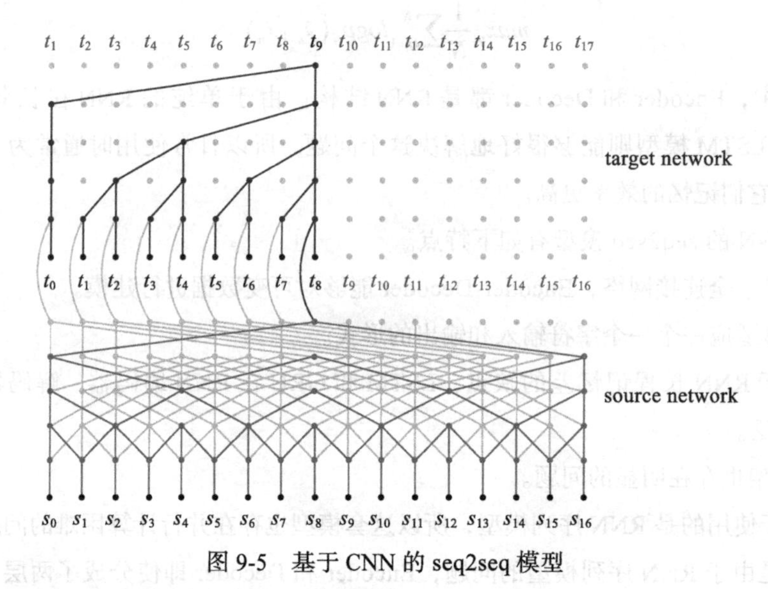

图 9-5　基于 CNN 的 seq2seq 模型

基于 CNN 的 seq2seq 模型有如下特点。

1）没有池化层的空洞卷积，减少了信息损失，使得卷积网络更适用于语音和文本处理任务。对于输入长度不定的文本数据，去掉池化层后使得前馈操作变得更灵活。

2）网络结构上具有性能优势，相比传统的 seq2seq 模型，训练时 source network 和 target network 均可并行计算；在预测时 source network 也可并行计算。充分利用了 GPU 等设备的并行计算能力。另外，该模型在处理长输入问题时具备更大的优势。

基于 CNN 的 seq2seq 模型的缺点在于需要多层才能获取较远的依赖，而且序列过长，使得原来的计算复杂度小的优势也将不复存在。

9.4 Attention 机制

我们知道了在 Encoder-Decoder 范式下，编码层和解码层是可以根据不同的需求来改变序列模型的。本节我们来讨论一下 Attention 机制是如何解决中间语义层信息损失和 RNN 长程依赖造成的语义损失问题，以及如何利用 Attention 机制构建 Transformer 模块的。

9.4.1 序列模型 RNN

循环神经网络已经在众多自然语言处理任务中得到广泛应用并取得了不错的效果。RNN 通常用来处理序列数据。在传统的神经网络模型中，从输入层到隐藏层再到输出层，层与层之间是全连接的，每层之间的点是无连接的。在 RNN 模型中，神经元的输出可以在下一个时间戳直接作用到自身，即第 i 层神经元在 t 时刻的输入，除了（i−1）层神经元在该时刻的输出外，还包括其自身在（t−1）时刻的输出。RNN 模型示意如图 9-6 所示。

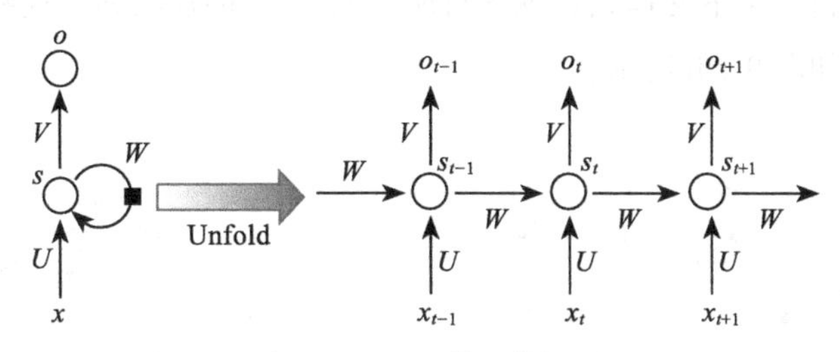

图 9-6　RNN 单元分解图

这种神经网络结构在很多领域取得了不俗的成绩，但是由于网络结构的问题，其在面对序列问题或者和时间密切相关的问题时表现不佳。例如，我们要预测句子的下一个单词是什么，一般需要用到前面的单词，因为根据上下文进行推断是人类的语言推理能力，句子中前后单词并不是独立的。这种天然的前后依赖关系，造成了 RNN 循环神经网路只能按序串行执行语句，阻隔了并行操作的可能性。具体的表现形式为，模型储存了前面的信息，再传递到当前节点作为输入的一部分参与计算。隐藏层之间的节点是有连接的，隐藏层的输入层还包括上一时刻隐藏层的输出。另外，理论上 RNN 能够对任何长度的序列数据进行处理。但是在实践中，为了降低复杂性往往假设当前的状态只与前面的几个状态相关。这也在一定程度上造成了 RNN 记忆力越往前越弱，越往后越强的情况。

9.4.2 Attention 机制的原理

Attention 机制可译为“注意力机制”。Attention 机制直接跳出了上述的 RNN 循环序列依赖上一个词的问题，这样的结构解放了模型并行计算受限的困扰。Attention 最早应用在计算机图像领域，在 2014 年，seq2seq+Attention 应用于机器翻译任务。从字面意思就可以看出，Attention 模拟人类接受信号的方式，人只关注重点部分而不是全量信息，对重点部分的信息给予更多的注意力，在数学模型中即给予更高的权重值。举一个例子，看图说话时我们要求模型用一句话描述一幅图片的内容，模型所生成的词语应该对应图中的不同部分，当解码器进行解码时，应该给图中“合适”的部分分配更多的注意力和权重。在 Encoder-Decoder 范式里，Encoder 把所有的输入序列都编码成一个统一的语义编码层 c 再解码，c 中必须包含原始序列中的所有信息，它的长度就成了限制模型性能的瓶颈。如机器翻译问题，当要翻译的句子较长时，一个 c 可能存不下那么多信息，就会造成翻译精度下降。

Attention 机制通过在每个时间输入不同的语义编码 c_i 来解决这个问题，如图 9-7a 中是带有 Attention 机制的 Decoder。每一个 c_i 会自动选取与当前所要输出的 y_i 最合适的上下文信息，具体来讲，上下文信息 c_i 就来自所有 h_j 对 a_{ij} 的加权和。这些权重 a_{ij} 同样是从模型中学出来的，如图 9-7 b 所示。

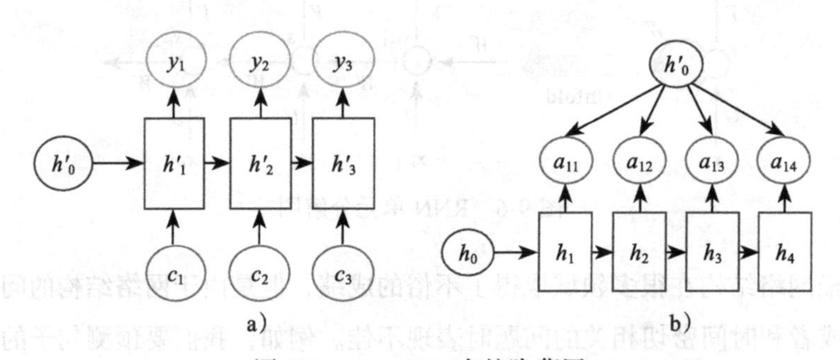

图 9-7　Attention 中的隐藏层

以中英文翻译为例，输入的序列是“我爱吃苹果”，Encoder 中的 $h_i=\{h_1$、h_2、h_3、h_4、$h_5\}$ 就可以分别看作是“我”“爱”“吃”“苹”“果”所代表的信息，第一个上下文 c_1 的值是 h_i 与 $a_1=\{a_{11}$、a_{12}、a_{13}、a_{14}、$a_{15}\}$ 元素的加权求和的结果。在翻译成英文时，c_1 和“我”这个字最相关的 a_{11} 值就比较大，而相应的 a_{12}、a_{13}、a_{14}、a_{15} 值就比较小。以此类推，上下文 c_i 关注了所有可能的因素，只是 Attention 权重不一样。这样就能让模型学出不同语境中“苹果”的含义了。翻译的计算过程如下，* 号代表点乘。

$$h_1 * a_{11} + h_2 * a_{12} + h_3 * a_{13} + h_4 * a_{14} + h_5 * a_{15} = c_1 \rightarrow \mathrm{I}$$
$$h_1 * a_{21} + h_2 * a_{22} + h_3 * a_{23} + h_4 * a_{24} + h_5 * a_{25} = c_2 \rightarrow \mathrm{Love}$$
$$h_1 * a_{31} + h_2 * a_{32} + h_3 * a_{33} + h_4 * a_{34} + h_5 * a_{35} = c_3 \rightarrow \mathrm{Apples}$$

9.4.3 Self-Attention 模型

Attention 机制通常用在 Encode 与 Decode 之间，它缓解了中间语义层 C 的信息损失问题。Self-Attention（自注意力模型）起源于 Attention 模型，但它的根本目的是为了增强文本的语义表达。Self-Attention 模型计算中主要涉及 Query、Key 和 Value 这 3 个概念。

如图 9-8 所示，Query 输入中的各个字 Value 都是向量形式。目标字 Value 逐个和 Query 中所有字 Value 做相似度计算，得到该目标字在 Query 向量中与每个字的权重向量 Key；目标字 Value 再次与权重向量 Key 进行线性加权求和，得到一个新的增强语义向量 Value。Query 中所有字都执行上述操作，最终得到输出结果 Attention Value，此时输出序列 Query 的向量维度大小和输出序列 Attention Value 向量维度大小是相等的。上下文各个字的 Value 和各个上下文字的 Value 进行加权融合，完成字的增强语义向量表示。

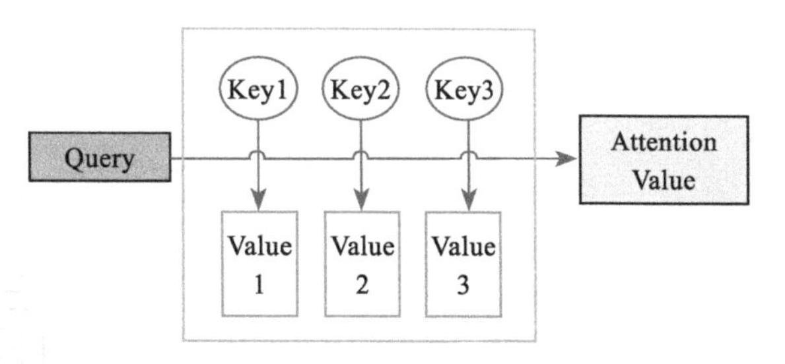

图 9-8 Attention 中的 Query、Key、Value 的关系

Multi-Head Self-Attention（多头自注意力）结构如图 9-9 所示，为了增强 Attention 的多样性，进一步利用不同的 Self-Attention 模块获取 Query 中每个字在不同语义空间下的增强语义向量。最后将每个字的增强语义向量进行线性组合，从而获得的最终向量。此时输出序列 Query 的向量维度大小和输出序列向量 Multi-Head Attention Value 维度大小还是相等的。

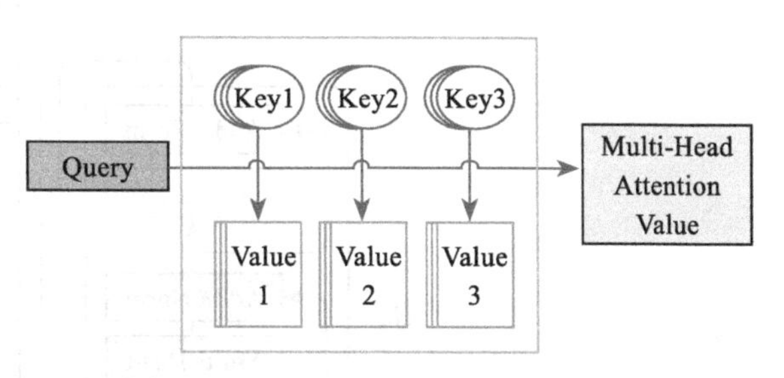

图 9-9 Multi-Head Self-Attention 结构

9.4.4 Transfomer 模型介绍

Transformer 最早出现在经典论文 *Attention is All You Need* 中。正如这篇论文的标题一样，Transformer 完全基于自注意力机制，它在 Multi-Head Self-Attention 模型的基础上添加了一些新的机制。因为抛弃了 RNN 顺序执行的线性思维，可以并行计算提升速

度。Transformer 模型也采用了经典的 Encoer-Decoder 框架。输入的 input 数据先经过一层 Word Embedding，然后与 Position Embedding 相加（Attention 机制抛弃了 RNN 的序列信息，所以需要补充字词的位置信息）。数据经过 Encoder 和 Decoder 层后，再经过一个线性层和 softmax 得到最后的输出，获取输出句子在 0 到 1 之间的概率值。

从图 9-10 中可以看到，左边 Nx 代表一层 Encoder。Encoder 由 6 层相同的结构组成，每一层分别由两部分组成：Multi-Head Self-Attention 和 position-wise feed-forward network。position-wise feed-forward network 就是提供线性变换的全连接层；右边 Nx 框中是一层 Decoder，Decoder 也是由 6 个相同的结构组成的，每一层包括 3 个部分：Multi-Head Self-Attention、一个带掩码的 Multi-Head Context-Attention 和一个 position-wise feed-forward network。

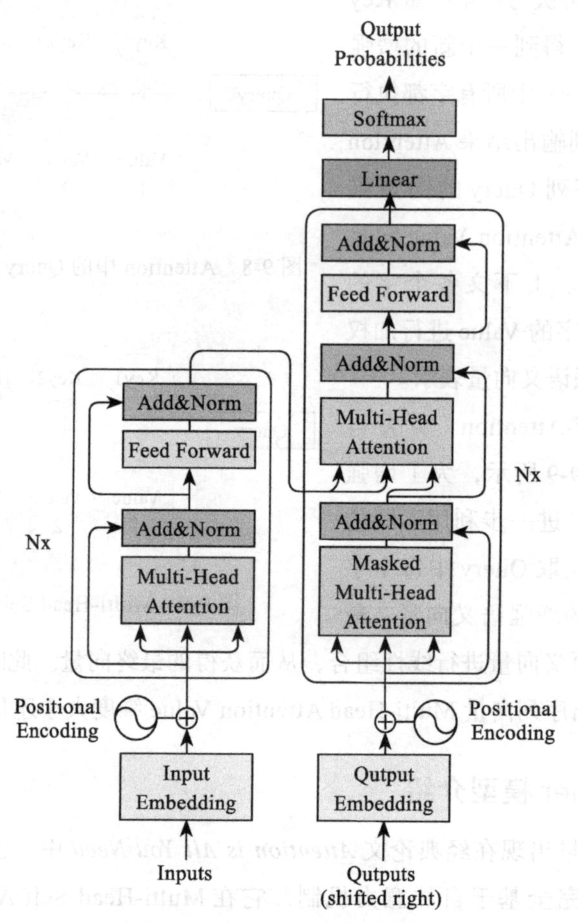

图 9-10　Transformer 模型结构

Transformer 在 Multi-Head Self-Attention 基础上做了 3 点优化。

1. 新增了残差连接层（Residual Connection），将输入与输出直接相加作为一个输出，经验告诉我们这样可以使得网络更加容易训练。

2. 新增了正则化层（Layer Normalization），对神经网络节点向量作均值为 0、方差为 1 的标准化，防止梯度衰减。

3. Transformer 对每个字的增强语义向量多做了两次线性变换，使得整个模型的表达进一步增强。

9.5 Bert——自然语言处理的新范式

Bert（Bidirectional Encoder Representations from Transformers）是 Devlin 等人在 2018 年提出的，它是一种基于 Transformer 的编码器进行双向编码表示的预训练编码器网络。严格来说，Bert 不再是一个序列模型，它是一个包罗万象的集大成者。从 Transformer 开始，算法逐渐突破了序列模型的限制，使得深度学习面对海量的数据也可以并行操作。加上迁移学习带来的突破性思路的改变，人们逐渐意识到现在的 NLP 任务不再靠一两个新模型来解决问题，模型必须要有储备大量知识的能力，并且可以实现泛化和迁移。这就有一个大前提：不同的任务得有一个统一的基础，在数据模型上即指统一的向量空间表示，在 NLP 领域即指统一的词向量表征空间。迁移学习带来了全新的解决方式：预训练 + 微调 = 下游任务。从图 9-11 可以看出，首先在大型无标注文本语料库进行无监督或半监督的语言模型训练，然后根据具体的 NLP 任务对此大型模型进行微调，以利用此模型获得大型知识的表征。迁移学习可以是从老任务迁移到新任务（如语言模型的训练参数迁移到分类任务），也可以从旧领域迁移到新领域（如建筑领域命令实体 NER 模型可迁移到军工领域）。Bert 就是实现了上述公式的标杆型模型，使用一个在大型无标注数据集上训练的模型，只需稍加调整就在独立的 NLP 任务中取得佳绩。

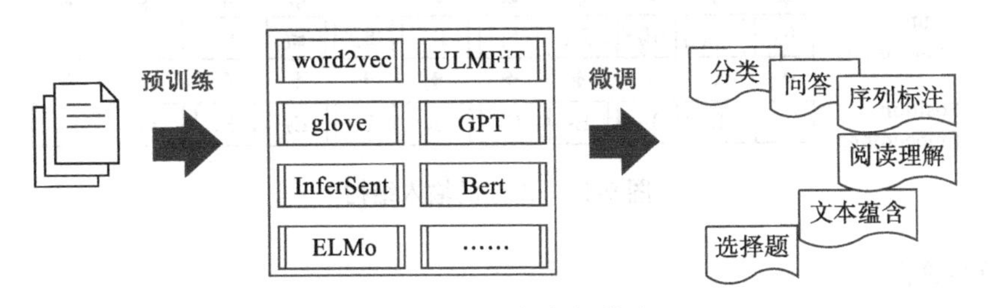

图 9-11　NLP 任务新范式

9.5.1 Bert结构

从Bert的名称中我们就可以知道它来源于Transformer。其实Bert模型本身并不复杂，就是Transformer的编码器部分。由于Transfromer每一层的结构类似，所以可以简单地扩大规模，用更大的参数数量对海量语料进行编码。下面介绍Bert模型的两种版本，如图9-12所示。

1）BERT-Base模型，拥有12层，内部维度768维，12个Head，共有1.1亿个参数。

2）BERT-Large模型，拥有24层，内部维度1024维，16个Head，共有3.4亿个参数。

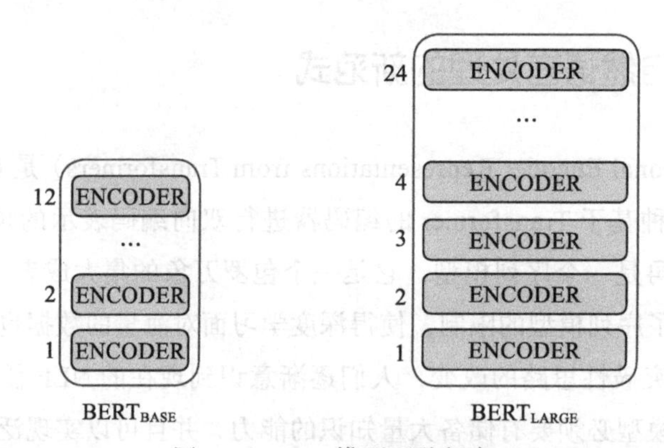

图9-12　Bert模型两种版本

Bert对输入文本有要求，如图9-13所示，每个输入都由3个嵌入组成，对于特定的字符，输入的是对应的标记、片段和位置嵌入之和。这些预处理步骤综合起来，使Bert具有很强的通用性。这意味着，只要不对模型的结构进行重大更改，就可以轻松将其训练到多种自然语言处理任务上。

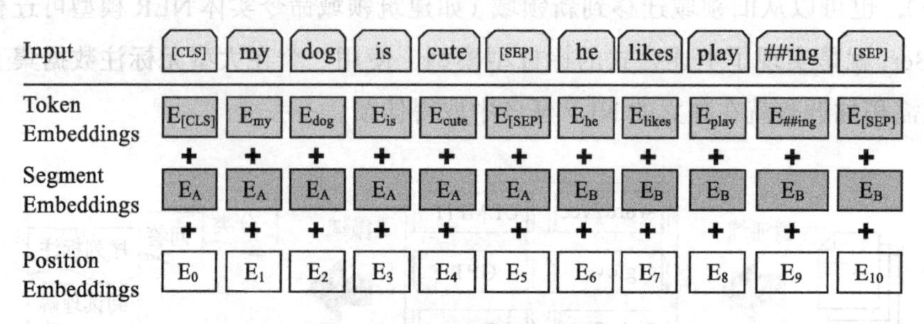

图9-13　Bert的输入结构

1. 位置嵌入

Bert学习并使用位置嵌入来表达词在句子中的位置，这些是为了克服Transformer的限制而添加的。与 RNN 不同，Transformer 不能捕获“序列”或“顺序”信息。

2. 片段嵌入

Bert 也可以把句子对作为任务（问答）的输入。这样做是为了学习第一个句子和第二个句子的嵌入关系，以帮助模型区分二者。在上面的例子中，所有标记为 E_A 的都属于第一个句子 A，标记为 E_B 的都属于第二个句子 B。

3. 标记嵌入

从 WordPiece 标记词汇表中学习特定标记的嵌入。

9.5.2　预训练任务

在第 5 章词向量实战中，我们介绍过几个利用大量未标注语料进行词向量模型训练的方法，为了更有效利用海量未标注的文本，Bert 设计了两项用作预训练的 NLP 任务，分别叫作带掩码的语言模型（Masked Language Modeling，简称 MLM）和下一句话预测（Next Sentence Prediction，简称 NSP）。

先介绍第一个任务 MLM，以前我们训练语言模型，要么是给出上文，预测下一个词；要么是预测一个词是否在另一个词的上下文中出现，而且得到的词向量多是静态的。这些语言模型会造成信息丢失，尤其是中文中常见的多义词。多义词大多是一些和生活关系最为密切的常用词，多为动词和形容词，以单音词居多。多义词在上下文中一般只表示某一个含义。比如“山上到处是盛开的杜鹃”和“树林里传来了杜鹃的叫声”，两句话中的“杜鹃”就不是一个含义。MLM 任务就可以解决语言模型中上下文语境缺失的问题。

> **ELMo、GPT、Bert 三者之间有什么区别?**
>
> word2vec、FastText、glove 是基于词向量的固定表征，ELMo、GPT、Bert 是基于词向量的动态表征（动态表征可解决一词多义的问题）。ELMo 采用 LSTM 网络提取特征，GPT 和 Bert 则采用 Transformer 提取。GPT 是单向语言模型，ELMo 和 Bert 是双向语言模型。单向语言模型只能看到上文，而双向语言模型可以看到上下文，这样可以解决一词多义的情况。在双向语言模型中，ELMo 实际上是两个单向语言模型（方向相反）的拼接，而 Bert 使用 Mask 掩码实现了真正的双向语言模型。

如图 9-14 所示，箭头表示从一层到下一层的信息流。顶层的方框代表每个输入的上下文表示。从图中可以看出 Bert 是双向的，GPT 的信息只能从左到右单向流动，ELMo 是浅双向的。ELMo 做了改进，试图从左到右和从右到左地训练两个 LSTM 语言模型，并将它们简单连接起来。Bert 它打破了这种老路子，它是一个深度双向模型，深度双向模型比从左到右单向，或者左右简单连接的模型更强大。这就是 Bert 超越 GPT 和 ELMo 的地方。

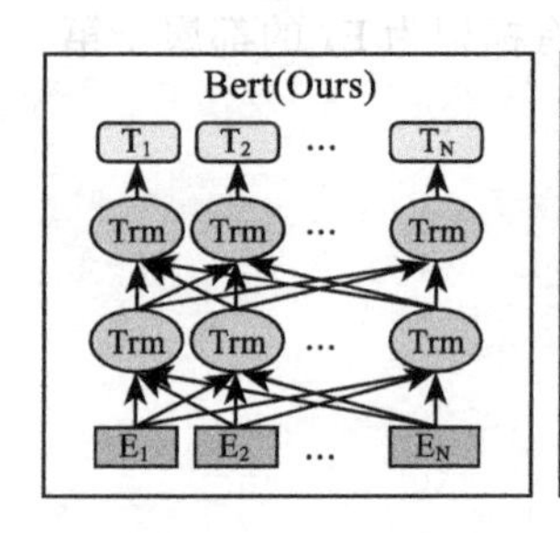

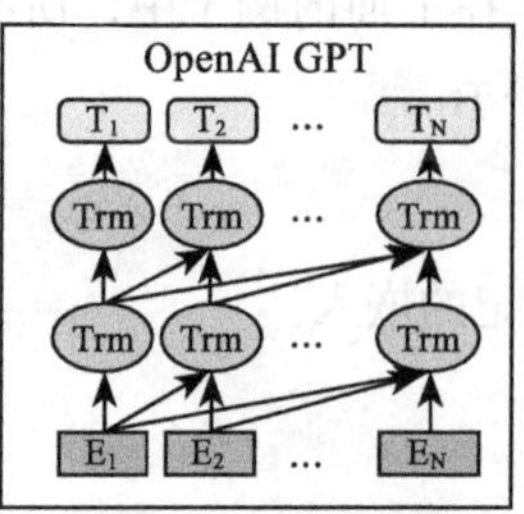

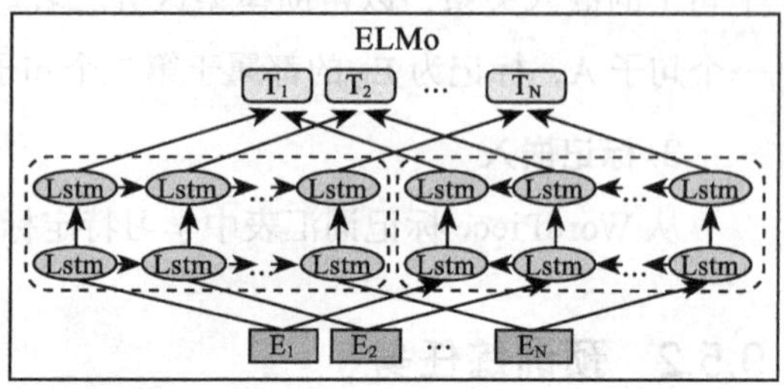

图 9-14　ELMo、GPT 与 Bert 的对比

卖了半天关子，现在我们来介绍 MLM 到底是如何实现深度双向的。MLM 不是预测序列中的下一个词，而是通过建立一个模型来预测序列中遗漏的词。它类似英语考试中的完型填空题。在第 5 章词向量实战里，我们介绍了两个典型的模型 CBOW 和 Skip-gram。其中 CBOW 是给定中心词前后的词，预测中心词。Skip-gram 则正好相反，直观上讲，Bert 蕴含了这两种模型。

给定原始输入句子：小明参加股东大会 。

第一种类比 CBOW 的 MASK 策略：小明 [MASK] 股东大会。

第二种类比 Skip-gram 的 MASK 策略：[MASK] 参加 [MASK]。

Bert 对于给定的一句话，随机选择 15% 要处理的词，对于这部分要处理的词，80% 的词用 [MASK] 替换，10% 的词随机替换，10% 的词保持不变。掩盖的词不会全部被 [MASK] 替换，这是为了保证训练和测试的一致性，因为在微调过程中不会出现 [MASK]。

Bert 的第二个任务 NSP 是“下一句话预测”，虽然名字叫作下一句话预测，但任务本身是预测两句话之间是否构成上下文关系。如果说 MLM 是为了理解词之间的关系，那 NSP 就是为了理解句子之间的关系，把握篇章信息。不仅如此，加入句子对的输入，还能让模型适用于自然语言推断、QA 问答，句子相似度等下游句对任务。NSP 任务准备语料也非常简单。它使用了句子间前后顺序信息（自然标注），在构造的句子对训练数据中，50% 的句子对第二句是第一句的下一句；剩余 50% 的句子对第二句话则是从语料库中随机抽取的。这样就构成了一个二分类问题。

为了达到较好的效果，Bert 模型使用了极大量的文本语料进行训练，由于训练的计算量相比词向量要大得多，目前个人使用者在精调的时候，普遍使用的是已经发布的模型。

以上我们简单介绍了 Bert 预训练模型。在后面的章节中，我们会看到如何利用预训练模型做基础，加上一些简单的上层结构并微调去执行下游的任务。

9.6　聊天机器人实战

接下来，我们实现一个简单的聊天机器人，实际体验一下 Encoder-Decoder 框架的 seq2seq 模型。这里实现的聊天机器人可以进行单轮闲聊对话（chit-chat），用户的话语（utterance）以字符序列的形式输入到模型中，模型逐个字符输出回答。

9.6.1　数据介绍和数据预处理

这里我们使用抓取的小黄鸡（simisimi）对话语料来演示生成对话模型。小黄鸡是一个多年前流行过的“检索式”聊天机器人，有 50 万组左右的对话语料。以下是语料的示例，其中 E 是每轮对话的开始，每轮对话都是一问一答的形式。

下段是从对话语料中截取的部分内容。

```
E
M 是男是女
M 我非男非女
E
M 啥情况
M 在想你啊
E
M 别傻笑
M 我喜欢看你傻笑的样子
E
M 你一点不可爱
M 什么是可爱，好吃吗
```

在数据预处理过程中，我们只获取一次交互的多轮对话数据。将原始的对话分成问题 Q 和答案 A，并分别合并为问题列表 Qlist 和答案列表 Alist。在此基础上，将列表数据使用 Jieba 分词工具进行分词，并切分成训练集和测试集。随后将问题和答案进行词典 id 映射，文本序列转换成 id 序列。详情请参考 data_helper.py。

```
#读取原始数据，抽取 QA
conversations = read_convs()
#分割 Q 和 A
questions, answers = read_conversation(conversations)
#清洗 Q 和 A 并分词
```

```
kepchinese()
#切分训练集和测试集
split_data()
#从训练集中获取词典
make_train_dic()
```

下面主要介绍抽取 QA 的方法：小黄鸡可能连续说两句以上的话，只取一问一答形式。

```
#读取原始数据
def read_convs():
    with open(FILE_PATH, 'r', encoding='utf-8') as f:
        conversations = []
        lines = f.readlines()
        conv = []
        for line in lines:
            if line.startswith('E'):
                # 存储上一轮对话并置空
                if len(conv) > 0:
                    conversations.append(conv)
                    conv = []
                else:
                    continue
            else:
                print(line)
                line = line.replace('\n','')
                if line.startswith('M'):
                    conv.append(line)
        conversations.append(conv)
        return conversations
# 读取对话把对话数组分拆成问答对
def read_conversation(conversations):
    questions = []
    answers = []
    print("对话个数:", len(conversations))
    for conv in conversations:
        conv_len = len(conv)
        print(conv)
        # 对话并不是只有两句，处理成一问一答形式
        if conv_len % 2 != 0:
            conv_len = len(conv) - 1
            questions.append(conv[-2])#倒数第二句为问题
            answers.append(conv[-1])#倒数第一句为答案
        for i in range(conv_len):
            if i % 2 == 0:
                questions.append(conv[0])
            else:
```

```
            answers.append(conv[1])
    # 存储 Q 和 A
    saveQA(PKL_FILE,questions, answers)
    return questions, answers
```

9.6.2 实现 seq2seq 模型

采用 PyTorch 实现的 seq2seq+Attention 模型结构的代码位于 model.py 文件中。代码做了简化处理，Encoder 和 Decoder 部分都是简单的 GRU，只在 Decoder 层添加了 Attention 结构。

1. Encoder 层

```
class Encoder(nn.Module):
    def __init__(self, input_dim, embedding_dim, hidden_dim, num_layers=2,
        dropout=0.2):
        super().__init__()
        self.input_dim = input_dim
        self.embedding_dim = embedding_dim
        self.hidden_dim = hidden_dim
        self.num_layers = num_layers
        self.dropout = dropout

        self.embedding = nn.Embedding(input_dim, embedding_dim)
        # 初始化 GRU
        self.rnn = nn.GRU(embedding_dim, hidden_dim,
                          num_layers=num_layers, dropout=dropout)
        self.dropout = nn.Dropout(dropout)

def forward(self, input_seqs, input_lengths, hidden=None):
       # 将句子序列索引转换成 embedding
       embedded = self.dropout(self.embedding(input_seqs))
       # 按列压紧
        packed = torch.nn.utils.rnn.pack_padded_sequence(embedded, input_
            lengths)
        outputs, hidden = self.rnn(packed, hidden)
        # 填充回原始行列，压紧的 pack_padded_sequence 逆向操作
        outputs, output_lengths = torch.nn.utils.rnn.pad_packed_
            sequence(outputs)
        return outputs, hidden
```

2. Attention 层

```
class Attention(nn.Module):
    def __init__(self, hidden_dim):
```

```
        super(Attention, self).__init__()
        self.hidden_dim = hidden_dim
        # 选择线性函数，实现 Attention 计算
        self.attn = nn.Linear(self.hidden_dim , hidden_dim)

    def forward(self, hidden, encoder_outputs):
        max_len = encoder_outputs.size(0)
        h = hidden[-1].repeat(max_len, 1, 1)
        attn_energies = self.score(h, encoder_outputs)
        return F.softmax(attn_energies, dim=1)
    # 线性求和
    def score(self, hidden, encoder_outputs):
        energy = self.attn(encoder_outputs)
        return torch.sum(hidden*energy,dim=2)
```

3. Decoder 层

```
class Decoder(nn.Module):
    def __init__(self, output_dim, embedding_dim, hidden_dim, num_layers=2,
        dropout=0.2):
        super().__init__()

        self.embedding_dim = embedding_dim
        self.hid_dim = hidden_dim
        self.output_dim = output_dim
        self.num_layers = num_layers
        self.dropout = dropout

        self.embedding = nn.Embedding(output_dim, embedding_dim)
        # 添加 Attention
        self.attention = Attention(hidden_dim)
        self.rnn = nn.GRU(embedding_dim + hidden_dim, hidden_dim,
                          num_layers=num_layers, dropout=dropout)
        self.out = nn.Linear(embedding_dim + hidden_dim * 2, output_dim)
        self.dropout = nn.Dropout(dropout)

    def forward(self, input, hidden, encoder_outputs):
        input = input.unsqueeze(0)
        embedded = self.dropout(self.embedding(input))
        attn_weight = self.attention(hidden, encoder_outputs)
        context = attn_weight.unsqueeze(1).bmm(encoder_outputs.transpose(0,
            1)).transpose(0, 1)
        emb_con = torch.cat((embedded, context), dim=2)
        _, hidden = self.rnn(emb_con, hidden)
        output = torch.cat((embedded.squeeze(0), hidden[-1], context.
            squeeze(0)), dim=1)
```

```
        output = F.log_softmax(self.out(output), 1)
        return output, hidden, attn_weight
```

4. 组成 seq2seq 结构

```
class Seq2Seq(nn.Module):
    def __init__(self, encoder, decoder, device, teacher_forcing_ratio=0.5):
        super().__init__()

        self.encoder = encoder
        self.decoder = decoder
        self.device = device
        self.teacher_forcing_ratio = teacher_forcing_ratio

    def forward(self, src_seqs, src_lengths, trg_seqs):
        batch_size = src_seqs.shape[1]
        max_len = trg_seqs.shape[0]
        trg_vocab_size = self.decoder.output_dim

        outputs = torch.zeros(max_len, batch_size, trg_vocab_size).to(self.
            device)
        encoder_outputs, hidden = self.encoder(src_seqs, src_lengths)
        output = trg_seqs[0, :]
        for t in range(1, max_len):
            output, hidden, _ = self.decoder(output, hidden, encoder_outputs)
            outputs[t] = output
            teacher_force = random.random() < self.teacher_forcing_ratio
            output = (trg_seqs[t] if teacher_force else output.max(1)[1])
        return outputs
```

运行效果如图 9-15 所示，执行 chatbot.py，先加载模型，然后在屏幕上输入对话。

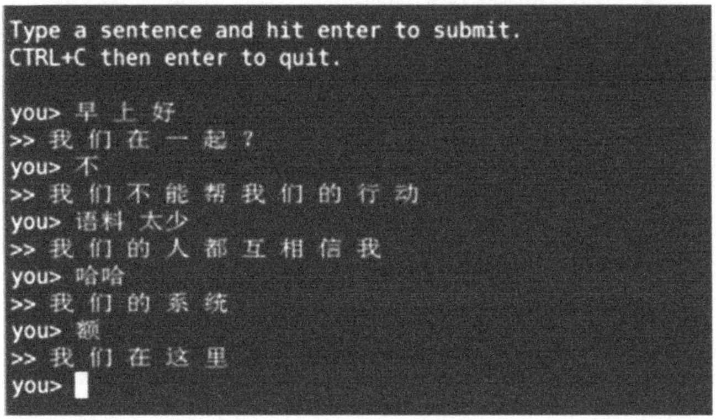

```
Type a sentence and hit enter to submit.
CTRL+C then enter to quit.

you> 早 上 好
>> 我 们 在 一 起 ?
you> 不
>> 我 们 不 能 帮 我 们 的 行 动
you> 语料 太少
>> 我 们 的 人 都 互 相 信 我
you> 哈哈
>> 我 们 的 系 统
you> 额
>> 我 们 在 这 里
you>
```

图 9-15　运行效果

9.7 本章小结

本章我们介绍了自然语言生成的概念，引入了解决序列到序列问题的 Encoder-Decoder 范式。随后我们又从中间语义层 c 的信息损失角度，介绍了 Attention 机制是如何解决问题的，以及如何利用 Attention 机制构建 Transformer 模块。Transformer 最典型的应用案例就是 Bert，Bert 的预训练和微调模型已经成为解决 NLP 任务的通用范式，这是因为有了这些大规模训练集的预训练词向量，Bert 调用的方便性和高性能的表现使得任务可以迅速落地，我们有理由相信，自然语义处理技术会非常迅速地普及到各行各业并取得卓越的成绩。

CHAPTER 10

第10章

知识图谱问答

信息技术的发展不断推动着互联网技术变革。作为互联网时代的标志，网络技术是这场变革的核心。从网络的链接（Web 1.0）到数据的链接（linked data），语义网络技术正逐渐向语义网络之父 Berners Lee 设想的语义网络进行演变。根据万维网联盟（World Wide Web Consortium，简称 W3C）的解释，语义网络可以定义为一个由数据构成的网络。语义网络技术为用户提供了查询环境，其核心是将处理和推理知识以图形的方式返回给用户，知识图谱技术成为实现智能语义检索的基础和桥梁。传统的搜索引擎技术可以根据用户的查询对网页进行快速排序，提高信息检索效率。但是，这种网页检索的效率并不意味着用户能够快速、准确地获取信息和知识，而且随着互联网信息的爆炸式增长，搜索引擎反馈的大量搜索结果甚至需要用户进行二次检索，因此传统的信息检索方式已经很难帮助人们全面控制信息资源，知识图谱技术的出现为解决信息检索问题提供了新的途径。

知识图谱（Knowledge Graph，简称 KG）是一种用来描述概念、实体以及客观世界中它们之间关系的结构化形式，它将原本复杂的信息表达成一种更加接近人类认知的知识结构，帮助人们更好地理解和管理海量信息，并结合算法挖掘其中的潜在信息。2012 年，人工智能巨头 Google 在收购 Freebase 后首次提出了知识图谱概念，并将其成功应用于搜索引擎。极大地提升了搜索的效果和用户体验。

虽然知识图谱的概念比较新，但它并非是一个全新的研究领域。早在 2006 年，Berners Lee 就提出了数据链接（linked data）的想法，呼吁推广和完善相关的技术标准，如统一资源标志符（Uniform Resource Identifier，简称 URI）、资源描述框架（Resource Description Framework，简称 RDF）、网络本体语言（Web Ontology Language，简称 OWL）等，所有这些似乎都为语义网络时代的到来做好准备。此后，语义网络的研究掀起了一股热潮，而知识图谱技术正是以相关的研究成果为基础，是语义网络技术的一次新发展。

本章要点如下：

- ❑ 知识图谱概述；
- ❑ 关系抽取；
- ❑ 图谱构建；
- ❑ 图谱问答。

10.1 知识图谱概述

知识图谱作为人工智能领域的重要研究方向，随着研究地不断深入，推动了知识工程的发展，如图 10-1 所示。知识工程在大数据的不断推进下，研究的主要方向已经从自动或半自动地获取知识，转为互联网提供智能知识服务。

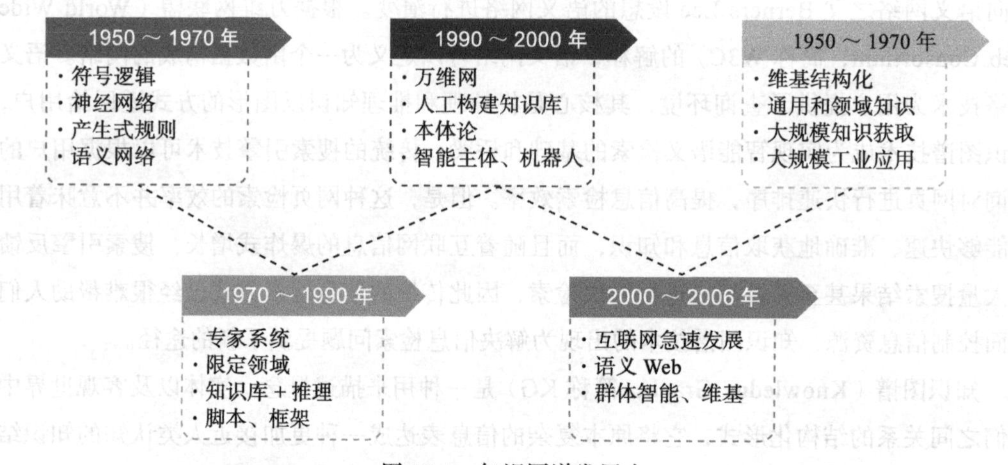

图 10-1　知识图谱发展史

知识图谱作为互联网智能知识服务的重要组成部分，除了上文提到的搜索引擎外，还应用在问答和对话系统、大数据分析、智能决策以及知识融合等方面。领域知识图谱又称作行业知识图谱或垂直知识图谱，通常面向某一特定领域，可以被看作是一个基于语义技术的行业知识库。基于行业数据构建的领域知识图谱，通常采用严格而丰富的数据模式，对该领域知识的深度、准确性有着更高的要求。领域知识图谱常常用来辅助各种复杂的分析应用或决策支持。

作为结构化语义知识库的知识图谱，以符号形式描述物理世界中的概念及概念之间的关系。其基本组成单位是“实体 – 关系 – 实体”三元组和实体及相关属性 – 值对，实体间通过关系相互链接，构成网状的知识结构。通过知识图谱，可以实现 Web 从网页链接向实体链接的转变，支持用户按主题而不是字符串检索，从而真正实现语义检索。基于知识图谱的搜索引擎，能够将结构化的知识以图形的方式反馈给用户，用户不必浏览大量网页，就可以准确定位和深度获取知识。

知识图谱的构建主要可以分为实体识别、实体链接、关系抽取三步，如图 10-2 所示。

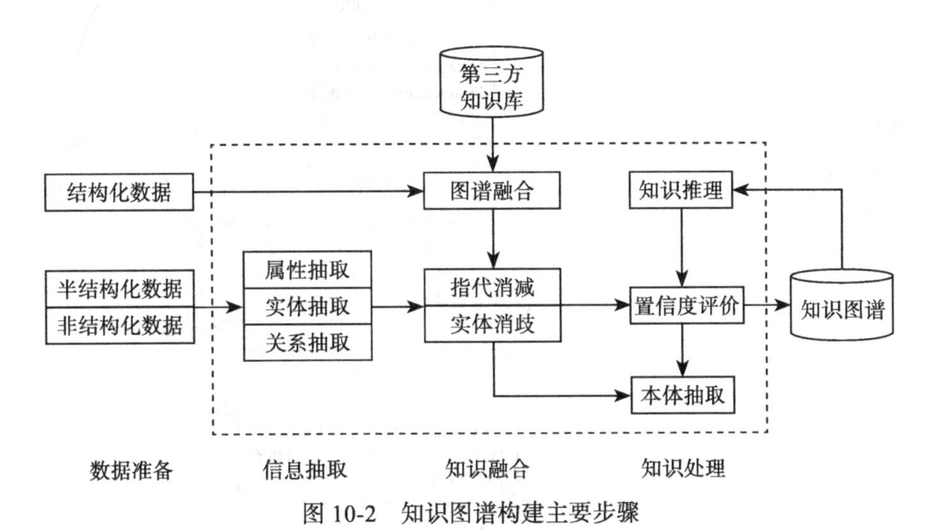

图 10-2　知识图谱构建主要步骤

1. 实体识别

实体识别也称为命名实体识别（Named Entity Recognition，简称 NER），是指从文本数据集中自动识别出命名实体。实体抽取的质量（准确率和召回率）对后续获取知识的效率和质量影响极大，因此是信息抽取中最为基础和关键的部分。早期对实体抽取方法的研究主要面向单一领域（如特定行业或特定业务），关注如何识别文本中的人名、地名等专有名词和有意义的时间等实体信息。随着技术的发展，较大篇幅、较多实体类别的识别也能达到较高准确率。

2. 实体链接

实体链接（Entity Linking）是指从文本中抽取实体对象，将其链接到知识库中对应的实体对象的操作。实体链接的基本思想是根据给定的实体指称项，从知识库中选出一组候选实体对象，通过相似度计算将指称项和正确的实体对象链接。早期的实体链接研究仅关注如何将从文本中抽取到的实体链接到知识库，忽视了位于同一文档的实体间存在的语义联系。近年来，学术界开始关注实体的共现关系，即同时将多个实体链接到知识库中，也称为集成实体链接（Collective Entity Linking），图 10-3 即为实体链接的一个实例。

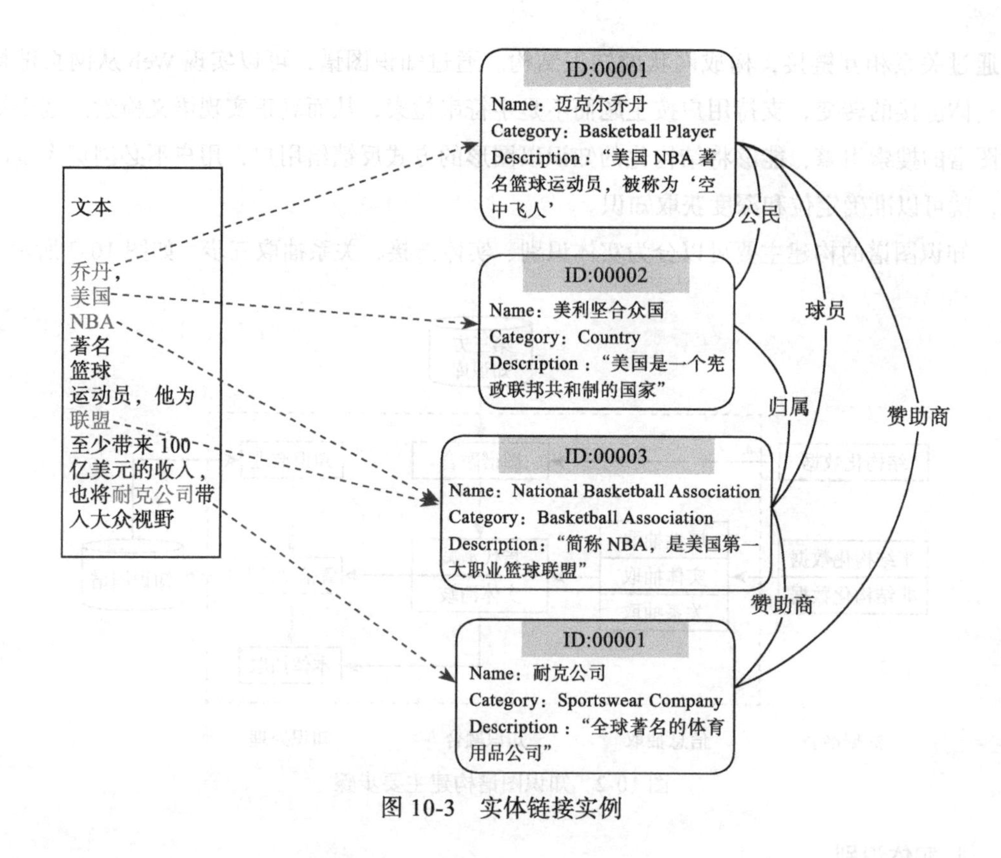

图10-3 实体链接实例

3. 关系抽取

关系抽取的主要任务是运用算法从文本中抽取实体间的关系，以构成三元组形式。

10.2 关系抽取

通过实体抽取，文本语料得到了一系列离散的命名实体，还需要从相关语料中提取出实体之间的关联关系，通过关系将实体（概念）联系起来，才能够形成网状的知识结构。研究关系抽取技术的目的，就是解决从文本语料中抽取实体间的关系这一基本问题。早期主要是通过人工构造语法和语义规则，采用模式匹配的方法来识别实体间的关系。这种方法有2个明显的缺陷。

1）制定规则的人需要具备一定的语言学水平，并且对特定领域有深入的理解和认知。

2）规则制定工作量大，难以适应丰富的语言表达风格，且难以拓展到其他领域。

关系抽取是学术界开始尝试采用统计机器学习的方法，通过对实体间关系的模式进行建模，来替代预定义的语法和语义规则。例如，有学者提出利用自然语言中的词法、句法以及语义特征进行实体关系建模，并通过最大熵方法成功实现了无规则硬编码的实体关系抽取。

在本书中我们可以将关系抽取定义为从文本中自动检测和识别出实体间存在的语义关系，将原始文本转换成（实体 1，关系，实体 2）或（实体，属性，值）的三元组的形式。例如针对文本“马云 1999 年创办阿里巴巴并担任 CEO”，其中包含的三元知识为（马云，创办，阿里巴巴），（阿里巴巴，创办时间，1999 年）以及（阿里巴巴，CEO，马云）。三元组知识作为知识图谱中最为重要的知识组成部分及知识组成形式，从文本中有效地抽取实体及其间关系和属性就成了一项关键的工作。不仅如此，关系抽取的作用还表现在其他方面。

1. 自然语言理解

目前针对文本进行深层次理解的效果还很难令人满意，特别是较长文本的理解更加困难，运用关系抽取的相关技术，可以有效提取文本中的相关信息，简化理解难度，构建起文本与机器理解之间的桥梁和纽带。

2. 知识推理

面对较为复杂的问题，如：“身高超过 2 米的中国篮球运动员有哪些？”原始的搜索引擎很难解决这类问题，结合关系抽取及知识图谱相关技术，使机器理解并回答推理问题成为可能。

关系抽取的挑战

关系抽取主要针对非结构化或半结构化文本，利用相关技术（如：基于规则的方法、基于统计的方法，以及基于信息抽取的方法等）来识别和发现文本中实体间存在的关系，根据关系是否被预先定义，可以将关系抽取划分为限定域内的关系分类和开放域的关系抽取。

限定域内的关系分类需要用户预先定义好关系的类型，在进行关系抽取任务时，根据文本的语义信息，通过分类的方式，判断文本中实体间存在何种关系类型。从中我们不难发现，限定域内的关系分类可以直接从文本中识别出预先定义的关系类型，这就为后期进行图谱构建和补充省去了关系的对齐工作。另一方面，限定域内的关系分类模型也存在一些不足。首先，由于需要预先定义关系类型，在非领域专家的帮助下，一般用户很难再构建一套较为完整的预定义关系类型；其次，限定域内的关系分类模型需要针对预定义的关系进行一定量的数据标注，才能进行监督学习的方法训练；最后，由于预先定义及人工标注，模型的扩展性较差，若添加新的关系类型，则需要添加新的标注样本并重新训练模型。

相较于限定域内的关系分类模型，开放的关系抽取并不需要用户预先定义关系的类型，可以采用远程监督的方式进行训练。所谓远程监督，即用户已经有了一定数量的三元组数据，可以以这些三元组数据为关键成分，利用网络爬虫或搜索引擎等方式，自动化进行数据收集和数据标注。但是远程监督也存在缺陷，自动化标注的数据存在大量噪声。如针对三元组数据（奥巴马，总统，美国），可以获得：

奥巴马于2009年当选美国总统，于当年6月宣誓就职；

奥巴马1961年出生于美国夏威夷州。

在这两个文本中第二个文本实际表达“奥巴马”与“美国”存在的关系是“出生地”关系，而非“总统”。

大量的数据噪声，增加了关系抽取模型拟合的难度。

进一步分析，我们不难发现，关系抽取也存在以下2个难点。

1. 语言表达的多样性

在我们日常生活中，针对同样一个三元组知识存在多种表达方式，如表达“首都”这一关系时，有“北京是中国的首都”“中国的首都坐落于北京”“作为首都来说，北京还是中国的文化中心”等复杂多变的表达形式，为关系抽取带来了巨大的挑战。

2. 关系的隐式表达

关系的隐式表达主要是由于语言的丰富性，导致无法在原始文本中找到相同的文本表达形式，但是从语言本身或其潜在含义已经表达出了相应的意思，如“夫妻”这一关系可以表达为：“A与B结婚了”“参加了A和B的婚礼”“A和B是一对小两口”，关系的潜在表达也是关系抽取的一大难题。

我们离知识图谱的全自动构建还有多远？研究者发现知识图谱能够极大程度上丰富原始知识库的内容，结合算法的不断发展，知识图谱也有着极大的潜力等待挖掘。因此探究一条有效地构建知识图谱的方式便成为众多学者的研究方向。理想中我们希望探究出一套算法能够在给出相关数据后，直接生产出一个知识图谱或者将新发现的知识添加到我们已构建的图谱中。但实际上我们在实验过程存在一些难题：如何界定知识；如何权衡自底向上和自上而下的图谱构建方式。我认为在知识图谱构建的过程中，一定是两种图谱构建方式的相结合，但是随着任务的变化，需要使用者权衡两种方式在整个图谱构建工程中的参与度；再者，还需要解决图谱中知识更新的问题，有效地收集新数据，对图谱中的知识及时更新也非常重要。总的来说，实体识别、关系抽取、实体链指等任务的发展，为自动构建知识图谱打下了坚实的基础，但是要实现知识图谱的全自动构建还有很长的路要走。

10.3 人物间关系识别

由于开放域关系抽取对文本数据量的要求较高，且对于噪声数据的处理存在较大的困难，因此下面将针对限定域进行关系的分类，为后续图谱构建减少工作量。本节将针对已标注的数据进行限定域内的关系分类任务进行介绍。

数据形式：

text：石慧儒幼年师从华连仲学艺，并私淑荣剑尘的唱法

entity_1：石慧儒

entity_2：华连仲

relation：师生

训练数据主要包含上述几个关键内容，text 为原始文本，是我们用于训练模型的语料，entity_1 为文本中包含的一个实体，entity_2 是文本中包含的另一个实体，这里需要说明的是，在文本 text 中实际还包含实体“荣剑尘”，但在本次实验中只需要识别出实体 entity_1 和实体 entity_2 之间存在的关系。relation 是指在训练语料中提及的两个实体间存在的关系类型。

本次实验共有约 3000 条数据样本，样本分布情况如表 10-1 所示。

表 10-1 数据分布详情

关系类型	数据分布	关系类型	数据分布
unknown	1302	情侣	141
父母	451	好友	50
夫妻	596	亲戚	33
师生	148	同门	41
兄弟姐妹	194	上下级	55
合作	148	祖孙	26

这里需要特别说明的是，训练语料中给出的 unknown 是指在 text 文本的表述中并未直接表达出实体间存在何种关系类型，所以并不能指代现实两人间是否存在某种联系。

10.3.1 任务分析

在选择相应的模型之前，首先要针对数据进行分析，并针对数据的特征选择相应的处理任务方案，将现实的任务转化为一个机器学习任务，任务转化能力也是考验算法工程师的关键指标。

根据上述限定域关系抽取和开放域关系抽取这两种方式，结合人物关系数据的特征，

我们可以比较容易地归纳出常见的人物关系类型，因此我们可以针对这一数据关系抽取方式，将其转化为一个已知实体且包含描述文本的分类模型，而分类的目标就是实体的对应关系。结合抽取的任务关系三元组信息，为后续的知识图谱构建以及问答模块的实现提供了数据支持。

10.3.2 模型设计

文本分类任务是自然语言处理中最为常见的任务之一，传统的文本分类模型主要是结合朴素贝叶斯网络并加上特征工程的相关操作，如TF-IDF、LDA等，但是随着深度学习的发展和机器算力的不断增强，如今已经演变出卷积神经网络（Convolution Neural Networks，简称CNN）、循环神经网络（Recurrent Neural Networks ，简称RNN）、卷积循环神经网络（Recurrent Convolution Neural Networks，简称RCNN）等众多用于文本分类任务的深度学习网络。

RCNN由Lai等人在2015年提出，用于文本分类任务，并取得了一定的效果。相较于CNN和RNN，RCNN到底有什么区别呢，下面我们展开讨论。

神经网络的起源最早可以追溯到20世纪五六十年代，当时学者们将其称为感知机（perceptron），随后又提出了多层感知机（Multilayer perceptron），无论是感知机还是多层感知机，都将模型训练的过程分为输入层、隐藏层以及输出层，二者主要区别在于隐藏层的大小，越大的网络拥有越深的隐藏层以及更多的节点。与此同时，随着生物学的发展，脑科学也得到了极大的关注和研究，将多层感知机进一步转换，采用连续函数模拟神经元来完成激励，再使用Werbos等提出的反向传播算法，就有了我们现在的神经网络（Neural Networks，NN）。

但是，随着研究的不断深入，人们发现一味追求更深的网络，迎来的不是模型效果的提升，而是深陷局部最优的泥潭中。为了解决这些问题，我们用ReLu来对抗梯度消失，用残差网络来解决局部最优问题，工程师们又能开心地go deeper了。更深的网络发展也带来了参数的爆炸式增长，直到CNN的出现。

CNN最早被广泛用于图像识别任务，利用卷积核的小窗口来观察图片的特征，用更小的参数量，却能达到更好的识别效果。随着词向量的发展，CNN被引入到自然语言处理的各项任务中，也取得了惊人的效果。但是CNN也存在着一些致命的问题：首先CNN需要预先固定卷积核的大小，即每次用于观察的窗口大小是固定的，这样必然无法观察到长序列表达的信息；其次，CNN对于卷积核的调参也十分复杂。

与此同时，语言区别于图像，语序的表达十分重要，在我们进行阅读时，只有联系上下文才能更好地理解词的真实含义，RNN 就是基于这个思考而被提出的，图 10-4 即为序列标注模型框架示意图。为了理解上下文信息，学者们还提出了 Bi-directional RNN（BiRNN），目的是为了更好地捕捉文本信息。

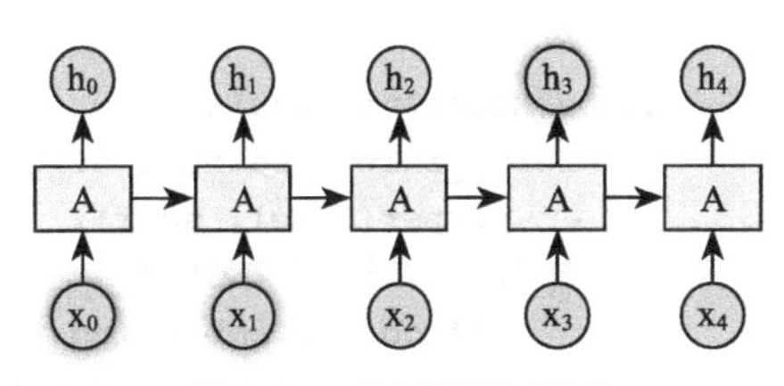

图 10-4 序列标注模型

在 Lai 等人提出的 RCNN 方法中，整个网络包含两个主要部分，即卷积层和池化层，而 RCNN 的方法中，利用 Bi-directional RNN（BiRNN）来进行特征提取，并在采用类似 CNN 中的池化层，组成整个网络。图 10-5 所示是 RCNN 模型框架。

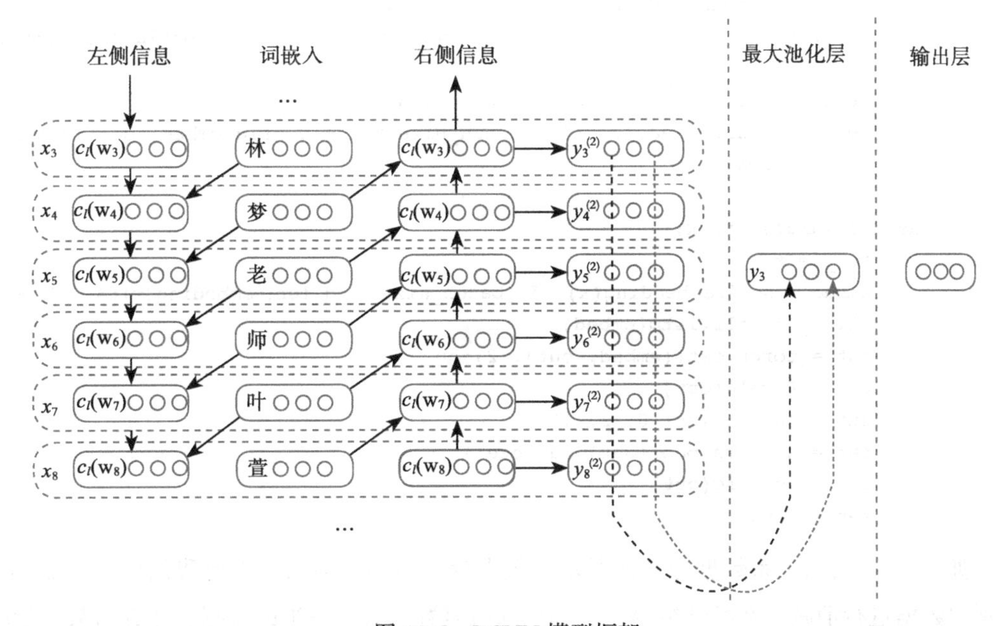

图 10-5 RCNN 模型框架

下面通过代码进行讲解，我们本次主要实行的代码包含如下步骤。

1）将词 x_3 进行向量化表示，即 w_3。

2）将 w_3 输入到 Bi-directional RNN 中得到左侧 $C_l(w_3)$ 和右侧信息 $C_r(w_3)$。

3）利用 ReLu 激活函数得到 y_2。

4）将 y_2 进行池化，并使用一维 max pooling，得到输出 y。

10.3.3 代码实现及优化

模型代码的实现如下所示。

```
'''Recurrent Convolutional Neural Networks for Text Classification'''


class Model(nn.Module):
    def __init__(self, config):
        super(Model, self).__init__()
    # 判断是否利用预训词向量
        if config.embedding_pretrained is not None:
            self.embedding = nn.Embedding.from_pretrained(config.embedding_
                pretrained, freeze=False)
        else:
            self.embedding = nn.Embedding(config.n_vocab, config.embed,
                padding_idx=config.n_vocab - 1)
        self.lstm = nn.LSTM(config.embed, config.hidden_size, config.num_layers,

        self.maxpool = nn.MaxPool1d(config.pad_size)
        self.fc = nn.Linear(config.hidden_size * 2 + config.embed, config.num_
            classes)

    def forward(self, x):
        x, _ = x
        embed = self.embedding(x)  # [batch_size, seq_len, embeding]=[64, 32, 64]
        out, _ = self.lstm(embed)
        out = torch.cat((embed, out), 2)
        out = F.relu(out)
        out = out.permute(0, 2, 1)
        out = self.maxpool(out).squeeze()
        out = self.fc(out)
        return out
```

如图 10-6 人物关系数据分布图所示，数据分布是不均匀的，因此我们针对 unknown 类别的数据进行消减，在筛选数据时，利用随机函数来去除一半的数据，而针对数据量较少的类别数据，在训练时，我们将每个数据进行复制，确保尽可能多地见到一些小类别的语料。

针对文本分类任务的数据预处理任务，根据输入的数据是以词为基本单位还是以字为基本单位分为两种主要形式，以词为基本单位的数据预处理可以借助一些开源的分词工具，如 Jieba、Jiagu 等，进行分词后再输入模型，但是以词为基本单位的模型训练效果很大程度上依赖分词器的效果，因此我们尽量选择输入以字为基本单位的数据，即输入模型的文本是一个一个的字符。

由于我们本次任务是借助文本分类进行人物关系分类，若直接对文本进行分类而不考虑文本表达的实体，会给模型带来很大的“困惑”，例如文本：

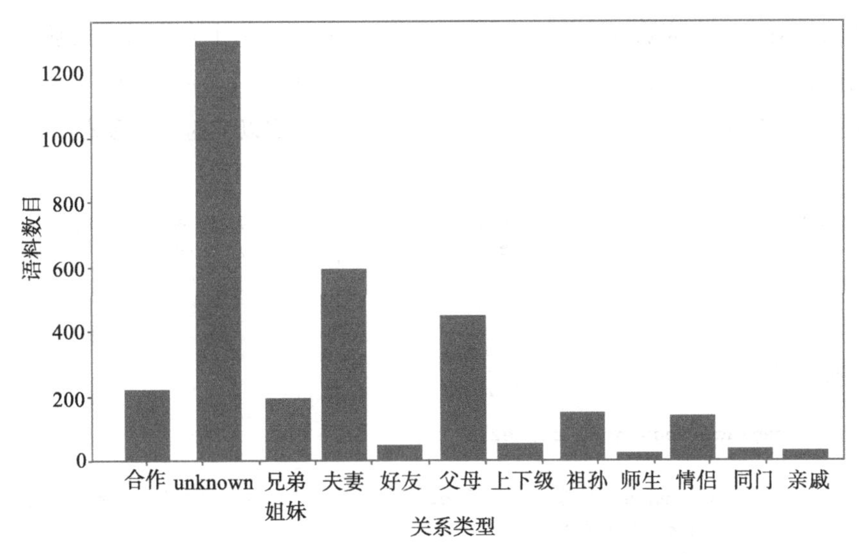

图 10-6 人物关系数据分布

“只知道林豆豆在 1944 年生下了女儿叶群，1945 年生下了儿子林立果”

从文本表达这两个我们可以发现文本中存在多种人物关系，如表 10-2 所示。

表 10-2 人物关系示例

人物名称	人物名称	关系类型
林豆豆	叶群	父母子女
林豆豆	林立果	父母子女
叶群	林立果	兄弟姐妹

我们无法利用一个简单的文本分类器进行人物关系分类，因为我们需要将实体“考虑”到文本分类模型中，这里我们可以考虑用以下两种主要方式进行判断。

方法一：将两个人物实体直接拼接到文本表述之后，即输入为：文本的字向量表征 + “#” + 实体 1+ “#” + 实体 2。

上述文本则可以转化为：

```
{
"tokens": '只', '知', '道', '林', '豆', '豆', '在', '1', '9', '4', '4', '年',
    '生', '下','了', '女', '儿', '叶', '群', '，', '1', '9', '4', '5', '年',
    '生', '下', '了', '儿', '子', '林', '立', '果', '#', '林', '豆', '豆',
    '#', '林', '立', '果'
}
```

经过试验我们发现，整体准确率只有 0.6545。

方法二：对于以字为输入的模型，要让模型学到指定的两个实体间的关系还是比较复杂的，我们尝试将用于预测的两个实体转换成两个统一的标识“e1”和“e2”，这样一定程度上简化了模型学习的难度，因此上述文本我们可以得到以下的输入形式：

```
{
"tokens": '只', '知', '道', 'e1', '在', '1', '9', '4', '4', '年', '生', '下',
    '了', '女', '儿', '叶', '群', ',', '1', '9', '4', '5', '年', '生', '下',
    '了', '儿', '子', 'e2'
}
```

代码实现如下。

```
def data_replace(sequence, e1, e2):
    '''
    针对输入文本sequence和候选实体e1和e2，分别将文本中的对应实体替换为e1和e2
    :param sequence: 输入文本
    :param e1: 实体1
    :param e2: 实体2
    :return:
    '''
    s1 = sequence.index(e1)
    s2 = sequence.index(e2)
    is_fine = True
    if s1 * s2 < 0 or abs(s2-s1) < max(len(e1), len(e2)):
        return False, None, None
    seq_ = list(sequence)
    if s1 > s2:
        seq_ = seq_[0:s1] + ['e1'] + seq_[s1 + len(e1):]
        seq_ = seq_[0:s2] + ['e2'] + seq_[s2 + len(e2):]
    else:
        seq_ = seq_[0:s2] + ['e2'] + seq_[s2 + len(e2):]
        seq_ = seq_[0:s1] + ['e1'] + seq_[s1 + len(e1):]


    d = abs(seq_.index('e1') - seq_.index('e2'))

    return is_fine, seq_, d
```

再次试验后，我们发现准确率提升到了0.6955。

我们再对数据进行一次分析，可以得到结果如图10-7所示。

我们不妨尝试将实体间的距离加入到分类模型中，我们在句末加上一个新的距离信息，用“d”加上实体距离，作为一个整体，例如上述语料的输入可以转化为：

```
{
```

```
"tokens": '只', '知', '道', 'e1', '在', '1', '9', '4', '4', '年', '生', '下',
    '了', '女', '儿', '叶', '群', '，', '1', '9', '4', '5', '年', '生', '下',
    '了', '儿', '子', 'e2', 'd26'
}
```

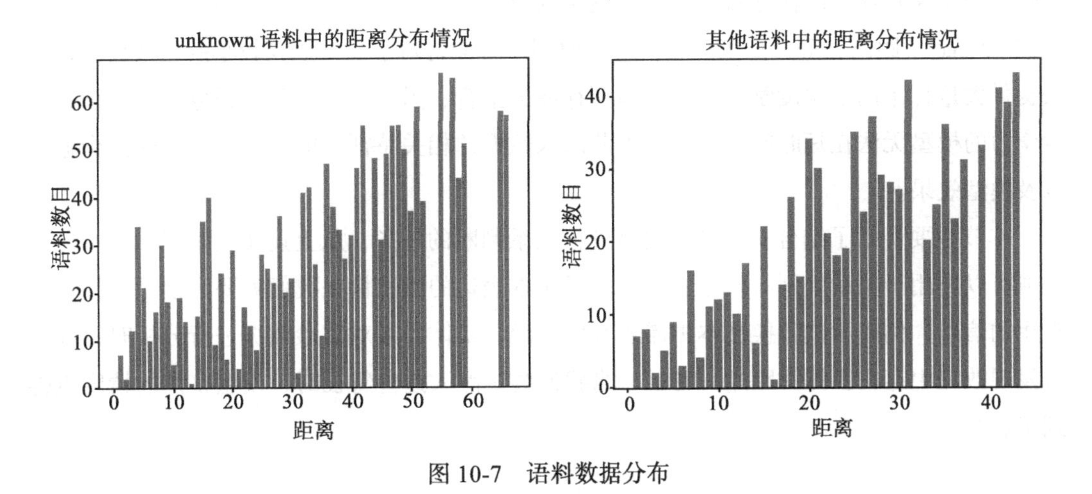

图 10-7　语料数据分布

由于需要添加距离这一特征，我们需要将描述距离的字符预先添加到字典中。

对比的训练效果如图 10-8 所示。

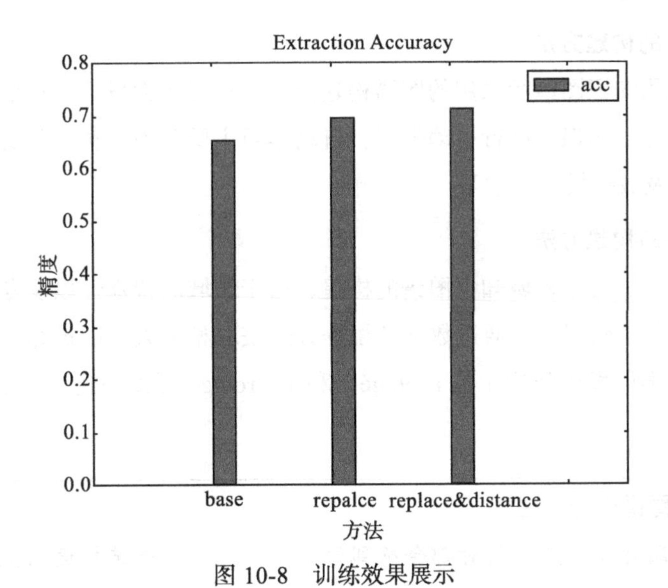

图 10-8　训练效果展示

有了深度学习还需要特征工程吗？要解答这个问题，首先我们需要了解何为特征工程。特征工程就是一种工程活动，目的是为了从原始数据中最大限度地提取能够表征原始数据的相关信息的特征。在早期的机器学习任务中，任务效果十分依赖特征工程，但是随着深度学习时代的到来，以及模型的不断发展，深度学习模型似乎能够“自主学习”，得到数据的相关特征，因而导致特征工程逐渐变得鸡肋。但是我们为什么还要在任务中加入类似“位置”“距离”等特征工程呢？主要原因一方面是对于数据规模较小的复杂任务，无法提供大量样本用于深度学习，导致模型存在欠拟合；另一方面，学习任务比较复杂，深度学习的模型无法在短时间内拟合。因此加入数据的相关特征，能够提升模型的拟合速度以及模型效果。

本节主要介绍了结合文本分类模型进行关系判断的任务，从上述实验表明，文本分类任务可以作用于关系判别的模型，但是由于文本表达的特殊性，我们需要为模型添加更多有用的信息，例如尝试替换文本中需要判别的两个实体，在对实验数据进行分析时，我们也发现数据中存在实体间距这一特征，当我们尝试融入这些特征时，模型整体的精度也得到了提升。

10.4 图谱构建

知识图谱的构建方法主要分为两种。

1. 自底向上的构建方法

这是一种通用知识图谱所采用的图谱构建方法，依赖于大量的数据信息，从百科等数据集中获得结构化的知识，进行自动学习，自动学习主要分为：实体与概念的学习、上下位关系的学习以及数据模式的学习。

2. 自顶向下的构建方法

这种方法主要适用于领域知识图谱的构建，由于领域的特殊性以及专业性，需要领域专家预先定义好基础框架，再通过数据挖掘等方式获取相关数据以扩充知识图谱，比较常用的有斯坦福大学研发的建模工具 Protégé，利用 Protégé 可以构建一个 RDF、OWL 等格式的本体数据。

如何选择图谱构建方法？

许多人在刚开始构建图谱时都会感到无从下手，究竟是选择运用概念本体出发的自顶向下构建方法，还是从数据本身出发自底向上构建方法？其实方法本身没有好坏，关键看你所拥有的数据特征与图谱应用场景。若已具备大量结构化知识、专家领域知识，自顶向下构建的图谱体系会更加清晰；若具备海量文本内容，包含大量潜在知识，自底向上挖掘分析知识则是更好的选择。在图谱应用场景方面，若考虑分析知识脉络，则应优先考虑自顶向下的构建方法，若重点分析数据特点与相互间关联关系，则优先考虑自底向上的构建方法。二者结合往往是真实图谱构建的不二选择。读者需根据自身情况选择合适的方法。

10.4.1 Neo4J 简介

Neo4j是一种高性能的NOSQL图形数据库，是具有事务功能的嵌入式系统，它是基于磁盘的Java持久性引擎，在网络（数学上称为图）上存储结构化数据。Neo4j也可以看作是具有成熟数据库所有功能的高性能图形引擎。程序员使用的是面向对象、灵活的网络结构，而不是严格的静态表，但是Neo4j可以享受完整的事务型企业级数据库的所有优势。Neo4j由于其嵌入式、高性能和轻量级的优点而越来越受到知识图谱相关从业人员的关注。

Neo4j使用Cypher查询图形数据。Cypher是一种描述性图形查询语言，具有简单的语法和强大的功能。由于Neo4j在图形数据库家族中处于绝对领先的地位，因此它拥有大量的用户基础，从而使Cypher成为图形查询的标准语言。

Cypher遵循SQL的语法，其语法非常简单且具有较高的可读性，Cypher的命令如表10-3所示。

表10-3 Cypher命令样例

CQL命令/条	用法	CQL命令/条	用法
CREATE（创建）	创建节点、关系和属性	DELETE（删除）	删除节点和关系
MATCH（匹配）	检索有关节点、关系和属性数据	REMOVE（移除）	删除节点和关系的属性
RETURN（返回）	返回查询结果	ORDER BY（以…排序）	排序检索数据
WHERE（哪里）	提供条件过滤检索数据	SET（组）	添加或更新标签

Cypher常用的函数如表10-4所示。

表10-4 Cypher常用命令

定制列表功能	用法
String（字符串）	用于使用String字面量
Aggregation（聚合）	用于对CQL查询结果执行一些聚合操作
Relationship（关系）	用于获取关系的细节，如startnode、endnode等

10.4.2　Neo4J 创建图谱示例

创建一个知识图谱，在 Neo4j 中我们使用“CREATE”命令来创建实体。

创建实体：

CREATE (<node-name>:<label-name>)，创建命令如表 10-5 所示。

表 10-5　Cypher 创建实体命令

语法元素	描述
CREATE	Neo4j CQL 命令
<node-name>	要创建的节点名称
<label-name>	节点标签名称

我们使用如下命令创建实体：

```
CREATE (e1:Person { name: "石慧儒"})
```

该语句表示我们将要创建一个类型为“Person”的实体，且该实体具有一个属性“name”，值为“石慧儒”。输入以上命令，我们可以得到如图 10-9 所示的一个实体。

图 10-9　创建实体

下面创建实体间的关系。首先，再建立一个名为“华连仲”的实体，结合上述命令，我们可以为图谱再添加一个实体，如图 10-10 所示。

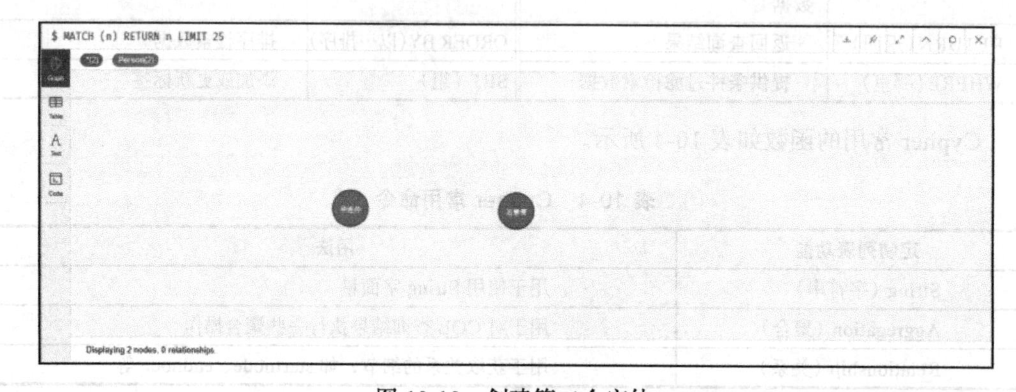

图 10-10　创建第二个实体

我们使用 MATCH 命令从数据库中获取有关节点的属性和相关实体间的关系。

```
MATCH (<node1-label-name>:<node1-name>),(<node2-label-name>:<node2-name>)
CREATE
    (<node1-label-name>)-[<relationship-label-name>:<relationship-name>]->
        (<node2-label-name>)
RETURN <relationship-label-name>
```

仿照上述命令，我们可以采用如下命令得到如图 10-11 所示的实体关系图谱。

```
MATCH (e1:Person),(e2:Person)
WHERE e1.name=" 石慧儒 " and e2.name=" 华连仲 "
CREATE (e1)-[r1:teacher_student{name:" 师生关系 "} ]->(e2), (e2)-[r2:teacher_
    student{name:" 师生关系 "} ]->(e1)
```

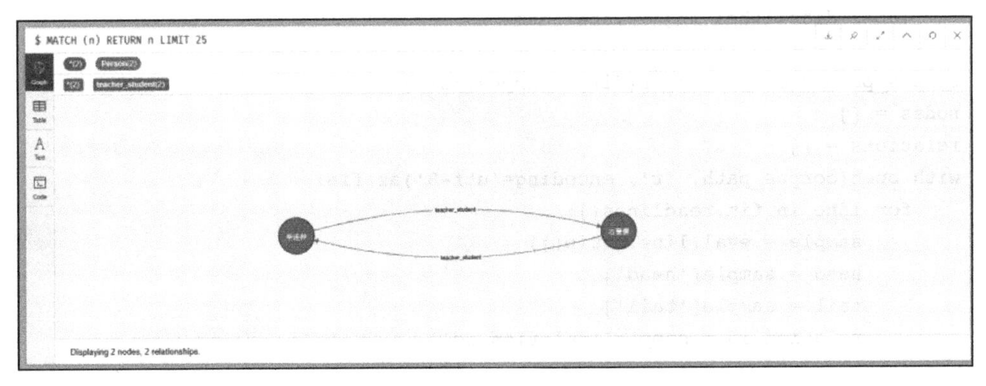

图 10-11　创建实体间的关系

我们在 Python 中执行 neo4j：pip install py2neo 命令安装 Neo4J。

下面我们尝试用代码来创建如图 10-11 所示的关系。

```
from py2neo import *

graph = Graph("http://127.0.0.1:7474", username="neo4j", password="123456")
# 连接本地服务，匹配创建时的用户名密码

node0 = Node('Person', name=' 石慧儒 ')        # 构造节点 1
node1 = Node('Person', name=' 华连仲 ')        # 构造节点 2

rela = Relationship(node0 , ' 师徒关系 ' , node1)          # 构造关系

graph.create(node0)       # 在图中创建节点 1
graph.create(node1)       # 在图中创建节点 1
graph.create(node0_know_node1)        # 在图中创建关系
```

接下来将人物关系抽取任务中用到的任务三元组关系数据存放到图谱中，具体代码如下。

阶段一：

```
import pandas as pd
import os

dir = './data/'

path = os.path.join(dir, 'label_name.txt')
label_df = pd.read_csv(path, sep='\t', encoding='utf-8')

label_dict = {}
for label_name, label_id in label_df.iterrows():
    label_dict[label_id] = label_name

corpus_path = os.path.join(dir, 'corpus.txt')
nodes = []
relations = []
with open(corpus_path, 'r', encoding='utf-8')as fin:
    for line in fin.readlines():
        sample = eval(line.strip())
        head = sample['head']
        tail = sample['tail']
        relation_id = sample['relation_id']

        nodes.append(head)
        nodes.append(tail)
        relation_name = label_dict[relation_id]
        relations.append([head, relation_name, tail])

kg_node_path = os.path.join(dir, 'kg_node.txt')
kg_node_prop_path = os.path.join(dir, 'kg_node_prop.txt')
kg_rel_path = os.path.join(dir, 'kg_rel.txt')

node_file = open(kg_node_path, 'w', encoding='utf-8')
node_prop_file = open(kg_node_prop_path, 'w', encoding='utf-8')
rel_file = open(kg_rel_path, 'w', encoding='utf-8')

node_file.write('\t'.join(["label", "name"]) + '\n')

node_prop_file.write('\t'.join(["label", "name", "prop_key", "prop_value"]) +
    '\n')
rel_file.write('\t'.join(["label_1", "name_1", "rel_type", "rel_name",
```

```
    "label_2", "name_2"]) + '\n')
for node in set(nodes):
    node_file.write('\t'.join([node, "person"]) + '\n')
    nodFe_prop_file.write('\t'.join(["person", node, "name", node]) + '\n')

for relation in relations:
    rel_file.write('\t'.join(["person", relation[0],   "personal_relation",
        relation[1], "person", relation[2]]) + '\n')
```

这一部分代码是从数据中抽取出实体间存在的关系，并生成 kg.nodes.txt 用于存储数据的节点，kg_node_prop.txt 用于存储节点的相应属性，kg_rel.txt 用于存储实体间的关系。

阶段二：将获取的实体间存在的关系存放至图谱中，实现代码如下。

```
# encoding:utf-8
from py2neo import Graph
import codecs
import graph_data
import graph_op
import pandas as pd


def import_kg_by_file(graph, dir):
    node_df = pd.read_csv(dir + 'kg_node.txt', sep='\t', encoding='utf-8')
    node_list = graph_data.get_node_data(node_df)
    for node in node_list:
        graph_op.create_node(graph, node)

    rel_df = pd.read_csv(dir + 'kg_rel.txt', sep='\t', encoding='utf-8')
    rel_list = graph_data.get_relationship_data(rel_df)
    for rel in rel_list:
        graph_op.create_relationship(graph, rel)

    prop_df = pd.read_csv(dir + 'kg_node_prop.txt', sep='\t', encoding='utf-8')
    prop_list = graph_data.get_property_data(prop_df)
    for prop in prop_list:
        graph_op.update_node_property(graph,prop)


def export_dict(graph, out_dir):
    '''
    export the names, property keys, rel names of the nodes as a dict file for
        word cut
    :param graph:
    :param out_dir:
    :return:
```

```
'''
# names
name_dict = codecs.open(out_dir + 'kg_name.dict','w','utf-8')
cql = "MATCH (n) RETURN DISTINCT n.name,labels(n)"
names_data = graph_op.query_with_cypher(graph, cql)
for item in names_data:
    if item['labels(n)']:
        word = item['n.name']
        attr = '__nodeName_'+ item['labels(n)'][0]+'__'
        name_dict.write(word+" 999999 "+attr+"\n")
name_dict.close()

# property keys
prop_key_dict = codecs.open(out_dir +'kg_prop_key.dict','w','utf-8')
cql = "MATCH (n) RETURN DISTINCT keys(n)"
prop_key = graph_op.query_with_cypher(graph, cql)
for item in prop_key:
    for word in item['keys(n)']:
        prop_key_dict.write(word+" 999999 __propKey__\n")
prop_key_dict.close()

# rel names
rel_name_dict = codecs.open(out_dir + 'kg_rel_name.dict','w','utf-8')
cql = "MATCH (e1)-[r]->(e2) RETURN DISTINCT r.name"
names_data = graph_op.query_with_cypher(graph, cql)
for item in names_data:
    word = item['r.name']
    rel_name_dict.write(word+" 999999 __relName__\n")
rel_name_dict.close()

# property values
prop_value_dict = codecs.open(out_dir +'kg_prop_value.dict','w','utf-8')
cql = "MATCH (n) RETURN EXTRACT(key IN keys(n) | {key: key, value: n[key]})
    AS prop_kv"
prop_value = graph_op.query_with_cypher(graph, cql)
for k_v in prop_value:
    for item in k_v['prop_kv']:
        word = item['value']
        if len(word)<10 and item['key'] != 'name':
            prop_value_dict.write(word+" 999999 __propValue_"+item['key']+"__\n")
prop_value_dict.close()

#labels
label_dict = codecs.open(out_dir + 'kg_label.dict','w','utf-8')
cql = 'MATCH (e) RETURN DISTINCT labels(e) AS label'
```

```
    label_list = graph_op.query_with_cypher(graph, cql)
    for label in label_list:
        for l in label['label']:
            word = l
            label_dict.write(word+" 999999 __label__\n")
    label_dict.close()


if __name__ == '__main__':
    dir = './kg/'
    dict_dir = './dict/'
    graph = Graph("http://localhost:7474",
                  username="neo4j",
                  password="123456")

    import_kg_by_file(graph, dir)
    export_dict(graph, dict_dir)
```

最终我们将得到如图 10-12 所示的图谱。

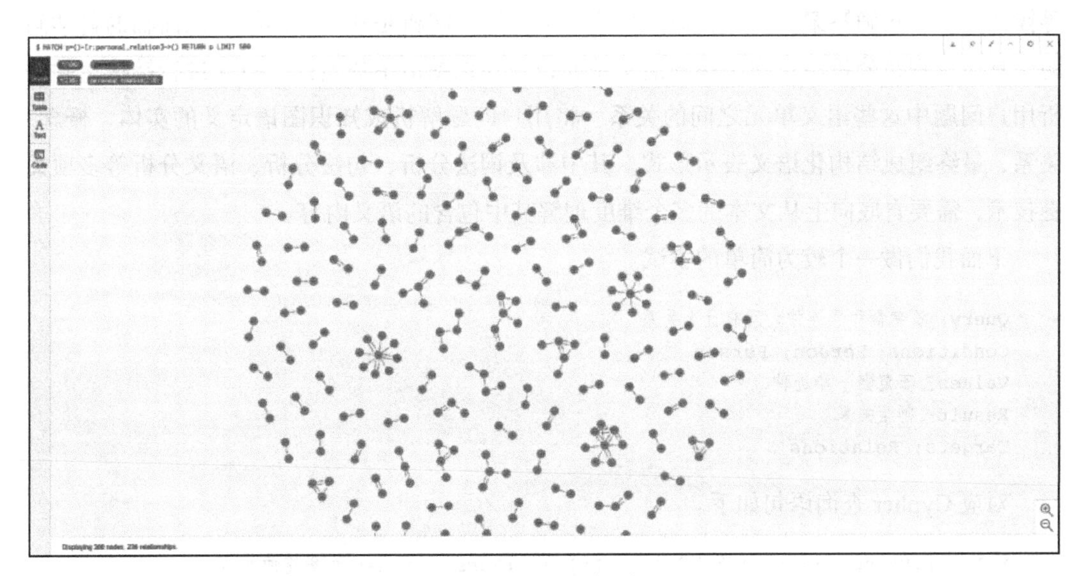

图 10-12 图谱样例

10.5 基于深度学习的知识图谱问答模块

问答系统（Question Answering, QA）是指让计算机自动回答用户所提出的问题，是信息服务的一种高级形式。不同于现有的搜索引擎，问答系统返回的不再是基于关键词匹配的文档排序，而是通过语义理解的精准答案。

问答系统一直跟随着人工智能技术的发展而发展。近些年，问答系统更是取得了一系列备受关注的成果。2011年，IBM Watson自动问答机器人在美国智力竞赛节目*Jeopardy*中战胜人类选手，在业内引起了巨大的轰动。随着人工智能技术的迅猛发展，各IT巨头更是相继推出以问答系统为核心技术的产品和服务，如移动生活助手（Siri、Google Now、Cortana、小冰）、智能音箱（HomePod、Alexa、叮咚、公子小白）等，这似乎让人们看到了黎明前的曙光，甚至认为现有的问答技术已经十分成熟。

分析用户自然语言问题的语义，进而在已构建的结构化知识图谱中通过检索、匹配或推理等手段，获取正确答案，这一任务被称为知识库问答（Question Answering over Knowledge Base）。这一问答范式在数据层面通过知识图谱的构建对文本内容进行了深度挖掘与理解，能够有效提升问答的准确性。

知识库问答要回答用户的问题，首先就要正确理解用户所提问题的语义内容。面对结构化知识库，需要将用户问题转化为结构化的查询语句，进而对知识图谱进行查询、推理等操作，获取正确答案。因此，对于用户问题的语义解析是知识库问答研究面临的科学问题。具体过程是分析用户问题中的语义单元，与知识图谱中的实体、概念进行链接，并分析用户问题中这些语义单元之间的关系，将用户问题解析成知识图谱定义的实体、概念、关系，最终组成结构化语义表示形式。其中涉及词法分析、句法分析、语义分析等多项关键技术，需要自底向上从文本的多个维度理解其中包含的语义内容。

下面我们做一个较为简单的尝试。

```
Query: 石慧儒和华连仲之间有什么关系
Conditions: Person; Person
Values: 石慧儒 ; 华连仲
Result: 师生关系
Targets: Relations
```

对应Cypher查询语句如下。

```
MATCH (:Person{name: " 石慧儒 " })-[r]->( :Person{name: " 华连仲 " })
RETURN r.name
```

从上面的示例我们不难发现，查询中关键信息有两个：查询的目标以及查询的条件，在上述例子中查询的条件是两个实体，且实体的属性name分别为“石慧儒”和“华连仲”，查询的目标是这两个人之间的关系。因此整个查询过程可以分为两个部分，首先模型需要给出问句Query中包含的实体名称，其次还需要给出Query的查询目标。在我们的任务中，查询的内容只有 3 种，分别为查询人物姓名、查询人物间的关系以及查询全部信息所以满足条件的内容，因此我们只须建立一个分类模型，用于判别问句的查询目标。其次，在本次任务中，我们需要抽取出查询可能存在的实体名称，因此，这个部分是一个抽取任务，我们将其转化为序列标注任务。

10.5.1　数据构造

因为我们缺少标注数据，所以尝试采用模板生成的方式进行数据构造。首先我们建立如图 10-13 所示的模板。

templates	conditions	values	targets
#a1#和#a2#的关系是什么	Person;Person	#a1#;#a2#	Relation
#a1#与#a2#是什么关系	Person;Person	#a1#;#a2#	Relation
#a1#和#a2#有什么关系	Person;Person	#a1#;#a2#	Relation
#a1#是#a2#的什么人	Person;Person	#a1#;#a2#	Relation
#a1#和#a2#之间有什么关系	Person;Person	#a1#;#a2#	Relation
#a1#和#a2#有怎样的关系	Person;Person	#a1#;#a2#	Relation
想问一下#a1#和#a2#之间的关系是怎样的	Person;Person	#a1#;#a2#	Relation
与#a1#有着关系#r1#的是谁	Person;Relation	#a1#;#r1#	Person
与#a1#有#r1#关系的人是谁	Person;Relation	#a1#;#r2#	Person
和#a1#是#r1#关系的是谁	Person;Relation	#a1#;#r3#	Person
是#a1#的#r1#关系的人有哪些	Person;Relation	#a1#;#r4#	Person
与#a1#有#r1#这层关系的人都是谁	Person;Relation	#a1#;#r5#	Person

图 10-13　数据模板样例

其中 templates 表示构建的模板语句，conditions 表示模板中查询的条件名称，values 表示模板中的对应的值成分，targets 表示查询目标。

利用上述模板可以生成如图 10-14 所示的问答请求语句。

```
{'conditions': [{'condition': 'Person', 'value': '纣王'}, {'condition':
'Relation', 'value': '夫妻'}], 'targrt': 'Person', 'query':
'是纣王的夫妻的关系的人有哪些'}
{'conditions': [{'condition': 'Person', 'value': '吕瑞英'}, {'condition':
'Relation', 'value': '上下级'}], 'targrt': 'Person', 'query':
'与吕瑞英有着上下级这一层关系的人是谁'}
{'conditions': [{'condition': 'Person', 'value': '葛优'}, {'condition':
'Relation', 'value': '祖孙'}], 'targrt': '*', 'query': '查询葛优的信息'}
{'conditions': [{'condition': 'Person', 'value': '卢兰'}, {'condition':
'Relation', 'value': '亲戚'}], 'targrt': 'Person', 'query':
'与卢兰有亲戚关系的人是谁'}
{'conditions': [{'condition': 'Person', 'value': '王文玉'}, {'condition':
'Person', 'value': '光绪'}], 'targrt': 'Relation', 'query':
'王文玉和光绪有怎样的关系'}
{'conditions': [{'condition': 'Person', 'value': '汉成帝'}, {'condition':
'Relation', 'value': '父母'}], 'targrt': 'Person', 'query':
'与汉成帝有父母关系的人是谁'}
{'conditions': [{'condition': 'Person', 'value': '李少石'}, {'condition':
'Relation', 'value': '师生'}], 'targrt': '*', 'query': '查询李少石的信息'}
{'conditions': [{'condition': 'Person', 'value': '曾宝仪'}, {'condition':
```

图 10-14　基于模板创建的问句样例

例如：

```
{
    'query': '戴娆和杜月笙的关系是怎样的',
    'conditions': [
        {'condition': 'Person', 'value': '戴娆'},
        {'condition': 'Person', 'value': '杜月笙'}
    ],
    'target': 'Relation',
}
```

例子中 query 为标注的问句，conditions 中包含属性的类型以及在 query 中出现的人物实体名称，而 target 则为问句的查询目标。生成模板后开始下一步的训练。

在缺少标注数据时，采用模板生成一定数量的标注数据是很有必要的，但是采用模板生成标注数据进行训练时，模板构建的数据非常容易陷入“过拟合”的陷阱，因此我们不能太追求数据整体的准确率，过多轮数的训练会导致模型的泛化能力变差。

10.5.2　查询目标检测

根据上述对任务的描述，我们采用文本分类的模型针对查询目标进行判别。首先本次分类模型里，类别主要有 3 种，如表 10-6 所示。

表 10-6　查询目标类别

插叙目标名称	目标 ID
*	0
Relation	1
Person	2

由于本次分类的数据量有限，且文本的长度较短、分类的类别也较少，因此我们采用 TextCNN 作为本次文本分类任务的深度学习模型，在本章前半部分已经对 TextCNN 做过介绍，模型的主要代码如下。

```
class Model(nn.Module):
    def __init__(self, config):
        super(Model, self).__init__()
        if config.embedding_pretrained is not None:
            self.embedding = nn.Embedding.from_pretrained(config.embedding_
                pretrained, freeze=False)
```

```
        else:
            self.embedding = nn.Embedding(config.n_vocab, config.embed,
                padding_idx=config.n_vocab - 1)
        self.convs = nn.ModuleList(
            [nn.Conv2d(1, config.num_filters, (k, config.embed)) for k in
                config.filter_sizes])
        self.dropout = nn.Dropout(config.dropout)
        self.fc = nn.Linear(config.num_filters * len(config.filter_sizes),
            config.num_classes)

    def conv_and_pool(self, x, conv):
        x = F.relu(conv(x)).squeeze(3)
        x = F.max_pool1d(x, x.size(2)).squeeze(2)
        return x

    def forward(self, x):
        out = self.embedding(x[0])
        out = out.unsqueeze(1)
        out = torch.cat([self.conv_and_pool(out, conv) for conv in self.convs], 1)
        out = self.dropout(out)
        out = self.fc(out)
        return out
```

利用文本分类模型得到用户 query 的查询目标，由于数据本身比较简单，因此分类模型的精度达到了 0.954。

10.5.3 查询条件抽取

我们采用 BIOS 标注体系进行查询条件抽取，其中 N 表示实体的名称，而 R 表示关系的名称，因此在上述标注中，问句中包含一个实体“林梦”，一个关系“情侣”。

查询条件的抽取任务转化为序列标注任务，因此我们有如表 10-7 所示的标注方法。

表 10-7　序列标注样例

与	林	梦	有	情	侣	关	系	的	人	是	谁
O	N-B	N-E	O	R-B	R-E	O	O	O	O	O	O

序列标注的本质还是一个文本分类模型，由于文本本身输入的是一个序列，为了考虑序列间存在的连续性，我们采用 LSTM 作为特征提取。序列标注模型存在一定的特殊性，因此我们需要引入 CRF 来记录标签间的转移矩阵，由于这部分与本书前面已经介绍过序列标注相似，这里就不再赘述了。序列标注模型如图 10-15 所示。

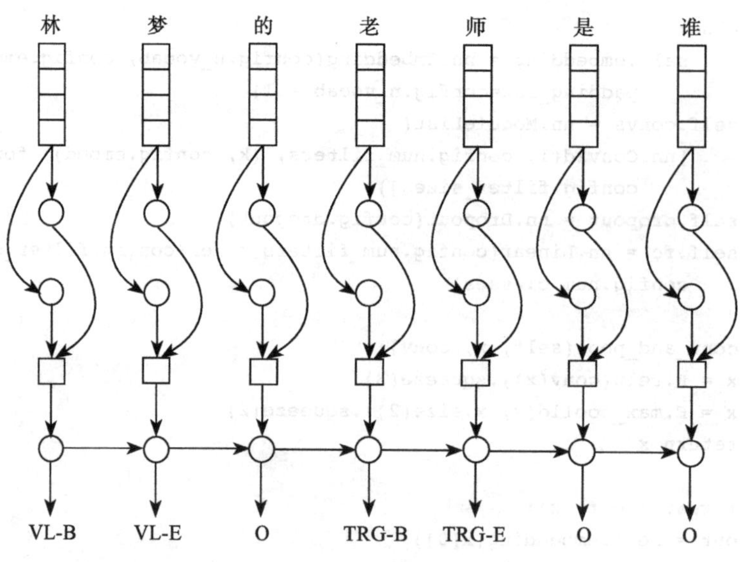

图 10-15　模型框架

序列标注模型代码实现如下。

```
class BiLSTM_CRF(nn.Module):
    def init_hidden(self):
        return (autograd.Variable(torch.randn(2, 1, self.hidden_dim // 2)),
                autograd.Variable(torch.randn(2, 1, self.hidden_dim // 2)))

    # 预测序列的得分
    def _forward_alg(self, feats):
        # Do the forward algorithm to compute the partition function
        init_alphas = torch.Tensor(1, self.tagset_size).fill_(-10000.)

        # self.start_tag  has all of the score.
        init_alphas[0][self.tag_to_ix[
            self.start_tag ]] = 0.
        # Wrap in a variable so that we will get automatic backprop
        forward_var = autograd.Variable(init_alphas)

        # Iterate through the sentence
        for feat in feats:
            alphas_t = [] # The forward variables at this timestep
            for next_tag in range(self.tagset_size):
                # broadcast the emission score: it is the same regardless of
                # the previous tag
                emit_score = feat[next_tag].view(1, -1).expand(1,self.tagset_
                    size)
```

```
            trans_score = self.transitions[next_tag].view(1, -1)  #

            next_tag_var = forward_var + trans_score + emit_score
            # The forward variable for this tag is log-sum-exp of all the
            # scores.
            alphas_t.append(log_sum_exp(next_tag_var).unsqueeze(0))
        forward_var = torch.cat(alphas_t).view(1, -1)
    terminal_var = forward_var + self.transitions[self.tag_to_ix[self.end_
        tag]]
    alpha = log_sum_exp(terminal_var)

    return alpha

# 得到 feats
def _get_lstm_features(self, sentence):
    self.hidden = self.init_hidden()
    embeds = self.word_embeds(sentence)
    embeds = embeds.unsqueeze(1)
    lstm_out, self.hidden = self.lstm(embeds, self.hidden)
    lstm_out = lstm_out.view(len(sentence), self.hidden_dim)
    lstm_feats = self.hidden2tag(lstm_out)
    return lstm_feats

def _viterbi_decode(self, feats):
    backpointers = []
    # Initialize the viterbi variables in log space
    init_vvars = torch.Tensor(1, self.tagset_size).fill_(-10000.)
    init_vvars[0][self.tag_to_ix[self.start_tag ]] = 0
    # forward_var at step i holds the viterbi variables for step i-1
    forward_var = autograd.Variable(init_vvars)
    for feat in feats:
        bptrs_t = []  # holds the backpointers for this step
        viterbivars_t = []  # holds the viterbi variables for this step
        for next_tag in range(self.tagset_size):
            next_tag_var = forward_var + self.transitions[next_tag]
            best_tag_id = argmax(next_tag_var)
            bptrs_t.append(best_tag_id)
            viterbivars_t.append(next_tag_var[0][best_tag_id].view(1))
        # Now add in the emission scores, and assign forward_var to the set
        # of viterbi variables we just computed
        forward_var = (torch.cat(viterbivars_t) + feat).view(1, -1)
        backpointers.append(bptrs_t)  # bptrs_t 有5个元素

    # Transition to self.end_tag
    terminal_var = forward_var + self.transitions[self.tag_to_ix[self.end_
```

```
            tag]]
        best_tag_id = argmax(terminal_var)
        path_score = terminal_var[0][best_tag_id]

        # Follow the back pointers to decode the best path.
        best_path = [best_tag_id]
        for bptrs_t in reversed(backpointers)
            best_tag_id = bptrs_t[best_tag_id]
            best_path.append(best_tag_id)
        # Pop off the start tag (we dont want to return that to the caller)
        start = best_path.pop()
        assert start == self.tag_to_ix[self.start_tag ]  # Sanity check
        best_path.reverse()
        return path_score, best_path

    def neg_log_likelihood(self, sentence, tags):
        feats = self._get_lstm_features(sentence)
        forward_score = self._forward_alg(feats)
        gold_score = self._score_sentence(feats, tags)  # tensor([ 4.5836])

        return forward_score - gold_score

    def forward(self, sentence):  # dont confuse this with _forward_alg above.
        # Get the emission scores from the BiLSTM
        lstm_feats = self._get_lstm_features(sentence)

        # Find the best path, given the features.
        score, tag_seq = self._viterbi_decode
            (lstm_feats)
        return score, tag_seq
```

10.5.4 基于知识图谱查询模块实现

基于文本分类模型给出的查询目标，以及序列标注模型给出的查询条件，我们可以结合py2neo以及Cypher语法进行知识图谱查询，整体逻辑如图10-16所示。

首先我们对用户查询请求进行文本预处理，得到数据处理结果，分别采用目标检测模块和条件抽取模块获取用户请求的查询目标和条件，结合查询转换模块将查询结果转换成相应的Cypher，连接Neo4J库后，集合相应代码查询出结果，查询图谱并返回结果的部分代码实现如下。

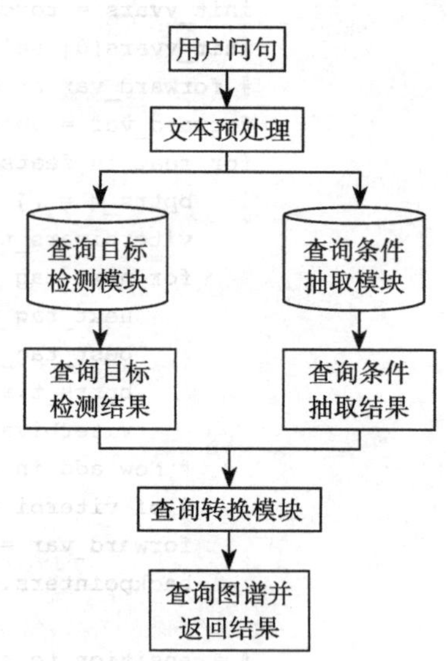

图10-16 查询模块整体流程

```
from py2neo import Graph, NodeMatcher

def search_Person(graph, person1, relation):
    cypher_ = 'Match (n:person)-[r: personal_relation]->(end:person) where
        n.name=\''+ person1 + \
            '\' and r.name= \''+ relation + '\' return end'

    result = graph.run(cypher_)

    return result

def search_relation(graph, person1, person2):
    cypher_ = 'Match (n:person)-[r: personal_relation]->(end:person) where
        n.name=\'' + person1 + \
            '\' and end.name= \'' + person2 + '\' return r'

    result = graph.run(cypher_)

    return result

def search_anything(graph, person):
    cypher_ = 'Match (n:person)  where n.name=\'' + person + '\'return n'

    result = graph.run(cypher_)

    return result

def get_result(classify_result, persons, relation):
    '''
    结合分类模型得到的结果，以及序列标注模型抽取问句中的相应成分进行查询
    :param classify_result: 分类结果，0:查询 * 1:查询人物名称，2:查询关系
    :param persons:抽取出的人名
    :param relation:抽取出的关系名称
    :return:
    '''
    graph = Graph("http://localhost:7474",
                  username="neo4j",
                  password="123123")

    if classify_result == 0:
        for p in persons:
            print(search_anything(graph, p))

    elif classify_result == 1:
        for p in persons:
```

```
            for r in relation:
                print(search_Person(graph, p, r))

    elif classify_result == 2:
        for i in range(len(persons)-2):
            print(search_relation(graph, persons[i], persons[i+1]))
```

10.6　本章小结

本章主要介绍了知识图谱的相关知识，从实战角度出发，实现了图谱构建过程中最为重要的关系抽取任务，并根据数据特点将关系抽取任务转化为文本分类任务。结合在关系抽取中的相关经验，为特定任务的模型学习添加了一些特征参数，提升了实验效果和模型预测精度。本章介绍了常用的图数据库Neo4J，并结合人物关系数据，利用Cypher语句构建了一个人物关系知识图谱。最后我们利用Neo4J图谱实现了一个简单的问答系统，梳理了基于图谱问答的逻辑步骤，并训练了模型以用于处理关键步骤。知识图谱作为知识工程中最受关注的一项任务，包含着更多知识有待读者的发现和学习。

CHAPTER 11

第11章 自然语言推理

推理与理解能力是人工智能的核心，而自然语言推理作为自然语言理解的一项基本又具有挑战性的任务，在整个自然语言处理中扮演着重要的角色。本章将介绍自然语言推理的发展近况，首先介绍3种自然语言推理模型（SIAMESE、BiMPM和Bert）及其相关原理；然后介绍自然语言推理模型在机器人多轮对话中的使用场景以及特点；最后通过PyTorch框架实现上述3种模型，并通过中文数据集去验证模型效果。通过算法理论知识和代码现实操作的结合，希望读者可以更加深入了解自然语言推理模型。

本章要点如下：

- 自然语言推理介绍；
- 自然语言推理模型；
- 推理任务实战。

11.1 自然语言推理介绍

推理与理解是人类实现人工智能的核心。对人类语言进行建模推理是一项非常具有挑战的任务，不仅需要识别语言的模式，还需要理解其中的一些基本常识。而自然语言推理（Natural Language Inference，简称NLI）是语言理解和人工智能的关键和基础。如表11-1所示，“我更想买这条红色的T恤”的引申含义是“我比较喜欢红色的T恤”，也就是通过“我更想买这条红色的T恤”蕴含的意义推理出“我比较喜欢红色的T恤”。因此，NLI通常也被称为识别文本蕴涵（Recognizing Textual Entailment，RTE）。此外，很多自然语言处理任务都可以抽象成自然语言推理问题，例如：在信息检索任务中，可以看作通过查询选项推断所需文档；在问答系统任务中，可以看作通过问题推断出候选答案。因此，针对不同的任务选取合适的NLI模型，提高推断准确率成为自然语言处理任务的重要挑战。

表 11-1　自然语言推理样本示例

	1	0
前提句	我更想买这条红色的T恤	我更想买这条红色的T恤
假设句	我比较喜欢红色的T恤	我比较喜欢红色的短裤

表中1表示从前提句中可以推理出假设句；0表示从前提句中不可以推理出假设句。

近年来，NLI模型有了很大的改进，这主要得益于众多较大公开数据库的发布，包括SNLI语料库和MultiNLI语料库，其中SNLI语料库包含57万条人工标注的英文句子对，MultiNLI语料库包含43万条人工标注的英文句子对。随着深度学习的不断发展，NLI模型在自然语言处理中的能力不断获得学者的认可，但其对数据规模的需求成为很多任务的"绊脚石"，但是正是由于这些公开数据集的发布，使得我们可以采用深度学习算法解决推理问题。目前，NLI模型主要包含3种深度学习框架结构。

第一种框架是"暹罗"架构，在该框架结构中，将前提句和假设句分别输入到相同的深度学习编码器中（如CNN或RNN），使得两个句子映射到相同的空间，然后将两个句子向量进行简单地组合（如：两个向量做差、做和或做乘积等）进行蕴含推理。该架构的优点是共享参数使模型更小，更容易训练，同时得到的句子向量也可以用于可视化、句子聚类等其他用途。但缺点也不容忽视，在映射过程中，两个句子之间没有明确的交互作用，会丢失很多重要的信息。

第二种框架是"交互聚合"架构，该框架结构是为解决第一种框架结构的缺点提出的，框架前部分与第一种框架相同，也是将前提句和假设句分别输入到相同的深度学习编码器中得到两个句子向量，但之后不是直接将两个句子向量进行简单地组合（做和或做乘积等），而是通过一种或多种Attention机制将两个句子向量进行信息交互，最终将其聚合成一个向量进行蕴含推理。这种框架捕获了两句话之间更多的交互特性，是对第一种框架进行了显著的改进。

第三种框架是"预训练"架构，该框架结构来自近期较火的pre-trained模型（如ElMO、GPT和Bert）。它主要采用两阶段模式，第一阶段使用很大的通用语料库训练语言模型，第二阶段使用预训练的语言模型做蕴含推理任务，即将前提句和假设句输入到预训练模型中，得到信息交互后的向量来进行蕴含推理。这种框架通常具有很大的参数量，并且使用了通用语料库，使其普适性更好，可以获取两句话之间更隐蔽的交互特征。

为什么NLI模型使用相同编码器对两个句子分别编码？

使用相同编码器对两个句子进行分别编码，即在句子编码时实现其权值参数的共享，其目的：(1) 可以减少模型总体的参数量，降低模型的复杂度，使模型更容易收敛；(2) 使用相同的编码器进行编码可以将两句话映射到同一个空间维度上，使其特征分布保持一致。反之，在模型训练过程中，编码器参数会受到两句话的共同调节，增加信息的共享。

现在，我们对自然语言推理有了初步的了解，但可能只弄清楚了自然语言推理的目的，对 3 种框架结构及其应用还不是很清楚，不用担心，下面我们将逐一进行介绍。

11.2 自然语言推理常见模型

在 11.1 节，我们介绍了自然语言推理模型的 3 种主要深度学习框架结构。本节将带领各位领略 NLI 模型的魅力所在，细细品味深度学习框架结构中的常见模型（SIAMESE、BiMPM 和 Bert)，通过对核心公式及网络结构图的学习来仔细了解文本的蕴含推理过程。

11.2.1 SIAMESE 网络

SIAMESE 网络属于 NLI 模型的第一种框架结构，它同时也是 NLI 模型的基础，之后的很多网络结构都是从它衍生而来的。由于该网络结构的编码部分通常使用相同的编码器，也就是编码部分共享权值参数，因此也常被称作为“孪生网络”。

孪生网络诞生于图像识别领域（如人脸识别），用来求解两张图片（两张人脸图像）的相似度。如图 11-1 所示，输入两张图片，经过同一个卷积神经网络得到每张图片的向量表示，最后求解两个向量的编辑距离（如：余弦距离、欧式距离），根据得到的编辑距离判断两张图片是否相似。

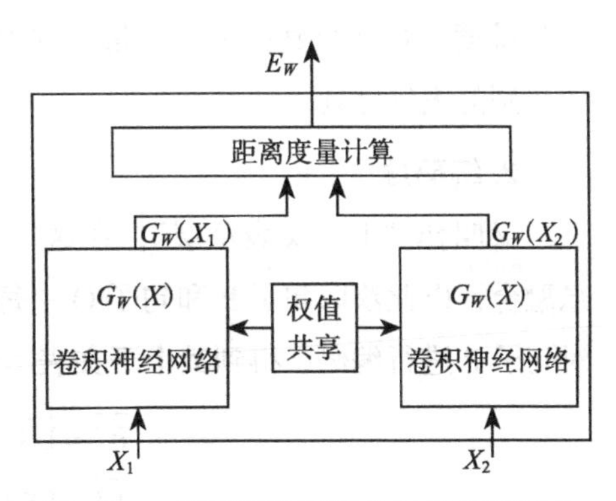

图 11-1 基于孪生网络的图像相似度求解图

在机器学习中，很多算法在图像领域和自然语言处理领域中是可以相互借鉴的。根据 NLI 任务的目的与本质，我们可以发现图像相似度识别任务与 NLI 任务十分相似，二者都是输入两个不同的特征向量，最后判断两个特征向量之间的关系。因此，许多学者认为孪生网络也可以应用在自然语言推理任务中，所以 NLI 模型的第一种框架结构诞生了，其网络结构如图 11-2 所示。

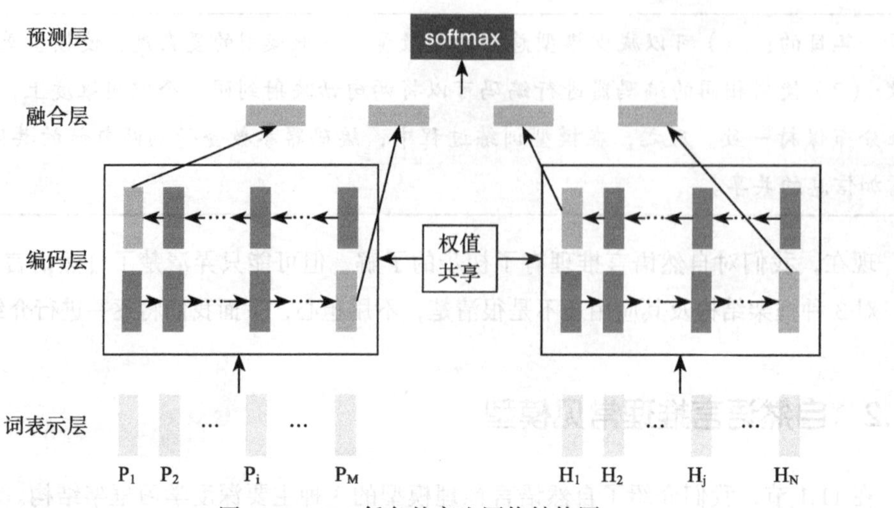

图 11-2 NLI 任务的孪生网络结构图

从图 11-2 中我们可以看出，该网络结构主要包含 4 层：词表示层（Embedding Layer）、编码层（Encoder Layer）、融合层（Aggregated Layer）和预测层（Predict Layer）。下面我们来深入了解孪生网络在 NLI 任务中的整体流程。

1. 词表示层

在这一层中，模型通过预训练好的词向量矩阵将每个词 P_i 或 Q_j 映射成一个 d 维的向量，以获取前提句 P 和假设句 Q 中每个词 P_i 和 Q_j 的词语级别的表示，其中 d 为词向量矩阵的维度，最终得到两个词向量序列 $\boldsymbol{P}:[\boldsymbol{p}_1,\boldsymbol{p}_2,\cdots,\boldsymbol{p}_M]$ 和 $\boldsymbol{Q}:[\boldsymbol{q}_1,\boldsymbol{q}_2,\cdots,\boldsymbol{q}_N]$，即两句话的词语级别的表征序列。

2. 编码层

又叫作“上下文表示层”，在这一层中，模型通过网络编码将每个词的上下文进行信息融合，以此获取句子 P 和句子 Q 中每个词的上下文词语表示。模型首先利用双向 LSTM 对句子 P 进行编码，得到其上下文表示信息，即：

$$\overrightarrow{\boldsymbol{h}_i^p}=\overrightarrow{\text{LSTM}}(\boldsymbol{h}_{i-1}^p,\boldsymbol{h}_i^p)\ i=1,\cdots,\text{M}$$
$$\overleftarrow{\boldsymbol{h}_i^p}=\overleftarrow{\text{LSTM}}(\boldsymbol{h}_{i+1}^p,\boldsymbol{h}_i^p)\ i=\text{M},\cdots,1$$

然后，使用相同的双向 LSTM 对句子 Q 进行编码，得到其上下文表示信息 $\overrightarrow{\boldsymbol{h}_j^q}$ 和 $\overleftarrow{\boldsymbol{h}_j^q}$。

这里说的相同的双向 LSTM，是指将该双向 LSTM 进行权值共享。由于 LSTM 的特殊性质，我们可以知道最后一个时刻节点包含了前面所有时刻节点的信息，即最后一个编码的词向量包含了前面所有词向量的信息，因此我们将最后一个时刻的输出向量作为其上下文表征句子级别的向量。最终得到每个句子两个方向的上下文表征句向量：$\overrightarrow{\boldsymbol{h}_M^p}$、$\overleftarrow{\boldsymbol{h}_1^p}$、$\overrightarrow{\boldsymbol{h}_N^q}$ 和 $\overleftarrow{\boldsymbol{h}_1^q}$，并将 $[\overrightarrow{\boldsymbol{h}_M^p}, \overleftarrow{\boldsymbol{h}_1^p}]$ 合并成句子 P 的上下文表征句向量 $\boldsymbol{h}^p$，将 $[\overrightarrow{\boldsymbol{h}_N^q}, \overleftarrow{\boldsymbol{h}_1^q}]$ 合并成句子 Q 的上下文表征句向量 $\boldsymbol{h}^q$。

3. 融合层

在这一层中，模型将上文得到的句子表征向量进行简单地融合拼接，构成一个聚合向量，即：

$$\boldsymbol{m} = [\boldsymbol{h}^p, \boldsymbol{h}^q, \boldsymbol{h}^p - \boldsymbol{h}^q, \boldsymbol{h}^p * \boldsymbol{h}^q]$$

4. 预测层

这一层会得到最终的预测结果。由于 NLI 任务是判断通过前提句 P 是否可以推断出假设句 Q，若能够推断出来，则预测结果标签为 1，否则标签为 0，因此模型将其转为分类任务进行蕴含推断处理。模型将融合得到的聚合向量连接一层全连接层，通过 softmax 激活，最后得到文本蕴含推理的结果。

虽然 SIAMESE 网络比较简单，但它是 NLI 任务模型的基础，将编码层进行权值共享是其精髓，不仅减少参数量、减小模型的复杂度，而且将两个不同空间维度的向量映射到同一个空间维度上，使其特征分布保持一致。绝大多数的 NLI 模型都借鉴了这种思想，并在上面添砖加瓦，最终实现效果的提升。

11.2.2　BiMPM 网络

BiMPM 网络（Bilateral Multi-Perspective Matching Network）诞生于 2017 年，是一种双向多视角匹配神经网络，它属于 NLI 模型“交互聚合”框架结构的一种。在 BiMPM 网络提出之前，大部分“交互聚合”框架结构的模型只考虑前提句对假设句，或假设句对前提句的单向语义交互匹配，忽略了双向语义交互匹配的重要性；同时通常只考虑单一粒度的语义匹配（逐字或逐句）。因此，BiMPM 网络从双向和多视角的角度出发，可以捕获两句话之间更多的交互特性，并获得显著的改进，其网络结构如图 11-3 所示。

从图 11-3 中我们可以看出，该网络结构主要包含 5 层，分别是：词表示层（Embedding Layer）、编码层（Encoder Layer）、匹配层（Matching Layer）、融合层（Aggregated Layer）和预测层（Predict Layer），相比孪生网络增加了一个匹配层，这也是“交互聚合”框架结构和“暹罗”架构最本质的区别，通过增加句子之间的相互匹配及信息的相互融合，做到“你中有我，我中有你”，从而提高 NLI 任务的效果。下面我们深入了解 BiMPM 网络在 NLI 任务中的整体流程。

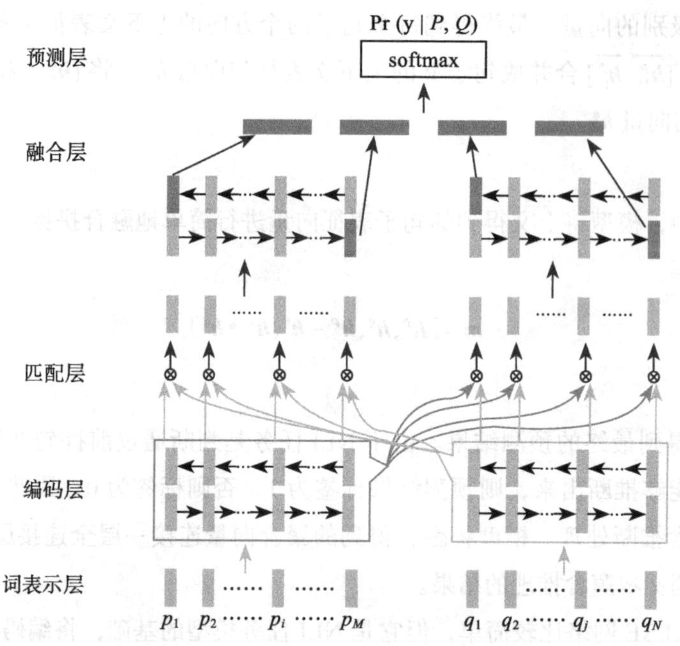

图 11-3　NLI 任务的 BiMPM 网络结构图

1. 词表示层

在这一层中，模型获取前提句 P 和假设句 Q 中的每个词 P_i 和 Q_j 的词语级别的表示。与孪生网络不同的是，当该模型的每个词 P_i 和 Q_j 映射成一个 d 维词语级别的表示时，d 维词语级别的表示不仅包含每个词的词向量，还包含字组合向量。词向量来自预训练的词向量矩阵，而字组合向量是由组成词的每一个字的向量经过 LSTM 编码得到的，并取最后一个时刻节点作为字组合向量，最终将词向量和字组合向量进行拼接，得到词语级别的表征序列 $\boldsymbol{P}:[\boldsymbol{p}_1,\boldsymbol{p}_2,\cdots,\boldsymbol{p}_M]$ 和 $\boldsymbol{Q}:[\boldsymbol{q}_1,\boldsymbol{q}_2,\cdots,\boldsymbol{q}_N]$。

2. 编码层

编码层又叫作“上下文表示层”，与孪生网络相同，模型首先利用双向 LSTM 对句子 P 进行编码，得到其上下文表示信息 $\overrightarrow{\boldsymbol{h}_i^p}$ 和 $\overleftarrow{\boldsymbol{h}_i^p}$；然后，使用双向 LSTM 对句子 Q 进行编码，得到上下文表示信息 $\overrightarrow{\boldsymbol{h}_j^q}$ 和 $\overleftarrow{\boldsymbol{h}_j^q}$。最终得到每个句子两个方向的上下文表征向量：$\overrightarrow{\boldsymbol{h}^p}$、$\overleftarrow{\boldsymbol{h}^p}$、$\overrightarrow{\boldsymbol{h}^q}$ 和 $\overleftarrow{\boldsymbol{h}^q}$，并将 $[\overrightarrow{\boldsymbol{h}^p},\overleftarrow{\boldsymbol{h}^p}]$ 合并成句子 P 的上下文表征向量 $\boldsymbol{h}^p$，将 $[\overrightarrow{\boldsymbol{h}^q},\overleftarrow{\boldsymbol{h}^q}]$ 合并成句子 Q 的上下文表征向量 $\boldsymbol{h}^q$。

3. 匹配层

这一层是 BiMPM 网络的核心，也是亮点。它的目的是用一句话中每一个时刻节点的上下文表征向量（$\boldsymbol{h}_i^p$ 或 $\boldsymbol{h}_j^q$）去匹配另一句话中所有时刻节点的上下文表征向量（$\boldsymbol{h}^q$ 或 $\boldsymbol{h}^p$），也就是句子中每个词的上下文表征向量都与另一个句子的上下文表征向量进行信息交互，得到一个词在一句话中的重要性也就是一个词可以对另外一句话产生多大的影响。如图 11-3 所示，模型从两个方向（P→Q 和 Q→P）去匹配融合句子 P 和句子 Q 的上下文向量，这突出了双向匹配的概念，实现了句子 P 中每个词都包含了句子 Q 的信息，而句子 Q 中每个词也都包含句子 P 的信息。

下面让我们从一个方向 P→Q（另一方向 Q→P 与其相同）来细细品味多视角匹配方案，去了解 BiMPM 网络是如何进行信息交互融合的。

多视角匹配方案包含两步。

1）BiMPM 网络定义了多视角余弦匹配函数 f_m 来比较两个向量，即：

$$\boldsymbol{m} = f_m(\boldsymbol{v}_1, \boldsymbol{v}_2, \boldsymbol{W})$$

其中，$\boldsymbol{v}_1$ 和 $\boldsymbol{v}_2$ 是两个 d 维向量，d 是上文提到的词向量维度大小与字组合向量维度大小之和；$\boldsymbol{W} \in \boldsymbol{R}^{l \times d}$ 是一个可训练的权值参数，维度大小为 $\boldsymbol{l} \times \boldsymbol{d}$，$\boldsymbol{l}$ 为视角的个数（这里我们可以把它理解成 CNN 在做卷积时的多个卷积核 filters）；返回值 $\boldsymbol{m}$ 是 $\boldsymbol{l}$ 维的向量 $\boldsymbol{m} = [m_1, \cdots, m_k, \cdots, m_l]$，其中 m_k 是第 k 个视角的向量余弦匹配值，即：

$$m_k = cosine(W_k \circ \boldsymbol{v}_1 W_k \circ \boldsymbol{v}_2)$$

其中，$\circ$ 表示矩阵的元素乘法，W_k 是第 k 行的 $\boldsymbol{W}$。

2）基于多视角余弦匹配函数 f_m，BiMPM 网络定义了 4 种匹配策略来匹配句子每个时刻节点，从而完成信息的交互融合。4 种匹配策略分别是全匹配（full-matching）、最大池化匹配（max-pooling-matching）、注意力匹配（attentive-matching）和最大注意力匹配（max-attentive-matching），如图 11-4 所示。具体匹配规则如下。

1）全匹配：BiMPM 网络认为双向 LSTM 网络最后一个时刻节点包含了之前所有时刻节点的信息，因此在全匹配策略中，采用句子的最后一个时刻节点的上下文词向量代替所有时刻节点的上下文词向量。如图 11-4（a）所示，在匹配策略中，我们将句子 P 中每一个时刻节点的上下文词向量（$\overrightarrow{\boldsymbol{h}_i^p}$ 和 $\overleftarrow{\boldsymbol{h}_i^p}$）分别与句子 Q 中最后一个时刻节点的上下文词向量（$\overrightarrow{\boldsymbol{h}_N^q}$ 和 $\overleftarrow{\boldsymbol{h}_1^q}$）计算余弦匹配值，即：

$$\vec{m}_i^{full} = f_m(\overrightarrow{\boldsymbol{h}_i^p}, \overrightarrow{\boldsymbol{h}_N^q}; \boldsymbol{W}_1)$$
$$\overleftarrow{m}_i^{full} = f_m(\overleftarrow{\boldsymbol{h}_i^p}, \overleftarrow{\boldsymbol{h}_1^q}; \boldsymbol{W}_2)$$

2）最大池化匹配：我们将句子 P 中每一个时刻节点的上下文词向量（$\overrightarrow{\boldsymbol{h}_i^p}$ 和 $\overleftarrow{\boldsymbol{h}_i^p}$）分别与句子 Q 中每一个时刻节点的上下文词向量（$\overrightarrow{\boldsymbol{h}_j^q}$ 和 $\overleftarrow{\boldsymbol{h}_j^q}$）计算余弦匹配值，但最后像 CNN

做全局最大池化一样，取与句子Q的每一个时刻节点的余弦匹配值的最大值，即：

$$\overrightarrow{m}_i^{max} = \max_{j\in(1,N)} f_m(\overrightarrow{h_i^p}, \overrightarrow{h_j^q}; W_3)$$
$$\overleftarrow{m}_i^{max} = \max_{j\in(1,N)} f_m(\overleftarrow{h_i^p}, \overleftarrow{h_j^q}; W_4)$$

其中，$\max_{j\in(1,N)}$ 是按元素取最大值。

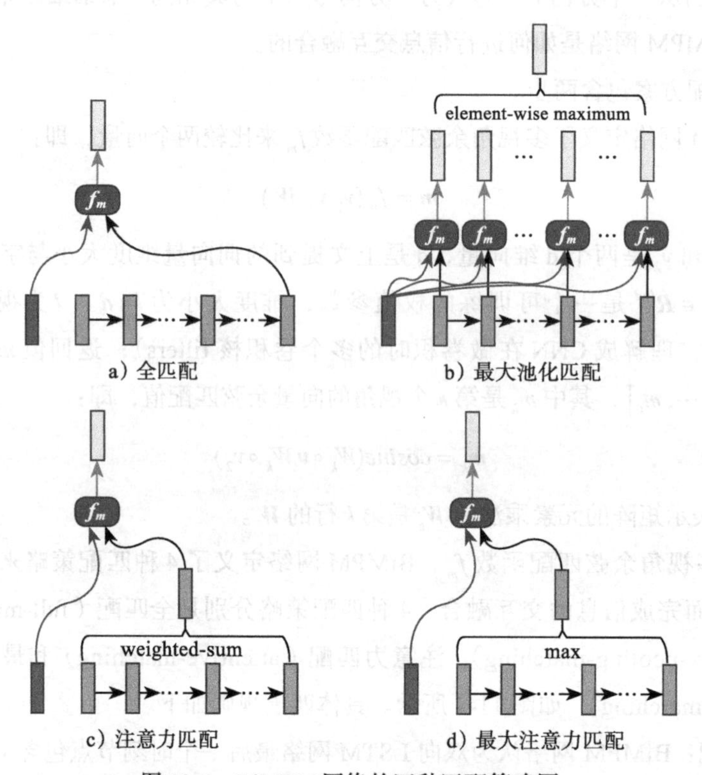

a）全匹配　b）最大池化匹配

c）注意力匹配　d）最大注意力匹配

图 11-4　BiMPM 网络的四种匹配策略图

3）注意力匹配：先对句子P和句子Q中每一个时刻节点的上下文词向量计算余弦相似度（注意余弦匹配值与余弦相似度是不一样的，余弦匹配值在计算时对两个向量赋予了权重值，而余弦相似度则是直接对两个向量进行计算），得到相似度矩阵，即：

$$\overrightarrow{\alpha_{i,j}} = cosine(\overrightarrow{h_i^p}, \overrightarrow{h_j^q}) \quad j = 1,\cdots,\mathrm{N}$$
$$\overleftarrow{\alpha_{i,j}} = cosine(\overleftarrow{h_i^p}, \overleftarrow{h_j^q}) \quad j = 1,\cdots,\mathrm{N}$$

我们将相似度矩阵作为句子Q中每一个时刻节点的权值，然后通过对句子Q的所有时刻节点的上下文词向量加权求和，计算出整个句子Q的注意力向量，即：

$$\overrightarrow{\boldsymbol{h}_i^{mean}} = \frac{\sum_{j=1}^{N} \overrightarrow{\alpha_{i,j}} \cdot \overrightarrow{\boldsymbol{h}_j^q}}{\sum_{j=1}^{N} \overrightarrow{\alpha_{i,j}}}$$

$$\overleftarrow{\boldsymbol{h}_i^{mean}} = \frac{\sum_{j=1}^{N} \overleftarrow{\alpha_{i,j}} \cdot \overleftarrow{\boldsymbol{h}_j^q}}{\sum_{j=1}^{N} \overleftarrow{\alpha_{i,j}}}$$

最后，将句子 P 中每一个时刻节点的上下文词向量（$\overrightarrow{\boldsymbol{h}_i^p}$ 和 $\overleftarrow{\boldsymbol{h}_i^p}$）分别与句子 Q 的注意力向量计算余弦匹配值，即：

$$\vec{m}_i^{att} = f_m(\overrightarrow{\boldsymbol{h}_i^p}, \overrightarrow{\boldsymbol{h}_i^{mean}}; \boldsymbol{W}_5)$$

$$\overleftarrow{m}_i^{att} = f_m(\overleftarrow{\boldsymbol{h}_i^p}, \overleftarrow{\boldsymbol{h}_i^{mean}}; \boldsymbol{W}_6)$$

4）最大注意力匹配：这种匹配策略与注意力匹配相似，不同之处在于，该匹配策略的注意力向量不是对句子 Q 的所有上下文词向量加权求和得来的句子 Q，而是选择句子 Q 所有上下文词向量中余弦相似度最大的向量作为句子 Q 的注意力向量。

BiMPM 网络通过多种匹配策略和多个视角，将两句话的上下文词向量充分地融合到一起，做到了真正的“你中有我，我中有你”，使得交互更加彻底。

4. 融合层

BiMPM 网络利用另一个双向 LSTM，将两个序列的匹配向量聚合成一个固定长度的匹配向量。然后，通过将双向 LSTM 的最后一个时刻节点的向量串联起来，聚合成固定长度的匹配向量。

5. 预测层

与孪生网络相同，这一层将 NLI 任务转成分类任务进行蕴含推断处理。模型将融合得到的匹配向量，连接两层全连接层，并且通过 softmax 激活，最后得到文本蕴含推理的结果。

至此，BiMPM 网络全部介绍完毕，该网络虽然比较复杂，但可以看出它将前提句和假设句的信息融合得非常彻底，使一句话中每个词都包含另一句话所有词的信息，最终实现了蕴含推理的效果提升。

11.2.3　Bert 网络

Bert 网络是 2018 年由 Devlin 等人提出的一种使用 Transformer 编码器进行双向编码表示的 pre-trained 网络，它属于一种 NLI 模型的“预训练”框架结构。由于前面章节已经对其进行了详细的讲解，因此在本小节，我们只对其如何进行 NLI 模型任务做简单地介绍。

Bert 网络主要经过两个阶段进行 NLI 模型任务，第一个阶段使用数据规模较大的通用语料库训练一个语言模型；第二个阶段使用预训练的语言模型做 NLI 任务，即将前提句和假设句共同输入到预训练的语言模型中，得到信息交互后的匹配向量来进行蕴含推理。由于该模型使用了数据规模较大的通用语料库进行模型参数的预训练，使网络结构学到了很多任务数据集中不包含的隐藏信息，使网络结构的普适性和泛化性更好，可以获取两句话之间更隐蔽的交互特征，因此它相较于前两种框架，进行了很大的改进，并占据了 SNLI 语料库和 MultiNLI 语料库效果的榜首位置。

虽然在 2018 年之后，涌出了很多优于 Bert 网络的模型（ERNIE、Ro-Bert 和 ALBert 等），但它们都是在 Bert 网络结构或思想的基础上进行的修改。Bert 网络在进行 NLI 任务时的网络结构如图 11-5 所示。

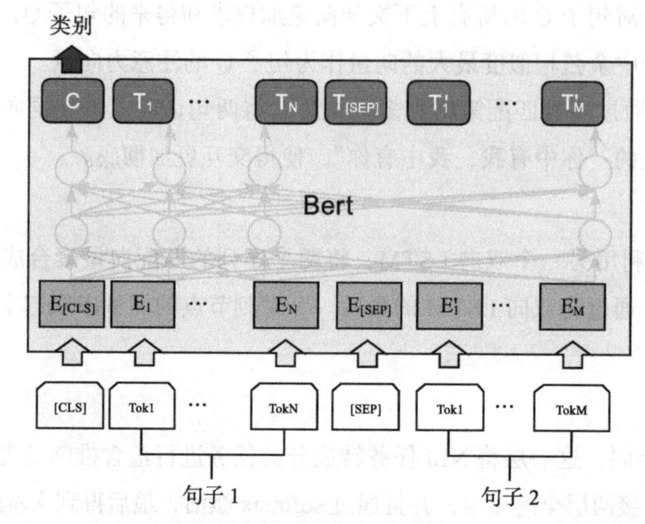

图 11-5 Bert 网络的进行 NLI 任务的网络结构图

从图中我们可以看出，该网络结构主要包含两层，分别是：Bert 编码层和预测层。在 NLI 任务中，我们将前提句 P 和假设句 Q 共同输入到预训练模型中，经过 Bert 编码器的编码之后，得到具有全文信息特征的 [CLS] 向量；最后与孪生网络相同，将 NLI 任务转成分类任务进行蕴含推断处理。模型将具有全文信息特征的 [CLS] 向量连接一层全连接层，并且通过 softmax 激活，最后得到文本蕴含推理的结果。

Attention 机制在深度学习中起到什么作用？

Attention 机制是对人类视觉注意力的仿生，在看一张图片时，人类可以一眼就定位到重点信息。而在深度学习中，我们希望通过 Attention 机制使模型可以快速关注到重要信息并对其进行充分地学习。例如 NLI 模型中的两句话，我们希望 Attention 机制可以找到一句话的每一个字或词对于另外一句话起到了什么样的作用。

11.3　多轮对话中的答案导向问题

上文介绍了自然语言推理的任务以及常用的模型，但是自然语言推理在机器人问答系统中是如何应用的呢？在多轮对话中，有这样一种场景。当机器人给出一个问题时，例如："这件衣服有红色、绿色、蓝色和黑色的，您想挑选哪一件？"机器人需要根据用户的回答，给出用户所需要的链接引导或答案，以便进行下一步的对话交流。假如，用户回答为"我比较喜欢绿色。"那么，机器人首先应该从用户的回答中判断出"用户是想要绿色的衣服"，然后给出绿色衣服的图片及链接，并继续问一些关于衣服的其他问题，比如"您穿多大码的衣服呢？是 S、M、L 还是 XL 呢？"我们将这种场景称为"答案导向问题"。顾名思义，就是根据用户所给的答案，选择出对应的选项，以便给出后续的引导。

以上文为例，可以将"这件衣服有红色、绿色、蓝色和黑色的，您想挑选哪一件？"这个问题看成一道选择题，有 4 个选项，分别是红色、绿色、蓝色和黑色；最终根据用户回答"我比较喜欢绿色的。"确认选出"绿色"的选项。

目前解决该问题的主流方法有两种，一种是基于相似度的方法，另外一种是基于模板抽取的方法，具体方法如下。

1. 基于相似度的方法

这种方法主要是将问题的每一个选项的句向量与用户回答的句向量进行相似度计算，通过阈值的筛选，最终判断用户答案对应哪几个选项。一般句向量的计算是句子中每个词的词向量加权求和得到的，虽然该方法比较简单，但存在一些无法忽视的缺点。

首先，在阈值的选取上十分困难。不同的阈值，可能选择出来的选项就是不同的；而依赖人工选取阈值，可能存在个体差异性，不同人选取的阈值可能不同。其次，如果用户回答存在否定形式，可能仅靠词向量加权的句向量难以区分，比如用户回答"我不喜欢红色"，而相似度计算值，往往都是红色选项较高。最后，如果用户的回答比较复杂，包含语义的转换，仅靠词向量加权的句向量更是难以区分，比如用户回答"我不喜欢黑色，相较红色和与绿色而言，蓝色可能更好一些。"这样单单靠句向量是无法区分的，还要依赖外界的其他手段去判断具体该选哪一个选项。

2. 基于模板抽取的方法

这种方法主要是将用户的回答进行模板抽取，判断抽取的内容属于哪一个选项。比如用户回答“我不喜欢红色，我喜欢蓝色”，通过模板“否定词 + 选项 1，肯定词 + 选项 2”来抽取，得出蓝色选项是用户的答案。这种方法虽然可以解决一些包含否定或者存在语义转换的问题，但也存在一些无法忽视的缺点。

首先，用户回答可能不包含整个选项词语，例如“我想要绿的”，往往需要做一些词语关联等操作，但这是一项永无止境的工作，需要大量的人力投入，还不一定可以完全关联。其次，用户回答一般不是标准的书面表达，模板很难去创造，而且容易出现模板打架的情况，导致不知道相信哪一个模型给出的答案。

基于以上两种方法存在的缺点，我们提出了使用 NLI 的方法来解决“答案导向问题”。我们将用户的回答作为前提句，将问题的选项作为假设句，求解出根据前提句可以推断出来哪几个假设句，最终得出该问题中符合用户意向的所有选项，以便给出后续的引导。

由于 NLI 任务模型的特性，在推断过程中，不仅考虑词的重要性，而是将两个句子进行了交互，从中解读出真实的语义信息，相似度方法和模板抽取方法的缺点就迎刃而解了。

11.4　答案导向问题的实战

本章通过 PyTorch 框架实现以上 3 种模型，并通过中文数据集去验证模型效果。通过算法理论知识和代码现实操作相结合，希望读者可以更加深入地了解自然语言推理模型。

11.4.1　数据构造

由于目前没有可用的答案导向任务相关的中文数据集，因此，我们自己标注了 500 条数据，数据样式如表 11-2 所示。

表 11-2　答案导向任务数据样式表

问题	用户回答	选项	答案
在钻石、黄金、白金、白银中，哪种更值钱?	物以稀为贵，钻石的产量最少	钻石 | 黄金 | 白金 | 白银 | 无法确定	钻石
在钻石、黄金、白金、白银中，哪种更值钱?	不是黄金、白银，而是钻石和白金	钻石 | 黄金 | 白金 | 白银 | 无法确定	钻石 | 白金
在钻石、黄金、白金、白银中，哪种更值钱?	钻石或者黄金吧	钻石 | 黄金 | 白金 | 白银 | 无法确定	钻石 | 黄金

（续）

问题	用户回答	选项	答案
在钻石、黄金、白金、白银中，哪种更值钱？	一定不是白银	钻石 | 黄金 | 白金 | 白银 | 无法确定	钻石 | 黄金 | 白金
在钻石、黄金、白金、白银中，哪种更值钱？	不要问我，我对这种问题没概念	钻石 | 黄金 | 白金 | 白银 | 无法确定	无法确定
在钻石、黄金、白金、白银中，哪种更值钱？	都很值钱吧	钻石 | 黄金 | 白金 | 白银 | 无法确定	钻石 | 黄金 | 白金 | 白银

由表 11-2 我们可以看出，答案涉及单选和多选，并且涉及的用户回答也是多样的。数据是一切模型的基础，而单单 500 条数据还不足以训练深度学习模型，因此我们将通过构建模板数据来扩大数据集的规模。

数据构造模块代码主要参考 data_helper.py。由于问题和选项是已经规定好的，因此我们在构造模板数据时，只需要针对每种问题和选项，构造出用户回答以及相应答案即可。并且由于单一的模板构造出用户回答会导致模型过拟合，只能用模板方式找出与用户回答所对应的选项，因此我们这里构建了 9 种模板，每种模板又包含 6 ～ 8 种样式，其中 9 种模板分别是 A 型、AB 型、非 A 型、非 AB 型、非 A 是 B 型、非 A 是 BC 型、ABC 型、非 AB 是 CD 型以及无法确定型。

为了防止过度依赖模板数据，我们对问题选项对进行模板数据构造时，在每种模板中仅随机挑选 3 种样式进行数据扩充。由于选项个数不同，每个问题选项对构建模板也就不同。在去掉“无法确定”选项的情况下，如果仅剩余两个选项，那么只能生成无法确定型、A 型、非 A 是 B 型、非 A 型和 AB 型模板；如果剩余 3 个选项，可以增加非 AB 型、ABC 型和非 A 是 BC 型模板；如果剩余选项个数大于 3，可以增加非 AB 是 CD 型模板。最终我们将原始数据（my_data.json 文件）和模板数据（template_data.json 文件）进行融合，按照 7 ∶ 1 ∶ 2 的比例进行数据的随机采样，构建出训练集（train_data.json 文件）、验证集（dev_data.json 文件）和测试集（test_data.json 文件）。

深度学习是否需要模板？

许多人只要看到模板二字就觉得是采用了规则式的方案（rule-based）。然而模板构建的方法在面对样本不足时极为好用。它解决了冷启动问题，并生成我们希望模型理解的样本，在模型表现良好的情况下使得最终结果满足预期。

因此方法本身并无好坏，只要运用得当都会对模型有积极的效果。但切记模板数据占比不宜过多，构建模板方式不宜单一，避免出现数据过拟合的情况。

11.4.2 孪生网络实战

本节将运用PyTorch框架进行自然语言推理中孪生网络源码实战，下面从数据预处理、模型框架搭建、模型的训练及模型测试4个方面进行详细介绍。

1. 数据预处理

在数据预处理模块中，我们需要将答案导向任务的原始数据转换成自然语言推理模型需要的输入数据，即将用户回答与每一个选项构成一个前提－假设对。其中包括分词处理、词向量与词典的构建、NLI数据集的构建、数据存储及模型导入数据的构建。由于篇幅限制，这里只介绍NLI数据集的构建。

（1）NLI数据集的构建

该部分的作用是将答案导向任务的原始数据转换成NLI模型需要的输入数据格式，并将其字符token数据转化为索引id数据，为模型提供可识别的数据格式。该部分包含4个函数，分别是ChoiceDatum、construct_dataset、convert_features和process_text_dataset函数。

ChoiceDatum类是NLI模型的数据类，代码如下。

```
class ChoiceDatum:
    """
    构建答案导向任务数据类
    raw_text1[str]: 用户回答文本
    raw_text2[str]: 表示选项文本
    label[int]:0 为不选择该选项，1 为选择该选项
    question_id[str]: 问题的 id
    """
    def __init__(self, raw_text1, raw_text2, label, question_id):
        self.raw_text1 = raw_text1
        self.raw_text2 = raw_text2
        self.label = label
        self.question_id = question_id

    def set_word_idxs(self, contentA_idxs, contentB_idxs):
        self.contentA_idxs = contentA_idxs
        self.contentB_idxs = contentB_idxs

    def set_sentence_len(self, contentA_len, contentB_len):
        self.contentA_len = contentA_len
        self.contentB_len = contentB_len
```

我们将前提句和假设句分别对应到用户回答与选项上，并且定义了两个set方法，分别

将用户回答和选项的 token 对应的索引 id 和真实长度加入到数据类中，为以后应用做准备。而 construct_dataset 函数则是将答案导向任务的数据进行读入与拆解，存到 ChoiceDatum 类，得到数据集合代码如下。

```
def construct_dataset(dataset_dir):
    """
    通过文件路径，构造需要的数据集，并进行分词
    :param dataset_dir [str]: 原始答案导向任务数据路径
    :return: list 类型数据，其中每个元素为 ChoiceDatum 类型数据
    """
    output = []
    with open(dataset_dir, "r", encoding="utf-8", errors="ignore") as fh:
        for line in fh.readlines():
            sample = eval(line.strip())
            ids = sample["ids"]
            content = sample["passage"]
            answer = sample["answer"]
            alternatives = sample["alternatives"]
            alterTemp = alternatives.split("|")
            answerTemp = answer.split("|")
            for alter in alterTemp:
                idsTemp = ids
                if alter in answerTemp:
                    label = 1
                else:
                    label = 0
                contentA = get_seg(content)
                contentB = get_seg(alter)
                output.append(ChoiceDatum(raw_text1=contentA, raw_text2=contentB,
                                          label=label, question_id=idsTemp))
    return output
```

（2）模型框架

模型框架主要由两部分组成，包括模型初始化（__init__）模块和模型前向反馈（forward）模块。模型整体框架采用 PyTorch 的神经网络训练框架，构建类 SIAMESE，继承 nn.Module 基类。

模型初始化模块的主要作用是将外部参数传入，构造模型所需要的变量及函数，代码如下。

```
import torch
import torch.nn as nn
def __init__(self, config, word_mat):
```

```
        """
        模型初始化函数
        :param config：配置项类
        :param word_mat：外部词向量
        """
        super(SIAMESE, self).__init__()
        self.vocab_size = config.vocab_size    # 词典大小
        self.word_dims = config.word_dims   # 词向量维度
        self.hidden_dims = config.hidden_dims    # bilstm 隐藏节点大小
        self.num_layers = config.num_layers    # bilstm 层数
        self.dropout_rate = config.dropout_rate      # dropout 值
        self.word_mat = torch.from_numpy(word_mat)
        # embedding 词编码层
        self.embedding_table = nn.Embedding(num_embeddings=self.vocab_size+2,
            embedding_dim=self.word_dims)
        self.embedding_table.weight.data.copy_(self.word_mat)
        self.embedding_table.weight.requires_grad = True
        # 双向 lstm 网络
        self.bilstm = nn.LSTM(input_size=self.word_dims,
                              hidden_size=self.hidden_dims,
                              num_layers=self.num_layers,
                              batch_first=True,
                              bidirectional=True)

        # 全连接网络
        self.linear = nn.Linear(self.hidden_dims * 2 * 4, self.hidden_dims)
        self.predictor = nn.Linear(self.hidden_dims, 2)
        # softmax 层
    self.softmax = nn.Softmax()
```

初始化函数的 config 参数是一个参数类，包含很多我们定义好的参数及其对应值，具体配置见 SIAMESE_Config 文件，其中词典 vocab_size 大小为 114920，词向量维度 word_dims 为 300，bilstm 隐藏节点个数 hidden_dims 为 256，bilstm 层数 num_layers 为 3，dropout 值为 0.1；而 word_mat 参数是外部传入的词向量。初始化函数内部定义的 embedding_table 为词向量矩阵转换层，其长度在 vocab_size 基础上加 2，是因为我们在原始字典中又加了未登录词 UNK 以及补充长度词 OOV（未登录词：Out of Vocabulary）两个泛词；bilstm 为双向 LSTM 网络；linear 和 predictor 是两个全连接网络，而 softmax 为 Softmax 函数。

❑ 前向反馈模块

该模块是模型的核心，也就是将前面定义的函数全部串联起来实现整个模型，得到预测结果，代码如下。

```
import torch
import torch.nn as nn
def forward(self, sentence_one_word, sentence_two_word):
    """
    模型向前传播
    :param sentence_one_word: 用户回答文本 dict_id
    :param sentence_two_word: 选项文本 dict_id
    :return: 预测概率
    """
    word_embedded_sentence_one = self.embedding_table(sentence_one_word)
    word_embedded_sentence_two = self.embedding_table(sentence_two_word)
    one_outputs, _ = self.bilstm(word_embedded_sentence_one)
    two_outputs, _ = self.bilstm(word_embedded_sentence_two)
    aggregated_one_f, aggregated_one_b = torch.split(one_outputs, self.hidden_
        dims, dim=-1)
    aggregated_two_f, aggregated_two_b = torch.split(two_outputs, self.hidden_
        dims, dim=-1)
    last_one_output = torch.cat([aggregated_one_f[:, -1, :],
                                 aggregated_one_b[:, 0, :]], dim=-1)
    last_two_output = torch.cat([aggregated_two_f[:, -1, :],
                                 aggregated_two_b[:, 0, :]], dim=-1)
    last_output = torch.cat((last_one_output, last_two_output, last_one_
        output*last_two_output,
                                 last_one_output-last_two_output), 1)
    feature = self.dropout(self.predictor(self.linear(last_output)))
    preds = self.softmax(feature)
return preds
```

其函数过程与 11.2.1 节讲述的流程一致，首先通过 embedding_table 函数得到两个句子的词向量，然后通过用 bilstm 函数获取上下文表示向量，再将两个句子表征向量进行融合拼接，构成一个聚合向量 last_output，最终通过全连接网络，获取预测结果 preds。其中 dropout 函数的作用是防止模型过拟合，每一次模型更新都有一部分节点被舍弃，具体代码如下。

```
import torch.nn.functional as F
def dropout(self, v):
    return F.dropout(v, p=self.dropout_rate, training=self.training)
```

其中，dropout_rate 表示被舍弃节点的比例。

（3）模型的训练

首先加载数据，构建模型需要的训练数据和验证数据；然后对模型进行初始化，并创建模型参数优化器以及损失函数；进行模型训练，并在训练过程中进行模型验证，最后保存模型。其模型训练简略代码如下。

```
def train(config):
    # 模型初始化
    model = SIAMESE(config, word_mat)
    # 判断使用 GPU 训练还是 CPU 训练
    if config.is_gpu:
        model.cuda()
    # 创建模型优化器（本模型使用 adam 优化器），定义损失函数（本模型使用交叉熵损失函数）
    para = model.parameters()
    optimizer = optim.Adam(para, lr=config.learning_rate)
    criterion = nn.CrossEntropyLoss()
```

其中，config是一个参数类，学习率learning_rate为0.001。本模型使用的优化器为Adam优化器，损失函数为交叉熵损失函数；is_gpu为是否使用GPU进行训练；为防止模型过拟合，代码采用及早停止方式，若验证集在规定次数内没有提升，则停止模型训练。

（4）模型测试

首先初始化模型，加载之前训练好的模型参数，然后对测试集中每条样本进行数据预处理，生成模型可使用的形式，最后将其带入模型，求解准确率，具体代码如下。

```
def predict(config):
    # 加载词向量及词典
    print("load word_mat ...")
    with open(config.word_emb_file, "r") as fh:
        word_mat = np.array(json.load(fh), dtype=np.float32)
    print("load word_dictionary ...")
    word2idx_dict = read_dictionary(config.word_dictionary)
    # 模型初始化
    model = SIAMESE(config, word_mat)
    if config.is_gpu:
        model.cuda()
    # 加载之前训练好的模型
    model.load_state_dict(torch.load(config.save_dir + '/' +'siamese.pt'))
    # 开始预测
    with open(config.test_file, "r", encoding="utf-8", errors="ignore") as  f:
        # 对测试集中每一条数据进行单独预测
        n_whole_total = 0
        n_total = 0
        acc_total = 0
        acc_whole_total = 0
        for line in f.readlines():
            n_whole_total +=1
            sample = eval(line.strip())
```

```
            content = sample["passage"]
            answer = sample["answer"]
            alternatives = sample["alternatives"]
            alterTemp = alternatives.split("|")
            answerTemp = answer.split("|")
            ac_whole = []
            # 将每个选项与用户回答进行文本蕴含预测，判断该选项是否正确
            for alter in alterTemp:
                n_total += 1
                if alter in answerTemp:
                    label = 1
                else:
                    label = 0
                contentA = get_seg(content)
                contentB = get_seg(alter)
                # 数据转换，将字符型文本转换成 token_id 形式
                contentA_idxs, contentB_idxs, _, _ = convert_features(contentA,
                    contentB, word2idx_dict, config.max_length_content)
                if config.is_gpu:
                    data1_batch, data2_batch = Variable(torch.LongTensor
                        (np.array(contentA_idxs.reshape(1, config.max_length_
                        content))).cuda()), \ Variable(torch.LongTensor(np.
                        array(contentB_idxs.reshape(1, config.max_length_
                        content))).cuda())
                else:
                    data1_batch, data2_batch = Variable(torch.LongTensor
                        (np.array(contentA_idxs.reshape(1, config.max_length_
                        content)))), \
Variable(torch.LongTensor(np.array(contentB_idxs.reshape(1, config.max_length_
    content))))
                # 模型预测
                test_out = model(data1_batch, data2_batch)
                _, test_predict = test_out.data.max(dim=1)
                prediction = np.array(test_predict[0])
                if label == prediction:
                    ac = 1.0
                else:
                    ac = 0.0
                acc_total += ac
                ac_whole.append(ac)
            acc_whole = np.mean(ac_whole)
            if acc_whole == 1.0:
                acc_whole_total += 1.0
        acc_whole_total = acc_whole_total/n_whole_total
        acc_total = acc_total / n_total
```

```
        print("准确率：", acc_total)
        print("单条样本准确率：", acc_whole_total)
```

在测试模块中，我们有两个评价指标，一个是准确率，另外一个是单条样本准确率。为什么要有单条样本准确率呢？假如有一个问题“这件衣服有红色、绿色、蓝色和黑色的，您想挑选哪一件？”其4个选项分别为红色、绿色、蓝色和黑色；用户回答是“我比较喜欢绿色的。”预测过程中模型将用户的回答与4个选项分别进行蕴含推理，如果将4个选项都判断成了0，那么我们准确率为0.75（红色、蓝色、黑色判断正确，绿色判断错误），这很显然是不合理的，在真实场景下，只要有一个选项判断错误了，其准确率就应该是0；因此我们引入单条样本准确率，只有问题对应的所有选项全部预测正确，才算该样本预测正确，否则预测错误。

11.4.3　BiMPM网络实战

本节将运用PyTorch框架进行自然语言推理中BiMPM网络源码实战，由于数据预处理、模型训练以及模型测试3个部分与孪生网络实战部分相似，因此在本节中就不过多介绍了。本节主要对模型框架搭建进行详细介绍。

模型框架主要由两部分组成，包括模型初始化（__init__）模块和模型前向反馈（forward）模块。模型整体框架采用PyTorch的神经网络训练框架，构建类BiMPM，继承nn.Module基类。

1. 初始化模块

模型初始化模块的主要作用是将外部参数传入，构造模型所需变量及函数，代码如下。

```
def __init__(self, config, word_mat, char_mat):
    """
    模型初始化函数
    :param config: 配置项类
    :param word_mat: 外部词向量
    :param char_mat: 外部字向量
    """
    super(BIMPM, self).__init__()
    self.vocab_size = config.vocab_size      # 词典大小
    self.vocab_char_size = config.vocab_char_size  # 字典大小
    self.word_dims = config.word_dims   # 词向量维度
    self.char_dims = config.char_dims   # 字向量维度
    self.hidden_dims = config.hidden_dims    #bilstm隐藏节点大小
    self.char_hidden_size = config.char_hidden_size     # 字组合向量维度
    self.num_layers = config.num_layers     # bilstm层数
```

```
self.dropout_rate = config.dropout_rate     # dropout 值
self.epsilon = config.epsilon
self.char_limit = config.char_limit     # 词包含字数限制
# Word or char Representation Layer( 字词表示层 )
self.embedding_word = nn.Embedding(num_embeddings=self.vocab_size+2,
    embedding_dim=self.word_dims)
self.embedding_char = nn.Embedding(num_embeddings=self.vocab_char_size+2,
    embedding_dim=self.char_dims)
# initialize word or char embedding ( 初始化字词向量 )
self.word_mat = torch.from_numpy(word_mat)
self.char_mat = torch.from_numpy(char_mat)
self.embedding_word.weight.data.copy_(self.word_mat)
self.embedding_word.weight.requires_grad = True
self.embedding_char.weight.data.copy_(self.char_mat)
self.embedding_char.weight.requires_grad = True
# Char Representation Layer ( 字组合向量表示层 )
self.char_LSTM = nn.LSTM(input_size=self.char_dims,
                         hidden_size=self.char_hidden_size,
                         num_layers=self.num_layers,
                         bidirectional=False,
                         batch_first=True)
# Context Representation Layer ( 上下文表示层 )
self.context_hidden_size = self.char_hidden_size + self.word_dims
self.context_LSTM = nn.LSTM(input_size=self.context_hidden_size,
                            hidden_size=self.hidden_dims,
                            num_layers=self.num_layers,
                            bidirectional=True,
                            batch_first=True)
# Multi-perspective Matching Layer ( 匹配层 )
self.num_perspective = config.num_perspective  # 视角个数
for i in range(1, 9):
    setattr(self, 'mpm_w%d'%i, nn.Parameter(torch.rand(self.num_perspective,
        self.hidden_dims)))
# Aggregation Layer ( 融合层 )
self.aggregation_LSTM = nn.LSTM(input_size=self.num_perspective * 8,
                                hidden_size=self.hidden_dims,
                                num_layers=self.num_layers,
                                bidirectional=True,
                                batch_first=True)
# Prediction Layer ( 预测层 )
self.pred_fc1 = nn.Linear(self.hidden_dims * 4, self.hidden_dims * 2)
self.pred_fc2 = nn.Linear(self.hidden_dims * 2, 2)
self.reset_parameters()
```

初始化函数的 config 是一个参数类，具体配置见 BiMPM_Config.py 文件，其中词典vocab_size大小为114920、字典vocab_char_size大小为20028、字向量和词向量的维度均为300、字组合向量维度char_hidden_size为100、bilstm隐藏节点个数hidden_dims为100、bilstm层数num_layers为1、dropout值为0.1、视角个数num_perspective为20；而word_mat和char_mat参数是外部传入的词向量和字向量。初始化函数内部定义的embedding_word和embedding_char分别为词向量矩阵转换层和字向量矩阵转换层；char_LSTM为一个LSTM网络，表示字组合向量表示层；context_LSTM为一个双向LSTM网络，表示上下文表示层；aggregation_LSTM为一个双向LSTM网络，表示融合层；pred_fc1和pred_fc2是两个全连接网络；reset_parameters为参数初始化函数，将上述定义的网络结构赋予特定分布的初始化权值。

2. 前向反馈模块

该模块是模型的核心，也就是将前面定义的函数全部串联起来实现整个模型，得到预测结果，代码如下。

```
def forward(self, contentA_idxs, contentB_idxs, contentA_char_idxs, contentB_
    char_idxs):
"""
    模型向前传播
    :param contentA_idxs: 用户回答文本词token_id
    :param contentB_idxs: 选项文本文本词token_id
    :param contentA_char_idxs: 用户回答文本组成词的字token_id
    :param contentB_char_idxs: 选项文本文本组成词的字token_id
    :return: 预测概率
    """
    # Word Representation Layer
    word_embedded_sentence_one = self.embedding_word(contentA_idxs)
    word_embedded_sentence_two = self.embedding_word(contentB_idxs)
    seq_len_p = contentA_char_idxs.size(1)
    seq_len_h = contentB_char_idxs.size(1)
    char_one = contentA_char_idxs.view(-1, self.char_limit)
    char_two = contentB_char_idxs.view(-1, self.char_limit)
    char_embedded_sentence_one = self.embedding_char(char_one)
    char_embedded_sentence_two = self.embedding_char(char_two)
    # Char Representation Layer
    _, (char_lstm_sentence_one, _) = self.char_LSTM(char_embedded_sentence_one)
    _, (char_lstm_sentence_two, _) = self.char_LSTM(char_embedded_sentence_two)
    char_lstm_sentence_one = char_lstm_sentence_one.view(-1, seq_len_p, self.
        char_hidden_size)
    char_lstm_sentence_two = char_lstm_sentence_two.view(-1, seq_len_h, self.
        char_hidden_size)
    # Context Representation Layer
```

```
    embedded_sentence_one = torch.cat([word_embedded_sentence_one, char_lstm_
        sentence_one], dim=-1)
    embedded_sentence_two = torch.cat([word_embedded_sentence_two, char_lstm_
        sentence_two], dim=-1)
    embedded_sentence_one = self.dropout(embedded_sentence_one)
    embedded_sentence_two = self.dropout(embedded_sentence_two)
    context_lstm_sentence_one, _ = self.context_LSTM(embedded_sentence_one)
    context_lstm_sentence_two, _ = self.context_LSTM(embedded_sentence_two)
    context_lstm_sentence_one = self.dropout(context_lstm_sentence_one)
    context_lstm_sentence_two = self.dropout(context_lstm_sentence_two)
    # Multi-perspective Matching Layer
    context_lstm_sentence_one_f, context_lstm_sentence_one_b = torch.
        split(context_lstm_sentence_one,

self.hidden_dims, dim=-1)
    context_lstm_sentence_two_f, context_lstm_sentence_two_b = torch.split
        (context_lstm_sentence_two,

self.hidden_dims, dim=-1)
    maching_one = self.multi_perspective_matching(context_lstm_sentence_one_f,
                                                  context_lstm_sentence_one_b,
                                                  context_lstm_sentence_two_f,
                                                  context_lstm_sentence_two_b)
    maching_two = self.multi_perspective_matching(context_lstm_sentence_two_f,
                                                  context_lstm_sentence_two_b,
                                                  context_lstm_sentence_one_f,
                                                  context_lstm_sentence_one_b)
    maching_one = self.dropout(maching_one)
    maching_two = self.dropout(maching_two)
    # Aggregation Layer
    aggregated_one,_ = self.aggregation_LSTM(maching_one)
    aggregated_two, _ = self.aggregation_LSTM(maching_two)
    aggregated_one_f, aggregated_one_b = torch.split(aggregated_one, self.
        hidden_dims, dim=-1)
    aggregated_two_f, aggregated_two_b = torch.split(aggregated_two, self.
        hidden_dims, dim=-1)
    aggregated_output = torch.cat([aggregated_one_f[:, -1, :],
                                   aggregated_one_b[:, 0, :],
                                   aggregated_two_f[:, -1, :],
                                   aggregated_two_b[:, 0, :]], dim=-1)
    aggregated = self.dropout(aggregated_output)
    # Prediction Layer
    x = F.tanh(self.pred_fc1(aggregated))
    x = self.dropout(x)
    x = self.pred_fc2(x)
    return x
```

首先通过embedding_word函数和embedding_char函数得到两个句子的词向量以及组成词的字向量；然后将组成词的每一个字的向量经过char_LSTM函数编码，并取最后一个时刻节点作为字组合向量；接着将词向量和字组合向量进行拼接，输入到context_LSTM函数中得到每个句子的上下文表征向量；再通过multi_perspective_matching函数对两个句子的上下文向量进行多策略多视角匹配，做到两句话信息的深度融合；接着将匹配过后的向量进行融合拼接，构成一个聚合向量aggregated_output；最终通过全连接网络，获取预测结果preds。其中dropout函数的作用是防止模型过拟合，每一次模型更新都有一部分节点被舍弃，具体代码如下。

```
def dropout(self, v):
    return F.dropout(v, p=self.dropout_rate, training=self.training)
```

而multi_perspective_matching函数是该模型的精髓，用于将两句话进行多策略多视角匹配，做到“你中有我，我中有你”。其中，_full_matching函数、_max_pooling_matching函数、_attentive_matching和_max_attentive_matching函数分别对应4种匹配策略，即全匹配、最大池化匹配、注意力匹配和最大池化注意力匹配。

11.4.4 Bert网络实战

本节将运用PyTorch框架进行自然语言推理中Bert网络源码实战，将主要对模型框架搭建进行详细介绍。由于Bert已经存在可以直接调用的函数类，我们直接使用现成的工具类，最后加上自己的封装。本书所使用的工具包地址为：https://github.com/huggingface/transformers。

模型框架代码参考BERT_Model.py。主要由两部分组成，包括模型初始化（__init__）模块和模型前向反馈（forward）模块。模型整体框架采用PyTorch的神经网络训练框架，构建类BERT，继承工具包中BertPreTrainedModel基类。

1. 初始化模块

模型初始化模块主要作用是将外部参数传入，构造模型所需要的变量及函数，代码如下。

```
from transformers.transformers.modeling_bert import BertPreTrainedModel,
    BertModel, BertOnlyNSPHead
class BERT(BertPreTrainedModel):
    def __init__(self, bert_config):
        """
        BERT模型初始化
```

```
        :param bert_config: bert 原始参数
        """
        super(BERT, self).__init__(bert_config)
        self.bert = BertModel(bert_config)
        self.cls = BertOnlyNSPHead(bert_config)
        self.init_weights()
```

初始化函数内部定义的 BertModel 函数是 Bert 网络模型，可以获取具有全文信息特征的 [CLS] 向量，BertOnlyNSPHead 函数是将 [CLS] 向量连接一层全连接函数，并对结果进行 softmax。

2. 前向反馈模块

该模块是模型的核心，也就是将前面定义的函数全部串联起来实现整个模型，得到预测结果，代码如下。

```
    def forward(self, input_ids=None, attention_mask=None, token_type_ids=None):
        outputs = self.bert(input_ids=input_ids,
                            attention_mask=attention_mask,
                            token_type_ids=token_type_ids)
        pooled_output = outputs[1]
        seq_relationship_score = self.cls(pooled_output)
        preds = seq_relationship_score
        return preds
```

将两句话共同输入到预训练模型中，经过 Bert 函数编码之后，得到具有全文信息特征的 [CLS] 向量 pooled_output；最后将具有全文信息特征的 [CLS] 向量，连接一层全连接层，获取预测结果 preds。

11.4.5　模型结果比较

如表 11-3 所示，Bert 网络无论是准确率还是单条样本准确率都是 3 种模型里最高的，其次是 BiMPM 网络，最差为孪生网络。从孪生网络的结果我们可以看出，虽然其准确率尚可，可以达到 80.75%，但是单条样本准确率却只有 39.77%，证明了只看准确率的不合理性。在真实场景下，只要有一个选项判断错误了，那么准确率就应该是 0，因此单条样本准确率是符合真实场景任务的评价指标，准确率只是 NLI 任务的评价指标，不同任务我们需要设计不同的评价指标来评估模型。

表 11-3　三种模型的结果比较

模型	准确率	单条样本准确率
孪生网络	80.75%	39.77%
BiMPM 网络	98.21%	94.66%
Bert 网络	99.33%	98.27%

通过比较可以看出，BiMPM 网络和 Bert 网络评价结果远优于孪生网络。在 NLI 任务

中，前提句与假设句的信息交互是十分重要的。使用一种或多种 Attention 机制，将前提句和假设句的信息进行深度融合，可以更好地学习到二者之间存在的关系，更容易进行蕴含推理操作。

从 Bert 网络评价结果优于 BiMPM 网络的结论可以看出目前预训练模型的强大。使用超级复杂的模型结构、超大的参数量，通过庞大的语料库预训练出的预训练模型，具有很好的普适性，可以获取两句话之间更隐蔽的交互特征。不愧是可以胜任更复杂任务的“万能”模型。

11.5 本章小结

本章首先介绍了自然语言推理发展近况，然后介绍了 3 种自然语言推理模型（SIAMESE、BiMPM 和 Bert）及其相关原理；接着介绍自然语言推理模型在人机多轮对话中的使用场景以及特点；最后通过 PyTorch 框架实现以上 3 种模型，并通过自行构造中文数据集去训练、验证及测试模型效果。希望通过本章的学习，读者可以对自然语言推理任务及多轮对话中的答案导向问题有更好地认识。

CHAPTER 12

第12章 实体语义理解

自然语言理解是人机对话的两大核心之一。它的目标是让计算机能理解人类的自然语言，即分析出语句中的语义。“语义”通常是指人类语言在概念空间中的符号所代表的含义及含义间的关系。如果计算机是有意识的个体，那么对计算机来说，“语义”就是它可以识别和利用的指令和数据。我们可以这样理解：自然语言理解就是由计算机将人类非结构化的语言进行处理并转换为计算机可操作的结构化命令和数据的过程。

自然语言理解涉及的范围很广，本章重点关注实体的语义理解，将通过代码实战，逐步解析实体并将其转换为能被机器理解的结构化信息，以便让对话系统能够理解对话中的一些重要信息。

本章要点如下：

- 实体语义理解的概念；
- 现有时间解析的方法；
- 实体语义理解框架实战；
- 数值解析实战；
- 时间解析实战。

12.1 实体语义理解简介

在前面的章节中，我们介绍了基于序列标注的命名实体识别。实体识别任务主要负责标注实体描述的边界，并识别相应的实体类型。本章涉及的实体语义理解任务可以看作实体识别任务的后续。对于所关注的实体，利用实体语义理解任务或者依据知识，将其转换为计算机可操作的结构化形式，或者将实体与外部的知识库进行链接，以便进行后续任务处理。

本章重点关注“数量”和“时间”这两类实体。一方面，这两类实体的结构和内部组成比较固定，其构成规则可以穷举，也就是说，除了使用序列标注的方法外，采用模式匹配的方法也能够完成识别。另一方面，它们又是计算机本身已经能够表达和理解的概念，需要转换为统一的形式，方便语义信息的整理与应用。与之形成对比的是人名、地名、机构名等实体，它们虽然具有一定规律，但是内部变化形式较多，往往需要结合上下文才能识别，并且在大多数应用场景中，并不需要做进一步解析，完成识别就可以使用了。

数量和时间实体的语义理解相对简单。阿拉伯数字串的解析就是将字符串转为数字，每种编程语言都有相应的工具库；时间表达的解析则只要识别出特定的模式，调用代码计算就可以解决。似乎只是一些编程工作，与自然语言处理人工智能扯不上关系。不过，时间和数量的表达背后也会涉及较为复杂的推理和知识。例如，在数量领域存在单位换算；时间的理解则更加复杂，表示节日的词语需要相应的知识，如“国庆节”“劳动节”是固定的公历日期，“春节”“中秋节”涉及农历和公历的转换，而“明天”“去年”对应的知识不是一个精确的时间，需要根据说话的时间进行推理。

我们来看一个复杂的例子。要推理出“明年除夕”对应的日期，需要执行以下操作。

1）识别两个时间词语“明年”和“除夕”。

2）确定“明年”“除夕”之间的关系是“衔接”。

3）查询出“明年”的意思，是“当前年份后一年”的谓词。

4）查询出“除夕”的意思，是“春节前一天”的意思。

5）查询出“春节”的意思，是“农历1月1日”的意思。

6）组合上述的推理过程：

- 获取“今年”；
- 执行“加1年”操作；
- 求出当年对应的“农历1月1日”；
- 转换日期为公历；
- 执行“减1天”操作。

7）从背景信息获取当前时间。

8）推理出具体时间。

在上述的例子中，确定时间表达的结果经过了引入公式和计算的步骤。其中的计算过程需要时间知识库提供时间词对应的计算方法，还涉及“说话的具体时刻”。时间词对应的计算方法是固定的，因此可以通过一个时间知识库引用。进一步分析，时间知识库里还包含两种类型的知识：例如“春节”这样固定的日期属于一类知识，而“明年”“除夕”这样的词语属于另一类知识。为了完成计算，还需要合适的时间表示形式来表达中间的计算结果。

实体的语义理解包括短语结构分析和知识推理计算两个重要部分。短语结构分析属于自然语言处理的范畴，而知识推理计算是传统人工智能中知识表示与推理领域重要的研究内容。为了在短语的语法结构和知识逻辑形式之间建立映射关系，还需要一个语义映射步骤。

当然，具体到时间和数量类实体的语义理解，又存在一些捷径。

（1）短语结构解析方面

大多数中文时间或数量短语的形式比较统一，构成的片段可以穷举，如果把相对复杂的短语本身看作一个固定短语，那么它和其他短语的组合也不复杂。因此，短语的解析本身并不是一个难点。

（2）短语结构到语义逻辑的映射方面

时间和数量类短语的组合形式并不复杂，因此短语的语义逻辑可以看作是各个词语或固定短语逻辑的组合。这样，语义逻辑的映射是与词语或固定短语绑定的，可以通过知识库解决。

（3）推理和计算方面

时间和数量的有关计算能力可以看作计算机系统提供的能力，因此我们要解决的问题就是用逻辑形式调用具体代码。

正因如此，在所有的语义理解任务中，实体语义的解析才会看起来相对简单，也相对成熟。

在自然语言处理中，实体语义理解及接下来的标准化（normalization）工作，最核心的目的就是知识的对齐——将文字的不同表述统一成相同格式以便机器进一步处理，在人机交互过程中，实体语义理解是语义理解过程中的重要环节，倘若机器不知道“下个礼拜三”对应的具体时间，又或是无法把“今年六月一号”和“今年儿童节”做等价处理，对话系统就很难将用户槽位信息收集完成，执行对应的业务操作则更加困难。因此，通过让机器理解实体描述文字背后的真实含义，理解所描述的时间、价格、范围、地理位置等可以精确表示的内容，对于人机交互而言是不可或缺的。

实体语义理解与句子语义理解

通常，自然语言处理中的语义解析（Semantic Parsing）任务是解析一句话中的逻辑形式（如谓词逻辑表达式）或者意义表示形式（如语义关系树或者有向图）。由于语言本身很复杂，通用的语义解析目前还是学术界新兴的研究热点，远没有达到实际应用的程度，实用的语义解析主要针对特定的领域在定义好的语义空间中进行。有时也采用更简单的方法，例如，用文本分类技术实现意图识别。

实体的语义解析任务是句子语义解析的重要组成部分，它为句子的主干结构填充了枝叶。相比获取句子完整的语义结构，实体的语义解析是一个相对简单和独立的任务。对于人机对话中的槽位抽取而言，更加不可或缺。当应用中涉及推理计算时，实体语义解析需要给出最终结果的统一表示，而句子的语义解析只需要逻辑结构。

12.2 现有语义理解系统分析

对绝大部分读者，甚至是NLP从业者，都对实体语义理解比较陌生。“他山之石，可以攻玉”，我们希望以一些现有的时间表达语义解析工具为例，让大家对实体语义理解引擎有一个比较清晰的认识。

在自然语言处理中，与时间语义理解相关的任务是时间表达的抽取和标准化（Temporal Expression Extraction And Normalization）。这个任务最初是信息抽取的一个子任务，后来在语义相关的评测会议SemEval上进行评测。这个任务从新闻文本中抽取时间实体，而标准化指的是将文本中表达的时间点和时间段对应到现实世界的时间点和时间段，能做到时间信息的标准化，也就意味着能够“理解”时间信息了。在这个任务中，经过标准化后的日期和时间常常用ISO 8601标准格式表示，再加上时间表达的类型信息，共同构成文本标注中使用的TIMEX3标签。

12.2.1 Time-NLPY/Time-NLP/FNLP

Time-NLPY是Python中较常见的中文时间表达的识别与解析库。它源于Java的Time-NLP库[⊖]。Time-NLP由复旦大学开发的自然语言处理工具包FudanNLP中的时间抽取模块修改而来，其中的时间表达识别方法可以看作朴素规则引擎的代表。

为了解决时间表达的启发式识别问题，FudanNLP的作者提出了时间基元的概念。时间基元是基本时间单元，是构成时间表达的最小组成单元，或者说，是时间的最小概念单位。例如在“2008年5月12日下午2点48分”这个时间表达中，就包含“2008年”“5月”“12日”“下午”“2点”“48分”6个时间基元。FudanNLP使用正则表达式识别时间基元，并将识别出的时间基元连接成一个整体。为西方语言设计的，基于规则的时

⊖ https://github.com/zhanzecheng/Time_NLP。

间表达识别方法，大都将时间表达作为一个整体识别，然后对整块表达式进行识别。而 FudanNLP 利用了中文的特点，大胆改进识别方案，提高了系统的召回率。

在对时间表达进行解析时，FudanNLP 用另一组正则表达式，分别匹配各个时间基元，并调用相应的逻辑进行解析。其中的解析算法大致可以用如下流程进行描述。

（1）在文本中匹配一个时间基元的正则表达式。

（2）IF 正则表达式匹配成功。

（3）抽取其中的某一部分并转换为操作数。

（4）调用时间计算框架进行运算。

（5）将结果输出到时间对象中。

（6）END IF。

在 FudanNLP 中，时间表达的中间表示形式是代表“年”“月”“日”“时”“分”“秒”的 6 个数组成的列表；对“星期”这类上文 6 个维度不能直接表达的信息，则利用系统的时间库计算，再将结果写回。

规则系统的一大问题是，规则较多时容易产生冲突。为此，FudanNLP 在识别时间基元时按照从简单到复杂、从上层单位到下层单位的顺序精确控制，并使用正则表达式“非捕获匹配组”的功能避免上下文歧义。例如，先识别年份和月份，再识别日期；先识别具体的时间，再处理“三天后”这样的需要推断的表达。

Time-NLP 在 FudanNLP 的基础上增加了一些功能，例如识别“早上”“晚上”“中午”“傍晚”等一天中的时间段。其中值得称道的是“时间未来倾向”能力，例如，在周五说“周一早上开会”，则识别到下周一早上的时间，这个功能在对话系统中非常实用，但其他支持中文的时间解析工具中很少涉及。

当然，Time-NLP 也存在着一些较为明显的缺点。

首先，它构造了一个巨大且难以维护的正则表达式来抽取时间信息，这个正则表达式非常大，以至于存储在外部文件中，其维护的难度也可想而知。由于采用了半自动的构建技术，其中有大量功能重复的正则表达式片段。

其次，Time-NLP 定义的时间知识表示形式非常简单，因此只能支持“确定的时间点”一种类型，无法表示时间区间和时长对象。

最后，为了匹配和解析时间表达中的数字，Time-NLP 需要对文本中的中文数字进行变换。由于变换后的文本长度可能不等（比如“二十五”转换为“25”），当需要将该工具抽取的时间表达和原始文本对齐（例如和序列标注 NER 整合时），需要处理好文本长度变化的问题。

12.2.2 HeidelTime

HeidelTime[⊖]是一个多语言、跨领域的时间表达的识别和标准化引擎，由德国海德堡大学计算机学院开发。该系统支持十几种语言，并通过机器翻译和平行语料挖掘的方法，提供了超过 200 种语言的基本规则库。

HeidelTime 同样采用正则表达式抽取文中的时间信息及时间基元，并用 TIMEX3 格式标注文本。由于设计时考虑了跨语言和高度的可配置化，HeidelTime 对类似 FundanNLP 中的那种朴素算法做了抽象，将时间表达式规则定义为 3 个部分。

（1）抽取规则

抽取规则用于抽取文中的时间表达，主要由正则表达式构成，同时为了消除歧义，也利用了经过前置处理步骤分析后的上下文特征，如上下文词语、分词边界、词性等。

（2）时间表达式对应的类型信息

该信息主要为时间理解提供必要的指导，同时也是 TIMEX3 标注规范所需要的。

（3）标准化规则

用于描述如何将抽取的结果标准化，并填充到 TIMEX3 表达式模板中。

为了处理表达式中反复出现的时间基元，HeidelTime 把它们看作“资源”，每个资源可以定义一组正则表达式，再通过解析引擎拼接成最终使用的正则表达式。

如图 12-1 所示，HeidelTime 把“时间表达标准化”看成是匹配对象到目标 TIMEX3 表达式片段的映射，输出和数据操作的对象是 TIMEX3 标注——一个 ISO 8601 格式的时间字符串，所以 HeidelTime 采用字符串替换和拼接的方式生成表达式。因此，其中大部分“知识推理计算”过程是根据知识库对资源进行替换的，并将结果拼接到表达式的相应位置上，只有少部分复杂的计算是通过代码实现的。

在完成了文本标准化以后，HeidelTime 会对时间表达再执行两次处理，第一次根据上下文时间处理相对时间表达，第二次则要删除错误的时间表达。

外部配置的规则很难控制执行的顺序，为了处理规则冲突，HeidelTime 按照正则表达式的长度对规则进行排序，从长到短执行，这样就只保留最长的形式，而当抽取出的时间表达彼此间有部分重叠时，则会给出警告信息。

人工构建的 HeidelTime 标准规则曾在 SemEval 2010 研讨会中举办的 TempEval-2 评测任务 A（时间表达式识别与标准化）中取得第一名。效果好的原因，一方面是人工构建规则投入了巨大的人力，并通过规范化的管理减少了错误；另一方面是每个抽取模式

⊖ 参考链接：https://dbs.ifi.uni-heidelberg.de/resources/temporal-tagging/。

都有对应的解析方法，保证了标注和解析之间没有脱节。在 TempEval-2 评测任务中，HeidelTime 时间表达的标准化步骤的准确率远超分步处理的系统。

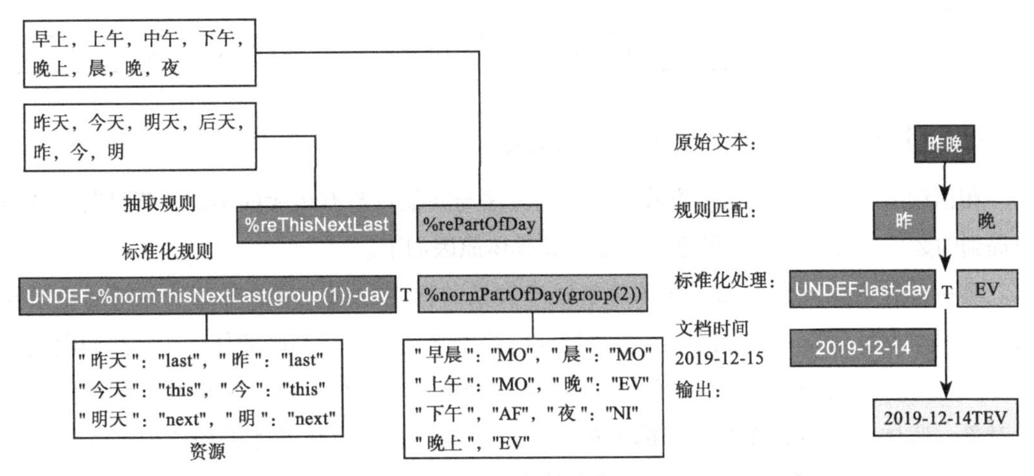

图 12-1 HeidelTime 中一条规则的组成方式和执行方式

当然，HeidelTime 也有一些不足之处，例如，对接中需要实现 TIMEX3 格式的时间表达式的解析（虽然很多语言都提供了辅助解析的库），虽然它在规则配置上比较简洁，但代码可扩展性反而很差。

值得注意的是，以上的时间解析工具，无论其只支持单一语言，还是支持多种语言，都是以某一种单一语言作为蓝本设计的。初始语言的不同会影响最终设计出的系统的形态。汉语中时间词的识别和理解较少依赖上下文，以时间基元组合的形式居多；而英语等西方语言就不大一样了，英语中年份常用单纯的数字表示，而日期是由序数词表示的，比如 "born in 1998" "January 21st" 等，但是数词在其他上下文中的含义是不同的，这也造成了以汉语为蓝本的 TimeNLPY 和以西方语言为蓝本设计的 HeidelTime 之间存在一定的差异。

这两个用于时间解析的系统，虽然表面有些差异，但是其核心思想是一致的。可以从 12.1 节中提到的短语结构分析、实体中间表示、语义映射和知识推理计算 4 个方面进行分析，如表 12-1 所示。

表 12-1 两个系统的对比

	TimeNLPY	HeidelTime
短语结构分析	正则表达式加时间基元假设	嵌套的正则表达式
实体中间表示	数值列表	字符串

（续）

	TimeNLPY	HeidelTime
语义映射	代码处理	文本替换+代码后处理
知识推理计算	代码后处理	代码后处理
规则冲突处理	时间基元本身避免冲突；控制规则执行顺序	长表达式优先

12.2.3 知识驱动方法与数据驱动方法

相信读者已经发现，这一章我们采用的方法与其他章节有很大的不同。不见其他章节中提到的数据集和机器学习模型的影子，其具体原因如下。

第一，在语义理解层面，实体理解缺乏大量的标注数据。其他各章节介绍的模型要么直接利用大量未经人工标注但有自身特征的数据来完成相对基础的任务（例如词向量训练），要么有一定量的已经标注好的数据。实体理解输入实体文本，输出则是结构化的实体对象。实体对象不是文本内部的特征，所以必须要有标注数据才能构建模型并解决问题。然而，目前实体理解的标注数据相对较少。

第二，即使有一定量标注好结果的语料，也不能直接用于机器学习。例如“明天”这样的相对时间表述，需要知道“今天”的日期（说话的背景时间）才能推理出来。因此，单纯标注最终时间对于机器学习是很困难的，只能让机器去学习推理的形式。一旦决定让模型学习这种逻辑形式，就需要做两件事情：一是设计合适的逻辑形式，二是标注数据。然而，在标注数据上所耗费的工作量必然高于完全列举出标注文本中所有可理解实体对应的逻辑形式。同时，由于建模的局限性，也不能保证得到很好的学习结果。

第三，召回率低是规则方法在实际应用中面临的普遍问题，而可理解实体的格式相对固定，通过列举也能达到比较高的覆盖率。这样，低召回率的问题在这个领域并不是那么严重。

本章采取的规则方法也可以称为知识驱动的方法，基于统计机器学习的方法则是数据驱动的方法。数据驱动的方法基于对大量数据的统计和回归分析，从而学习其中的规律。典型代表是统计机器学习。知识驱动的方法基于人类对现有知识的内省和整理，依靠推理运算得到结果。

何时使用知识驱动的方法，何时使用数据驱动的方法？

以机器学习为代表的数据驱动的方法近30年来在人工智能领域占据上风，NLP的新手往往会认为只要有数据和模型就可以解决问题，而开发规则系统的工程师有时候会觉得模型不可控制。不过，在真实场景中，二者不是非此即彼的关系，大致有以下几种思路。

（1）用一种方法处理大部分问题，用另一种方法处理余下的问题。

（2）在没有数据的时候使用基于知识的规则系统，积累数据后标注数据，逐步切换至数据驱动的方法。

（3）将要解决的问题划分为不同的阶段，在各个阶段运用不同的方法，如利用知识规则剔除较差的结果，或利用机器学习模型对结果进行过滤和排序。

12.3　实体语义理解的技术方案

12.2 节的两个例子向大家展示了两个表面不同而又有内在联系的实体语义理解模块，从本节开始，我们就来构建自己的实体语义理解系统。

我们希望构建的实体理解系统有以下能力。

1）将数量解析和时间解析这两个相似的任务统一在一个框架下，通过不同的模块实现不同的功能。

2）尽量让以后的扩展简单，不必改动代码，只是修改规则就可以增加新的识别能力。

3）在上一条的基础上对潜在的错误的配置项进行容错处理。

我们根据短语结构分析、实体中间表示、语义映射和知识推理计算 4 个方面选择合适的方法进行构建。其中知识推理计算是一些时间或数量实体的处理步骤，依靠代码实现，而我们主要关注另外 4 个部分的实现。

1. 短语结构分析

我见过的所有应用于工业场景的实体解析工具，都利用了正则表达式（或者状态机）来处理数量或时间实体。因此，我们也采用正则表达式来匹配可以理解的数量或时间短语。

正则表达式具有很强的描述能力，不过由于语言变化丰富，产生歧义的地方多，构建一组泛化能力比较强又不引入歧义的正则表达式是比较困难的。通常来说，正则表达式越长，越容易产生缺陷。所以，我们希望用组合的形式，把一部分构造正则表达式的工作交给程序处理。这里我们借鉴 HeidelTime 的“资源”概念来实现。

规则系统中的规则数量增长到一定规模以后，就会相互冲突，所以必须享有合适的冲突处理机制。一般来说，一条规则覆盖的长度越长则越可靠。根据实践，我们对匹配的结果按长度排序，优先选择长的匹配结果，然后保留与之前结果不相交的结果，得到最终匹配结果。

2. 语义映射

正则表达式提取的信息通过可以配置的规则进行变换或计算，得到“实体中间表示”。

而规则如何配置由“实体中间表示”的形式决定。

3. 实体中间表示

它是实体或组成实体的部分元素的结构化信息，也可以作为推理计算步骤的操作对象。所以中间表示是和具体的实体类型相关的；但我们又希望框架采用的实体中间表示方法能适用于多种实体的识别。对于这个矛盾，我们采用实体子类型信息加上字符串的作为实体的中间对象表示。这样做不仅是因为 HeidelTime 工具包用字符串描述时间信息，更是因为字符串也能用来表示数量，并且只要构造得当，还能直接在 API 中输出。

4. 实体知识的可配置化

既然我们在构造正则表达式的时候把用法类似的词语放在了一起，我们也可以把这些词的语义放在知识库中表示出来。这里也依旧参考 HeidelTime 中的思想，只用简单的映射来表示同一短语结构中词语意义的差异。当然，只有一一映射的话，像“中文数字转换为阿拉伯数字”这样的需求都很难完成，所以我们也需要引入一部分代码。因此我们引入谓词逻辑中“算子”的概念，可以看作是函数式编程中的函数，用它来操作复杂的语义映射。

到这里，读者可能会产生疑问：为何模型最终会设计得如此复杂？的确，直接将表达形式和具体的解析代码关联起来是非常直观的，然而作为一个基于规则的系统，本身覆盖问题的能力是非常有限的，一旦希望识别更多的表达，就需要对原始代码进行修改，这意味着，为了达到好的效果，要进行多次维护。这样的维护工作累加起来，也是相当大的工作量。将逻辑形式抽象到知识库以后，就可以通过对知识库的修改影响程序的逻辑，降低扩展的成本。规则系统看起来简单，但当需要解决问题的规模变大之后，复杂性也会超过机器学习模型。

最后，根据上面的讨论，我们的算法总体流程如图 12-2 所示。

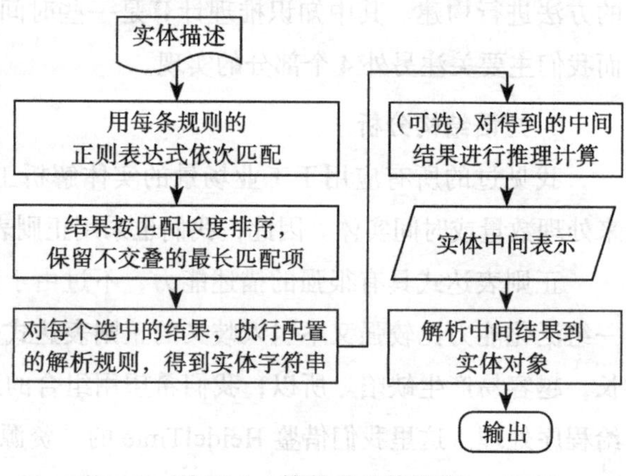

图 12-2　算法的总体流程

12.4　实体语义理解实战

根据 12.3 节的分析，我们已经可以构建出解析引擎的框架了。我们的实体解析系统可以分为如下几个部分。

1. 规则加载器

读取知识库中配置的规则，处理其中的错误，将解析结果转换为规则的内部表示形式。

2. 规则匹配模块

对文本依次用正则表达式抽取信息，并处理多条规则之间的冲突。

3. 解析算子执行模块

对提取的信息进行计算，将结果输出为实体的中间表示。

4. 实体操作算子

每个类型的实体独立实现，实现该类型实体解析中使用的算子，辅助生成实体中间结果。

5. 中间结果后处理模块

每个类型的实体独立实现，操作每种实体的中间表示，进行必要的推理和计算。

6. 中间结果解释模块

将每种实体的中间表示转换为最终的结果。

在我们的代码中，实体解析模块包含两个主要的方法。

（1）tag_entity() 方法

该方法利用正则表达式匹配，返回实体在文本中的位置。这一部分利用规则匹配模块进行匹配，并将相邻的结果合并起来以实现实体的抽取。如果没有用序列标注的方法识别时间和数量实体，则可以使用这个方法。

（2）parse_single_entity() 方法

该方法输入单个实体对象，得到解析后的结果。

下面，我们重点关注 parse_single_entity() 中的相关工作，本节主要关注规则加载器、规则匹配模块和解释算子执行 3 个部分，如图 12-3 所示。

实体抽取规则的数据结构定义在 framwork/entity_parser.py 中。主要包括总体类 Parse-KnowledgeBase。实体解析规则类 ParseRule 以及计算中所使用的算子（Operator）、计算步骤（Operation）。

根据上面的介绍，每一条实体解析规则都由 4 部分组成，包括规则名称 name、用于匹配的正则表达式字符串 pattern_string、表示实体子类型信息的 type，以及用于实体值计算的规则列表 operation_list。

实体的计算引擎需要使用算子从抽取的参数中计算出结果。参考 HeidelTime，我们把没有在代码中定义的一元算子定义为替换式算子（ReplaceOperator）。这些算子本身执行的都是简单的替换操作。而对于需要调用具体代码的算子，我们可以利用Python中的函数本身就是对象的特性，将其包装成函数算子（FunctionOperator），在后面执行这些函数。

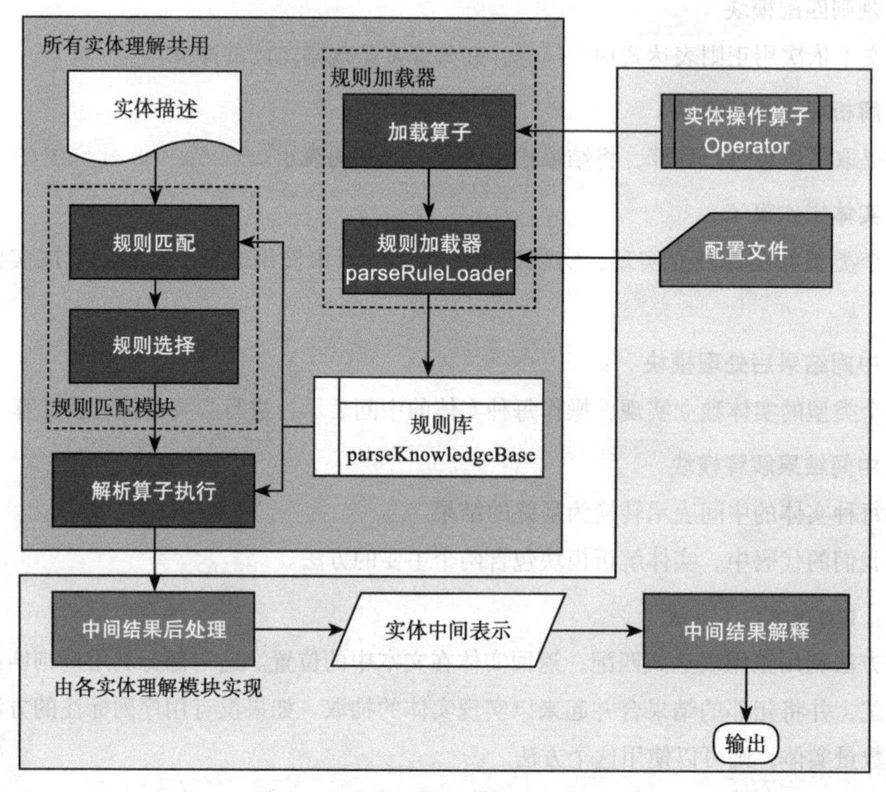

图12-3 实体理解各模块之间的关系

```
class Operator(object):
    def __init__(self, name):
        self.name = name
    def operate(self, *args, **kvargs):
        pass

class ReplaceOperator(Operator):
    '''
    替换式算子，每个算子内部有一个字典，
    接受一个输入参数，输出一个替换后结果
    '''
    def __init__(self, name, replace_dic):
        self.name = name
        self.dict = replace_dic
    def operate(self, *args, **kvargs):
```

```
        key = ""
        if len(args) > 0:
            key = args[0]
        if key not in dict:
            return key
        return dict[key]
```

（3）匹配规则的加载和执行

规则解析与校验模块是服务于整个实体理解规则引擎的底层模块。在当前的框架中，知识库中的文本匹配规则、实体推理和计算规则都是可编辑的。为了保证系统不会因不正确的配置而出现运行错误，规则加载模块需要剔除明显不合法的规则。

参考 fremawork/parse_rule_loader.py，词库、匹配规则、替换式算子通过统一的 JSON 进行加载。

```
import json
def build_parser_from_json(parser, *paths):
    ''' 加载 JSON 格式的文件，返回结果
    :param parser:      ParseKnowledgeBase 类对象
    :param paths        单个或多个文件
    :return:        parser
    '''
    for path in paths:
        with codecs.open(path, 'r', encoding='utf-8', errors='ignore') as f:
            content = f.read()
            if content.startswith(u'\ufeff'):
                content = content[1:]
            json_object = json.loads(content)
            # 1. 加载词库
            vocabulary = {}
            word_group_list = json_object["vocabulary"]
            for word_group_dict in word_group_list:
                  word_group = parserules.WordGroup(word_group_dict["name"],
                      word_group_dict["value"]);
                add_word(word_group, vocabulary)
            # 2. 加载替换式算子
            operator_list = json_object["normalizers"]
            for operator_dict in operator_list:
                new_operator = entity_parser.ReplaceOperator(operator_
                    dict['name'], operator_dict['value'])
                parser.add_operator(new_operator)
            # 3. 加载匹配规则
            rule_list = json_object["rules"]
            for rule_dict in rule_list:
```

```
            rule = parserules.ParserRule(rule_dict["ruleName"]. rule_
                dict["extraction"])
            build_regex_pattern(rule, vocabulary)
            normalization_rules = rule_dict['normalization']
            if count_parentheses(normalization_rules) < 0:
                logger.error("rule %s has an invalid normalization
                    pattern." % rule.name)
            else:
                parse_operation(normalization_rules)
                parser.add_rule(rule)
```

以上代码中，因为我们要在加载 JSON 预先内置的函数式算子，所以 ParseKnowledge-Base 是从外部传入的，在组装和校验这些规则的时候，代码分为了 3 个部分。

第一部分是处理词库。词库是构造匹配正则表达式的资源，需要每个词语都是合法的正则表达式，同时词语之间不重复。所有词语构成正则表达式的一个匹配组，处理代码如下。

```
import re
def validate_word(word):
try:
    regex = re.compile(pattern)
    return regex
except re.error:
    logger.warning("word %s is illegal, will skip" % word)
    return invalid

def add_word(word_group, vocabulary):
# 组合词库
valid_list = [word for word in word_group.word_list if validate_word(word)]
vocab_pattern = "(" + '|'.join(valid_list) + ")"
word_group.pattern = vocab_pattern
vocabulary[word_group.name] = word_group
```

第二部分是加载替换式算子，替换式算子本身只是一个字典，所以并不需要校验内容。

第三部分是解析和装配匹配规则。展开匹配规则中引用的用户词表并转换为正则表达式，匹配规则通过“$<vocabName>”的形式（由 res_pattern 抽取）完成对词库的引用。这是因为这种字符序列在自然语言中比较少见，同时也与正则表达式中已定义的特殊符号不冲突。

```
def build_regex_pattern(rule, vocabulary):
    ''' 检查匹配规则，并从规则生成正则表达式 Pattern
    :param rule:            规则，ParserRule 对象
```

```
    :param vocabulary:  加载好的词库 , dict 形式
    '''
    res_pattern = re.compile(r'$<([A-Za-z]\w+)>')
    final_pattern = rule.pattern_string
    for m in res_pattern.finditer(rule.pattern_string):
        vocab = vocabulary[m.gruop(1)]
        if vocab is not None:
            final_pattern = final_pattern.replace(m.gruop(0), vocab.pattern, 1)
        else:
            logger.warning("cannot find %s in vocabulary!" % m.gruop(1))
    # 测试正则表达式
    parenthes_count = count_parentheses(final_pattern)
    if (parenthes_count == -1):
        logger.error("cannot build %s,  invalid parentheses align." % rule.name)
        return None
    regex = is_valid_re(final_pattern)
    if regex is None:
        logger.error("cannot build %s,  invalid final regular expression." %
            rule.name)
        return None
    rule.regex = regex
    rule.parenthes_count = parenthes_count
```

上面的代码中利用正则对象校验正则表达式是否正确，最后通过括号计数，统计正则表达式中分组的数量。括号计数方法 count_parentheses() 用于判断计算规则对正则表达式匹配组的引用是否合适。

```
def count_parentheses(pattern_string):
    ''' 统计括号对的数量
    :param pattern_string:        字符串
    :return: int 括号对不匹配返回 -1, 否则返回括号对数
    '''
    layer = 0
    group_count = 0
    last_ch = ' '
    last_ch = ' '
    for ch in pattern_string:
        if last_ch == '\\':
            continue
        if ch == '(':
            layer += 1
        elif ch == ')':
            layer -= 1
            group_count += 1
        last_ch = ch
```

```
    return group_count if layer == 0 else -1
```

规则匹配操作执行正则表达式，并将结果按长度排序的代码如下所示。

```
class MatchResult(object):
    '''
    规则匹配的结果
    '''
    def __init__(self, match, rule, start=-1, end=-1):
        # 正则匹配结果
        self.match = match
        self.rule = rule.name
        # 开始位置
        self.start = start
        if self.start == -1:
            start = match.start()
        # 结束位置
        self.end = end
        if self.end == -1:
            end = match.end()
    def __len__(self):
        return self.end - self.start

def tag_entity(text, entity_knowledge_base):
    result_list = []
    for rule in entity_knowledge_base.rules.values():
        match = rule.regex.search(text)
        if match:
            result_list.append(MatchResult(match, rule))
    result_list.sort(key = lambda x : len(x), reverse = True)
    graph = [None for k in len(text)]
    selected_list = []
    for item in result_list:
        for i in range(item.start, item.end):
            if graph[i] is not None:
                break
        else:
            graph[item.start:item.end] = [item]*len(item)
            selected_list.append(item)
            continue
        break
    return selected_list
```

（4）实体解析计算规则的加载和执行

最后，我们来到了计算规则的加载和校验。计算规则和它的结果都是一个字符串，但其中包含了一组嵌套的算子，算子定义为 %Operator(operand1, operand2, …) 的函数形式。最外层的算子前面有一个百分号，算子是可以嵌套的，为了简化分析代码，在每一组算子内部就不支持字符串拼接了。算子是顺序执行的，所以需要利用数据结构中的“栈”结构解析出依赖顺序，代码如下。

```
def parse_operation(operation_text):
    operator_pattern = r"%([A-Za-z]\w+)\s*\(\s*"
    # 最终结果
    operations = []
    # 0- 字符串状态，1- 算子 / 操作数 token，2-token 结束的空格，3- 操作数分隔符
    is_in_operation = False
    # 算子堆栈和状态堆战，分别保存了当前 part 的内容
    cur_operation = None
    operation_stack = []
    # 嵌套算子展开后的列表
    operation_list = []
    # 无名称变量下标
    var_idx = 0
    idx = 0
    token = ""
    while idx < len(operation_text):
        if is_in_operation:
            if ' ' == operation_text[idx] or '\t' == operation_text[idx]:
                pass
            elif operation_text[idx] == '(':
                # 前进一层
                cur_operation = entity_parser.Operation(token)
                operation_stack.append(cur_operation)
                token = ''
            elif operation_text[idx] == ',':
                cur_operation.operand.append(token)
                token = ''
            elif operation_text[idx] == ')':
                # 弹出一层
                cur_operation = operation_stack.pop()
                cur_operation.operand.append(token)
                token = ''
                return_variable = "__var_%d" % var_idx
                var_idx += 1
                cur_operation.result = return_variable
                operation_list.append(cur_operation)
                if (len(operation_stack) == 0):
                    operations.append(operation_list)
                    operation_list = []
```

```
                    is_in_operation = False
                else:
                    cur_operation = operation_stack[-1]
                    cur_operation.operand.append(return_variable)
            else:
                token += operation_text[idx]
            idx += 1
        else:
            # 识别算子
            match = re.search(operator_pattern, operation_text[idx:], re.ASCII)
            if match:
                operator_name = match.group(1)
                # 前导字符串
                token = ''
                plain_text = operation_text[idx:idx+match.start(0)]
                if plain_text != "":
                    operations.append(plain_text)
                # 创建操作符
                cur_operation = entity_parser.Operation(operator_name)
                operation_stack.append(cur_operation)
                is_in_operation = True
                idx += match.end(0)
            else:
                operations.append(operation_text[idx:])
                break
    return operations
```

在上述的代码中，我们依据“是否在操作符内部”将文本分为两种状态，用is_in_operation表示。在外层，利用正则表达式operator_pattern识别最外层算子的开始，前面未匹配到的部分是直接输出的字符；进入算子表达内部后，用类似状态机的方式解析。每个算子的返回值用内置变量以“__var_id”的形式记录下来。

得到的结果operations是一个混合着字符串元素和列表元素的列表，其中字符串元素是规则中不参与运算的字符串片段，而需要执行的算子包裹在列表元素中。

完成上述解析之后，还需要在ParseKnowledgeBase类中检查定义的算子是否存在。

```
ef verify_operation(self, operation_List):
    is_ok = True
    for opeartion_part in operation_List:
        if isinstance(opeartion_part, list):
            for operation in opeartion_part:
                if operation.opearator == "group":
                    if len(operation.opearand) < 1:
                        is_ok = False
```

```
                    break
                elif operation.opearator not in self.operators:
                    is_ok = False
                    break
    return is_ok
```

最后，我们来看一下 ParseKnowledgeBase 类中计算规则对应的执行阶段。在解析阶段，我们已经把嵌套的方法展开，执行部分只要按顺序执行即可，简单了许多。每次计算的结果虽然会反复保存到 result 对象中，但只有最终的结果会被返回。此外，算子中的“group”是一个特殊的算子，用来表示从正则表达式上获取抽取出的结果。

```
def _do_operations(self, operation_list, match_info):
    variables = {}  # 用于保存变量的字典
    result = None
    for operation in operation_list:
        if isinstance(operation, Operation):
            if operation.opearator == "group":
                group_id = int(operation.operand[0])
                result = match_info.group(group_id)
            else:
                operand_list = [str(variables[operand])
                    if operand.startswith("__var_") else operand
                    for operand in operation.operand]
                operator = self.operators[operation.opearator]
                result = operator.operate(operand_list)
            variables[operation.result] = result
    return str(result)

def inference(self, match, rule):
    ''' 推理每个列表
    :param match          正则匹配结果
    :param rule           规则列表
    :return:    实体中间结果字符串
    '''
    final_list = [self._do_operations(self, item, match)
                  if isinstance(item, list) else item for item in rule.
                      operations]
    return final_list.join()
```

12.5　数值解析实战

接下来，我们就要在数量解析任务上应用我们所设计的实体理解方法了。数量解析分为两个步骤：分别是数词的识别和数量表达的识别。其中，数词的识别是数量表达识别的基础。所以接下来我们首先实现数词的识别，再加入单位和范围的处理。

数值识别

12.4 节我们定义了规则的组成和基本形式。分别是用于表示相关词语的词库，从此库抽取结果生成对象的替换式算子，匹配规则以及规则对应的实体语义解析规则。依次列全一类数值类型很困难，所以我们下面分类梳理各类数字表述。

首先，我们构造最简单的数值识别表达式，如表 12-2 所示。

表 12-2　识别数值用的基本表达式

名称	说明	正则表达式
$<ArabicNum>	阿拉伯数字	"[0-9]+(\.[0-9]+)? ", "[０－９]+([\..][０－９]+)? "
$<ArabicCode>	阿拉伯数字编码	"[0-9]+", "[０－９]+ "
$<SciCounting>	科学计数法的数值	"[0-9]+(\.[0-9]+)?[eE]-?[0-9]+ "
$<ChineseNum>	中文数字	" [零一二三四五六七八九十百千万亿]+ "
$<ChineseCode>	不带数量级的中文数字	" [零一二三四五六七八九]+ "

上面的这些表达式本身就能识别不少数字了。

接下来我们处理分数和小数，表 12-3 中整理了有关的规则。

表 12-3　小数和分数匹配和解析的规则

<table>
<tr><th>模式和例子</th><th>规则</th></tr>
<tr><td>($<ChineseNum>|$<ArabicCode>)分之(<ChineseNum>|$<ArabicCode>)
三分之二</td><td>%Div(NormNumber(group(4)), NormNumber(group(1)))</td></tr>
<tr><td>($<ChineseNum>|$<ArabicCode>)又($<ChineseNum>|$<ArabicCode>)分之(<ChineseNum>|$<ArabicCode>)
八又四分之一</td><td>%Add(group(1), Div(NormNumber(group(3)), NormNumber(group(2)))</td></tr>
<tr><td>$<ChineseNum>点$<ChineseCode>
零点零五</td><td>%Div(NormNumber(group(1)), NormNumber(group(2)))</td></tr>
<tr><td>$<ChineseNum>分之$<ChineseNum>点$<ChineseCode>
百分之十六点五</td><td>%Div(Dot(NormNumber(group(2)), NormNumber(group(3))), NormNumber(group(1)))</td></tr>
<tr><td>$<ChineseNum>分之$< ArabicCode> \.$<ArabicCode>
百分之 16.5</td><td>%Div(Dot(NormNumber(group(2)), NormNumber(group(3))), NormNumber(group(1)))</td></tr>
<tr><td>$<ChineseNum>点$<ChineseCode>分之$<ChineseNum>
六点五分之一</td><td>%Div(NormNumber(group(3)), Dot(NormNumber(group(1)), NormNumber(group(2))))</td></tr>
</table>

表 12-3 中左列是小数和分数的匹配规则，右列是相应的解析规则。这里我们引入了 $<ChineseCode> 词库，看起来它是 ($<ChineseNum>) 的一部分，但有必要单独列出。汉语数字中小数部分不可能含有“十”“百”“千”等表示数量级别的词。如果忽视了这个特点，很可能就把“四点三十五”这样时间表示也当作小数识别出来了。同时，因为解析方法不一样，所以 $<ChineseCode> 就是一个需要独立存在的类别。

实体推理计算的规则比简单数字的规则复杂了不少。编写规则的时候有 3 个地方要注意。

一是注意括号的匹配，parse_operation 和 build_regex_pattern 函数会忽略括号数量不一致的规则。

二是确定引用正则匹配组的下标。加载器会处理词库中的匹配组，而规则中的匹配组则需要用户自己来数。根据正则表达式的定义，遇到的第 i 个括号是第 i+1 个匹配组。以规则 ($<ChineseNum>|$<ArabicCode>) 为例，展开后为 (([零一二三四五六七八九十百千万亿]+)|([0−9]+|[0−9]+))，包含 3 个括号，括号以及词库都是匹配组。

三是运算符。我们引入的运算符 Div、Add、Dot 等都执行实际的函数。例如用于小数的 Dot 运算符，进行如下定义。

```
def opeaate_dot(operand):
    assert len(operand) >= 2
    return int(operand[0]) + operand[1] / pow(10, len(operand[1])

DOT_OPERATOR = FunctionOperator('Dot',operate_dot)
```

如果没有特殊说明，下面的规则也会采用相同的表结构。

正则表达式——非捕获组

用好正则表达式可以迅速提升 NLP 从业者数据处理工作的效率。我们在介绍 TimeNLPY 的时候就提到了正则表达式中的非捕获组，这是一个不怎么常用但非常有效的工具。在较大规模文本中查找或抽取信息，我们往往希望限制匹配模式的上下文，这时候“(?=x)”“(?<=x)”“(?!=x)”“(?!<=x)”形式的断言型非捕获组就非常有用，分别表示了“下文是 x”“上文是 x”“下文不是 x”和“上文不是 x”。非捕获组不会计入小括号构成的捕获组的数量中，断言型非捕获组也不会影响下次匹配的位置。因此非常适合用来限制规则的上下文。

接下来我们处理模糊数词，如表 12-4、表 12-5 所示，“模糊数词”本身是一个词，如

“15 余万”。

表 12-4　模糊数词识别中词库所需资源

词库	内容
ArabicLeveled	[0-9]+0+-９]+０+
ChineseLeveled	[零一二三四五六七八九十百千万亿]*[十百千万亿] +
ApproximateMiddle	"几","多","来","余"
ApproximatePrefix	"几","上"
ChineseLevel	"十","百","千","万","十万","百万","千万","亿","万亿"

表 12-5　模糊数词匹配和解析的规则

模式和例子	规则
$<ChineseLeveled> $<ApproximateMiddle> 五十多	[%NormNumber (group(1)) ~ %Max (NormNumber (group(1))]
$<ArabicLeveled> $<ApproximateMiddle> 50 多	[%NormNumber (group(1)) ~ %Max (NormNumber (group(1))]
$<ChineseLeveled> $<ApproximateMiddle> $<ChineseLevel> 一百五十多万	[%Level(NormNumber(group(1)), group(3)] ~ %Max (Level (NormNumber(group(1)), group(3))]
$<ArabicLeveled> $<ApproximateMiddle> $<ChineseLevel> 150 多万	[%Level(NormNumber(group(1)), group(3)] ~ %Max (Level (NormNumber(group(1)), group(3))]
$<ApproximatePrefix>$<ChineseLevel> 几十	[%level(1, group(2)] ~ %level(9, group(2)]]
$<ChineseNum>个(亿)	%Level(NormNumber(group(1)),, group(2)]

表 12-5 中，以“%”开头的名称表示一个替换式算子，取值即为对应的替换字典的值。其他则表示一个用于构造正则的词库，限于篇幅，上文已经列出的匹配项不再重复列出。表 12-5 展示了实体匹配和解析时依据的规则。左侧是实体匹配的规则。右侧则是相应的实体推理计算的规则。为了便于阅读，下面章节用到的规则也都采取这样的形式。

为了能处理模糊数词，我们说先定义表示数量范围的实体字符串。这里借鉴数轴上表示区间的方法表示数量范围。

下面借助模糊数词，来讲一下规则的设计。一般来说，表示模糊数词的说法中“多”后面只接“万”和“亿”这样大级别的数量级，但我们却把所有表示数量级的词素都加进去了。其实无妨，这里的规则是为了匹配真实文本设计的，而不是为了生成文本设计的，只要在真实情况不匹配到意义无关的表达就是合理的。

Level 操作用来按照级数放大数值，简单实现如下。

```
CHINESE_LEVELS = {'十':10,'百':100, '千':1000, '拾':10,'佰':100,'仟':1000,
        '万':10000,'萬':10000,'亿':100000000}
```

```
def norm_level(number, valuechar):
    ''' 处理中文数量级 '''
    return number*CHINESE_LEVELS[valuechar] if valuechar in CHINESE_LEVELS else
        number
```

读者可能已经发现，我们的规则库中大量采用了标准化数值的操作符 NormNumber 却没有给出代码。NormNumber 操作符负责整数（中文整数和阿拉伯数字整数）的解析，它的操作逻辑比较复杂，和前面我们引入的 Level 操作符有直接的联系。

汉语中的整数以“万”为单位进行分组，“亿”之上又重复用“万”分出一组，所以我们转换整数的代码也可以按照分组进行操作。norm_chinese_num() 按照这样的逻辑处理中文数字。

```
import re

CHINESE_NUMBERS = {'一':1,'二':2,'三':3,'四':4,'五':5,'两':2,
                   '六':6,'七':7,'八':8,'九':9,'〇':0,
                   '壹':1,'贰':2,'叁':3,'肆':4,'伍':5,
                   '陆':6,'柒':7,'捌':8,'玖':9,'零':0}
level_pattern = re.compile("("+"|".join(CHINESE_LEVELS.keys())+")")
_thousands = "".join(list(CHINESE_LEVELS.keys())) + "十百千拾佰仟"
chn_int_pattern = re.compile("([" + _thousands + "万]+亿)?([" + _thousands + "
    万]+)")
chn_thousand_pattern = re.compile("(([" + _thousands + "]+)万)?([" + _thousands
    + "]+)")

def norm_chinese_num(text):
    ''' 处理所有的主中文数字
    Arguments:
        text:   文本
    Returns:    int 转换的数字
    '''
    has_level = level_pattern.search(text)
    # 简单数词
    if not has_level:
        return str(norm_chinese_code(text))
    natched = chn_int_pattern.match(text)
    value = 0
    if not natched:
        return ""
    for chn_yi_part in natched.groups():
        if chn_yi_part is not None:
            if value > 0:
                value = norm_level(value, "亿")
```

```
            thousand_matched = chn_thousand_pattern.match(chn_yi_part)
            value += _norm_chinese_section(thousand_matched.group(2)) * 10000
                + _norm_chinese_section(thousand_matched.group(3))
    return value

def _norm_chinese_section(text):
    if text is None or text == "":
        return 0
    value = 0
    base_value = 0
    for char in text:
        if char in CHINESE_NUMBERS:
            base_value = CHINESE_NUMBERS[char]
        elif char in CHINESE_LEVELS:
            if base_value == 0:
                base_value = 1;
            base_value = norm_level(base_value, char);
            value = value + base_value;
            base_value = 0
    value += base_value
    return value

def norm_chinese_code(text):
    '''处理中文数码序列'''
    value = 0
    for char in text:
        value *= 10
        value += CHINESE_NUMBERS[char]
    return value
```

基于以上的数字处理，就可以实现涵盖中文和阿拉伯数字的NormNumber操作符了，读者可以自己尝试一下。

12.6　时间解析实战

由于在我们设计之初就考虑了不同任务的通用性，时间解析当然适用于这样的框架。时间解析和数量表达式的区别在于，更依赖说话的背景时间。所以本节我们除了简单介绍所采用的规则，重点将关注时间对象的构造和最后的推理运算。

12.6.1　时间信息的中间表示

相对于数值，时间表达的形式更多。如果不能定义出合适的时间表达形式，可能就处理不了更多类型的时间（像 FudanNLP 那样）。好在 ISO 8601 标准（《数据存储和交换形式 · 信息交换 · 日期和时间的表示方法》）提供了我们所需的大多数时间形式的表达方法。参考 TIMEX3 中增加的一些扩展，就可以作为时间实体中间表示形式。

表 12-6 介绍了目前用到的时间对象及表示形式。

表 12-6 时间对象表示形式

类型	含义	格式
DATE	日期	日历日期表示法：采用 YYYY-MM-DD 格式，如 2019-12-25 “2019 年” 计为 “2019-00-00”“2019 年 12 月” 计为 “2019-12-00” 星期日历表示法：用两位数表示年内第几个日历星期，一位数表示日历星期内第几天，如 2019-WXX-3 未知的年份、月份、日期采用”X” 替代
TIME	时间	采用 hh:mm:ss 格式，如 “18:05:XX”
DURATION	时间长度	表达式以 “P” 开头，分别用 “Y”“M”“W”“D”“H”“N”“S” 表示年、月、日、星期、时、分、秒 例如 “一年零三个月” 表示为 “P1Y3M”
RELATIVE	相对时间	“时间” 和 “时长” 表示中的时间点部分，时间日期共同出现，之间用 “T” 连接
RANGE	时间范围	时间范围至少包含“开始时间”“结束时间”“时长” 中的两项或三项 表示中的时间点部分，时间日期共同出现，时间日期之间用 “T” 连接，按照 “开始时间 / 结束时间 / 时长” 格式表示

还有一部分表达需要引用背景时间对象，说话背景时间对象包含两种基准时间。说话背景时间 document_time，以及上一个提到的时间 last_time。一般来说，“明天” 类时间使用说话背景时间推测得出。“第二天” “三天后” 则需要用上一个提到的时间进行推测。对于中间对象会明确指出引用哪个时间点的情形，我们对需要推理的每一个数字分别用 “D” 和 “L” 代替的形式指代说话背景时间和上一个提到的时间。

最后，如 “下旬” 这样的词语，意思是 “一个月的 20 号到这个月的最后一天”，因为一个月的最后一天是不固定的，所以这里我们用 “MX” 表示这一级别时间单位的最大值。

时间表达的规则和数量规则类似。这里不详细讲解，只举一些典型例子，展示例子和涉及的正则表达式，然后介绍一下处理流程。

12.6.2 时长解析

相关内容以 JSON 格式存放于 res/time/chinese.json，这里以表格形式列出。时间长度的表达最简单，但是组合也最灵活，所以在识别后，我们还需要做时间基元合并。注意汉语中表示时长时，“月”“季度” 的前面一定要有 “个”，所以我们的规则把时间单位分成了两类。每一类用替换式算子就可以操作。表 12-7、表 12-8 列出了主要的规则。

表 12-7　时间长度相关的词库

<table>
<tr><th>词库</th><th>内容</th></tr>
<tr><td>TimeLengthQuantifier
TimeLengthNoun
%Unit4Duration
ApproximateHead
ApproximateMiddle</td><td>"年", "礼拜", "星期", "周", "天", "小时", "钟头", "分钟", "秒钟","分", "秒"
"世纪","月","季度","周末"
{"世纪":"CE","年":"Y", "月":"M", "季度":"Q", "周末":"WE", "礼拜":"W", "星期":"W", "周":"W", "天":"D", "小时":"H", "钟头":"H", "分钟":"M", "秒钟":"S", "分":"M", "秒":"S" }
"大约","约","大概","差不多","近似","将近","近于","几乎","前后"
"来","多","余"</td></tr>
</table>

表 12-8　时间长度匹配和解析规则

<table>
<tr><th>模式和例子</th><th>规则</th></tr>
<tr><td>$<Integer>个$<TimeLengthNoun>
一个月</td><td>P%NormNumber(group(1))
%Unit4Duration(group(2))</td></tr>
<tr><td>$<Integer>个?$<TimeLengthQuantifier>
一个星期 / 三天</td><td>P%NormNumber(group(1))
%Unit4Duration(group(2))</td></tr>
<tr><td>$<ApproximateHead>$<Integer>个?$<TimeLengthQuantifier>
差不多三天</td><td>P~%NormNumber(group(2))
%Unit4Duration(group(3))</td></tr>
<tr><td>$<Integer>个$<ApproximateMiddle>$<TimeLengthNoun>
一个多月</td><td>P~%NormNumber(group(1))
%Unit4Duration(group(3))</td></tr>
<tr><td>$<Integer>个$<TimeLengthNoun>左右
一个月左右</td><td>P~%NormNumber(group(1))
%Unit4Duration(group(2))</td></tr>
<tr><td>$<Integer>个?$<TimeLengthQuantifier>左右
20 小时左右</td><td>P~%NormNumber(group(1))
%Unit4Duration(group(2))</td></tr>
<tr><td>$<Integer>个$<TimeLengthNoun>(又|零)$<Integer>个?$<TimeLengthQuantifier>
一个月零三天
$<Integer>个?$<TimeLengthQuantifier>(又|零)$<Integer>个?$<TimeLengthQuantifier>
1 小时 30 分钟
$<Integer>个?$<TimeLengthQuantifier>(又|零)$<Integer>个$<TimeLengthNoun>
一年又三个月</td><td>P%NormNumber(group(1))
%Unit4Duration(group(2))
%NormNumber(group(4))
% Unit4Duration(group(5))</td></tr>
</table>

上面的正则表达式会把“一年两个月零三天”识别为两个时长片段，在后期处理阶段进行合并。合并处理的代码位于 time/postporcess.py 中。merge_duration() 方法判断两个相连的对象能否合并，如果可以合并则构造一个新的时长中间对象。

12.6.3 日期和时间点

时间点规则虽然也比较简单，但组合灵活，变化更多，如表 12-9、表 12-10 所示。

表 12-9　日期相关的词库

词库	内容
Year4Digit	"[0-9]{4}", "[０-９]{4}", "[零一二三四五六七八九]{4}"
Year2Digit	"[0-9]{2}", "[０-９]{2}", "[零一二三四五六七八九]{2}"
MonthNumber	"0?[1-9] ", "1[012]","０?[１-９]","１[０１２]","[一二三四五六七八九十]" ,"十[一二]"
Weekday	"星期[一二三四五六日]","礼拜[一二三四五六日]","周[一二三四五六日]", "星期天","礼拜天","周天"
%NormWeekday	{"星期一":"01","星期二":"02","星期三":"03","星期四":"04","星期五":"05","星期六":"06","星期日":"07","星期天":"07"…}

表 12-10　日期匹配和解析规则

<table>
<tr><th>模式和例子</th><th>规则</th></tr>
<tr><td>$<Year4Digit>年</td><td>%NormDigit(group(1))-00-00</td></tr>
<tr><td>$<Year2Digit>年</td><td>%NormCentery(group(1))-00-00</td></tr>
<tr><td>$<Year4Digit>年$<MonthNumber>月份?</td><td>%NormDigit(group(1))-00-00</td></tr>
<tr><td>$<Year2Digit>年$<MonthNumber>月份?</td><td>%NormCentery(group(1))-00-00</td></tr>
<tr><td>$<Year4Digit>年$<MonthNumber>月$<DateNumber>(日|号)</td><td>%NormDigit(group(1))-%NormMonth(group(2))-%NormDate(group(3))</td></tr>
<tr><td>$<Year2Digit>年$<MonthNumber>月$<DateNumber>(日|号)</td><td>%NormCentery(group(1))-%NormMonth(group(2))-%NormDate(group(3))</td></tr>
<tr><td>$<MonthNumber>月$<DateNumber>(日|号)</td><td>LLLL-%NormMonth(group(1))-%NormDate(group(2))</td></tr>
<tr><td>$<DateNumber>(日|号)</td><td>LLLL-LL-%NormDate(group(1))</td></tr>
<tr><td>$<Weekday></td><td>LLLL-WLL-%NormWeekday(group(1))</td></tr>
</table>

这里的 NormCentery() 负责计算两位数年份对应的世纪，哪些两位数年份指的是 20 世纪的年份，哪些又是 21 世纪的年份其实是随时间变化的，所以我们把它设计成函数操作符。如果只用 2 位数字代表年代，如 80 年代、90 年代，不能准确判断是几世纪的 80 年代、90 年代，这会引起歧义。我们运用函数操作符判断是 20 世纪或 21 世纪，例如 0 代表 1900 年，1 代表 2000 年，再加上后面两位数字组装成年代。

```
def morm_centery(operand, config):
    year_two_digit = parse_number(operand[0])
    base = 1900
    if year_two_digit < config['two_digits_max_year']:
```

```
        base += 100
    return str(base + year_two_digit)
```

相对日期的表示方法比较复杂，其中的表示结果还需要经过后处理才能得到答案，如表 12-11、表 12-12 所示。

表 12-11　相对日期相关的词库

词库	内容
YearThisNextLast DayThisNextLast ThisNextLast %NormDirectionValue BeforeAfter %NormDirection	"大前年","前年","去年","今年","明年","后年","大后年" "大前天","前天","昨天","今天","明天","后天","大后天" "上上","上","这","下","下下" ("上上":"-2", "上":"-1", "这":"0", "下":"1", "下下":"2" "大前年":"-3Y","前年":"-2Y","去年":"-1Y","今年":"+0Y","明年":"+1Y","后年":"+2Y","大后年":"+3Y", "大前天":"-3D","前天":"-2D","昨天":"-1D","今天":"+0D","明天":"+1D","后天":"+2D","大后天":"+3D") "前", "之前", "以前", "后", "之后", "以后" {"前":"-","之前":"-","以前":"-","后":"+","之后":"+","以后":"-+")

表 12-12　相对日期匹配和解析规则

模式	例子
$<YearThisNextLast> $<YearThisNextLast> $<MonthNumber> 月份？ $<YearThisNextLast> $<MonthNumber> 月份？ $<DateNumber> (日 | 号) $<ThisNextLast>个？月 $<ThisNextLast>个？月 $<DateNumber>(日 | 号) $<DayThisNextLast> $<ThisNextLast>个?$<Weekday> 上个星期五 第 $<Integer> 天 第 $<Integer> 个月 $<Integer> 个 $<TimeLengthNoun> $<BeforeAfter> 三个月之后 $<Integer> 个 ?$<TimeLengthQuantifier> $<BeforeAfter> 三天之后	DDDD-00-00 R%NormDirectionValue(group(1)) DDDD-%NormMonth(group(2))-00 R%NormDirectionValue(group(1)) DDDD-%NormMonth(group(2))-%NormDate (group(3)) R%NormDirectionValue(group(1)) DDDD-DD-00 R%NormDirectionValue (group(1))M DDDD-DD-%NormDate(group(2)) R%NormDirectionValue(group(1))M DDDD-DD-DD R%NormDirectionValue(group(1)) LLLL-WLL-%NormWeekday(group(2)) R%NormDirectionValue (group(1))W LLLL-LL-LL R+%add(NormNumber(group(1)), -1)D LLLL-LL-01 R+%add(NormNumber(group(1)), -1)M LLLL-LL-LL R%NormDirection(group(3))%NormNumber(group(2)) LLLL-LL-LL R%NormDirection(group(3))%NormNumber(group(2))

时间表示部分主要包括“上午”一类表示时段的词语以及“时”“分”“秒”的表示，如表 12-13、表 12-14 所示。

表 12-13 时间相关的词库

词库	内容
PartOfDay	"凌晨","清晨","清早","早晨","上午","早上","晨","午前","中午","正午","午间","晌午","下午","午后","日暮","黄昏","傍晚","晚上","夜晚","晚","夜里","午夜","子夜","深夜","半夜","夜半"
HourNumber	"0?[1-9]","1[0-9]","2[0-4]", "[零一二三四五六七八九十]","十[一二三四五六七八九]","二十","二十[一二三四]"
MinuteSecondNumber	"0?[1-9]","[1-5][0-9]","[零一二三四五六七八九十]","零[零一二三四五六七八九]","[一二三四五]?十[二三四五六七八九]"
%NormPartOfDay	{"早晨":"am","上午":"am","早上":"am","清晨":"am","凌晨":"am", "中午":"noon","正午":"noon","午间":"noon","晌午":"noon"…}
QuarterNumber	"1","2","3","4","一","二","三","四"
%Quarter4Hour	{"1":"15","2":"30","3":"45","一":"15","二":"30","三":"45"}

表 12-14 时间匹配和解析规则

<table>
<tr><th>模式和例子</th><th>规则</th></tr>
<tr><td>$<HourNumber>(时|点)(整|正)?</td><td>%NormNumber(group(1)):00:00</td></tr>
<tr><td>$<HourNumber>(时|点)半</td><td>%NormNumber(group(1)):30:00</td></tr>
<tr><td>$<HourNumber>(时|点) $<QuarterNumber>刻</td><td>%NormNumber(group(1)): %Quarter4Hour(group(3)):00</td></tr>
<tr><td>$<HourNumber>(时|点) 过?$<MinuteSecondNumber>分?</td><td>%NormNumber(group(1)): %NormNumber(group(3)):00</td></tr>
<tr><td>$<HourNumber>(时|点) 过?$<MinuteSecondNumber>分?</td><td>%NormNumber(group(1)): %NormNumber(group(3)):00</td></tr>
<tr><td>$<HourNumber>(时|点) $<MinuteSecondNumber>分 $<MinuteSecondNumber>秒?</td><td>%NormNumber(group(1)): %NormNumber(group(3)): %NormNumber(group(4))</td></tr>
<tr><td>$<PartOfDay></td><td>%PartOfDayAsRange(group(1))</td></tr>
<tr><td>$<PartOfDay>$<HourNumber>(时|点)(整|正)?</td><td>%toDayInHour(NormPartOfDay(group(1)), group(2)):00:00</td></tr>
<tr><td>$<PartOfDay>$<HourNumber>(时|点)半</td><td>%toDayInHour(NormPartOfDay(group(1)), group(2)):30:00</td></tr>
<tr><td>$<PartOfDay>$<HourNumber>(时|点) $<QuarterNumber>刻</td><td>%toDayInHour(NormPartOfDay(group(1)), group(2)): %Quarter4Hour (group(4)):00</td></tr>
<tr><td>$<PartOfDay>$<HourNumber>(时|点) 过?$<MinuteSecondNumber>分?</td><td>%toDayInHour(NormPartOfDay(group(1)), group(2)): %NormNumber(group(4)):00</td></tr>
<tr><td>$<PartOfDay>$<HourNumber>(时|点) $<MinuteSecondNumber>分 $<MinuteSecondNumber>秒?</td><td>%toDayInHour(NormPartOfDay(group(1)), group(2)): %NormNumber(group(4)): %NormNumber(group(5))</td></tr>
</table>

“早上”和“晚上”与12小时表示法中的“am”和“pm”等价，而“中午十一点”“深夜一时”则与“am”“pm”意思相反，所以在表12-13和表12-14中我们把这两种形式分别做了处理。

时间和日期往往是彼此关联的。由于组合以后的时间表达方式很多，我们把组合时间和日期的步骤放在后处理的合并操作中。time/postporcess.py中的merge_date_and_time()方法负责合并时间和日期。

12.6.4 时间段

常见的时间段表达大致分为三类：一类是“今年上半年”这样的固定表达；一类是“近一个月”这样相对现在的时间段以及“下午3点到5点”这样的具体范围。

首先是一些常见的时间段的固定表达。对于“四月上旬”这个时间，由于每个月月底的时间不确定，所以涉及月底的表达都会用“MX”代表日期的最大值，如表12-15、表12-16所示。

表12-15　时间段固定表达相关的词库

词库	内容
PartOfYear %NormPartOfYearBegin %NormPartOfYearEnd PartOfMonth %NormPartOfMonthBegin %NormPartOfMonthEnd	"初","末","年初","年末","上半年","下半年" {"初":"01-01","末":"11-01","上半年":"01-01","下半年":"07-01"} {"初":"02-28/P2M","末":"12-31/P2M","上半年":"06-30/P6M","下半年":"12-31/P6M"} "初","末","月初","月末","上旬","中旬","下旬","上半月","下半月" {"月初":"01","月末":"25","上旬":"01","中旬":"11","下旬":"21","上半月":"01","下半月":"15"} {"月初":"05/P5D","月末":"MX/","上旬":"10/P10D","中旬":"20/P10D","下旬":"MX/","上半月","下半月":"MX/"}

表12-16　时间段固定表达匹配和解析的规则

模式和例子	规则
$<Year4Digit>年$<PartOfYear> 2003年年初 $<Year2Digit>年$<PartOfYear> 19年下半年 $<MonthNumber> 月份?%<PartOfMonth> 四月上旬	%NormDigit(group(1))-%NormPartOfYearBegin(group(2)) /%NormDigit(group(1))-%NormPartOfYearEnd(group(2))/ %NormCentury(group(1)) -%NormRangInYearBegin(group(2)) /%NormCentury(group(1))-%NormRangInYearEnd(group(2))/ LLLL-%NormMonth(group(1))-%NormPartOfMonthBegin(group(2)) /LLLL-%NormMonth(group(1))-%NormPartOfMonthEnd(group(2))/

相对时间段的表达方式也比较简单，如表 12-17、表 12-18 所示。

表 12-17　相对时间段相关的词库

词库	内容
ThisNextLast NearFuture %Future4RelativePeriod	"上","这","下" "最近","近","过去","未来","今后","此前","此后" ("最近": "/DDDD-DD-DD" , "此前" : "/DDDD-DD-DD" , "过去": "/DDDD-DD-DD" , "未来": "DDDD-DD-DD/" , "此后": "DDDD-DD-DD/" , "今明": "DDDD-DD-DD/", "明后" : "DDDD-DD-DD R+1D/"}

表 12-18　相对时间段匹配和解析的规则

模式和例子	计算规则
$<ThisNextLast>个?$<TimeLengthQuantifier> 下星期 (今明 | 明后)两$<TimeLengthQuantifier> 今明两天 $<NearFuture>$<Integer>个$<TimeLengthNoun> 最近一个月 $<NearFuture>$<Integer>$<TimeLengthQuantifier> 近两年 $<Integer>个$<TimeLengthNoun>内 一个月内 $<Integer>$<TimeLengthQuantifier>内 两年内	DDDD-DD-DD R+1%Unit4Duration(group(2))/ / P1%Unit4Duration(group(2)) %Future4RelativePeriod(group(1))/ P2%Unit4Duration(group(2)) %Future4RelativePeriod(group(1))/ P%NormNumber(group(2))%Unit4Duration(group(3)) %FutureOrPast() /P%NormNumber(group(1))%Unit4Duration(group(2))

FutureOrPast() 根据用户配置项，输出“以当前时刻开始”或“以当前时刻结束”的时间段表示。

“时间点”到“时间点”表示的时间段如表 12-19、表 12-20 所示。这实际上是一种嵌套的表示，相关规则就不一一列举了。

表 12-19　时间范围相关的词库

词库	内容
To	["至", "到", "~", "—", "——"]

表 12-20　时间范围匹配和解析的规则

模式	例子
$<PartOfDay>$<HourNumber>$<To>$<HourNumber>(时 | 点) $<PartOfDay>$<HourNumber>(时 | 点)$<To>$<HourNumber>(时 | 点)	%toDayInHour(NormPartOfDay(group(1)), group(2)):00:00/%toDayInHour(NormPartOfDay(group(1)), group(4)):00:00/ %toDayInHour(NormPartOfDay(group(1)), group(2)):00:00/%toDayInHour(NormPartOfDay(group(1)), group(5)):00:00/

12.6.5　时间信息的推理计算

为了完成时间推理，需要用到Python的时间相关库。Python环境提供了datetime、time和calendar三个与时间有关的模块。其中time主要用于获取、转换和处理时间戳。datetime主要负责时间日期的计算，datetime模块则提供了日期（datetime.date）、时间（datetime.time），时间长度（datetime.timedelta）与时区的对象和基本方法，不过这些对象都是不可修改的。

值得注意的是，datetime.date并不支持我们采用的“星期日历表示法”，所以我们加入了如下计算代码。

```
import datetime
def _week_param(year):
    '''
    · 计算 " 星期日历表示法 " 的关键参数
    Returns:
        tuple     当年 1 月 1 日的序数 , 当年第一周开始时间与 1 月 1 日相差多少
    '''
    first_day = datetime.date(year, 1, 1)
    # 如果 1 月 1 日是星期一～星期四，它所在的星期就是第一周
    sign_weekday = first_day.weekday()
    start_offset = -sign_weekday
    if start_offset < -3:
        start_offset += 7
    return first_day.toordinal(), start_offset

def extract_week_no(date=date.today()):
    ''' 提取本日所属的周 '''
    base_ordinal, start_offset = _week_param(date.year)
    return (date.toordinal() - base_ordinal - start_offset) // 7

def weekday_2_ymd(year, week_no, iso_weekday):
    ''' 星期日历表示法转换为年月日 '''
    base_ordinal, start_offset = _week_param(int(year))
    ordinal = base_ordinal + int(week_no)*7 + iso_weekday - 1 + start_offset
    return datetime.date.fromordinal(ordinal)
```

另外，datetime模块中的datetime.timedelta对象只表示精确时间长度。所以不能处理长度不固定的年和月。然而，在语言中，“1年”“2个月”这样的表述还是非常多的。所以我们需要自己定义时长对象Duration，额外定义“年”“月”的字段，通过重载__add__和__sub__函数，接受datetime对象，重载年和月的加减法。

```
class Duration(object):
```

```
'''
在 timedelta 相比增加了年和月的计算
'''

def __init__(self, years=0, months=0, days=0,
         seconds=0, minutes=0, hours=0, weeks=0):
    self._years = years
    self._months = months
    days += weeks*7
    extradays = hours // 24
    days += extradays
    hours = hours - extradays*24
    seconds += minutes*60 + hours*3600
    self._days = days
    self._seconds = seconds

def normalize_month(self, year, month):
    if month < 0 or month > 12:
        yeardelta, month = divmod(month, 12)
        year += yeardelta
    elif month == 0:
        return (-1, 12)
    return year, month

def __add__(self, other):
    if isinstance(other, timedelta):
        return Duration(years=self._years, months=self._months,
                    days = self._days + other.days(),
                    seconds = self._seconds + other.seconds())
    elif isinstance(other, Duration):
        return Duration(years=self._years+other.years(),
                        months=self._months+other.months(),
                        days = self._days + other.days(),
                        seconds = self._seconds + other.seconds())
    elif isinstance(other, datetime):
        newtime = other + timedelta(self.days, self.seconds)
        result_year, result_month = self.normalize_month(newtime.year() +
            self.years, newtime.month() + self.months)
        return newtime.replace(year=result_year, month=result_month)
    return NotImplemented
```

基于以上这些时间对象，我们就可以对时间的中间结果进行推理和计算了。

时间表达式的推理部分，我们以较为复杂的相对时间点的推理为例。首先是时间日期的识别，在 time/interpreter.py 中提供了一组用正则表达式解析时间的中间对象并进行推理的方法。

```
def parse_date(document_time, last_time, expression):
    base_date = document_time
    # 年-周序号-周内天数
    match = re.match("(\\w\\w\\w\\w)-W(\\w\\w)-(\\d)", expression,
        re.IGNORECASE)
    if match:
        year = parse_year(match.group(1), document_time, last_time)
        week_num = parse_week_num(match.group(2), document_time, last_time)
        base_date = weekday_2_ymd(year, weekday, match.group(3))
    else:
        # 年-月-日
        re.match("(\\w\\w\\w\\w)-(\\w\\w)-(\\w\\w)", expression, re.IGNORECASE)
        if not match:
            return None
        year = parse_year(match.group(1), document_time, last_time)
        month = parse_month(match.group(2), document_time, last_time)
        day = parse_day(match.group(3), document_time, last_time)
        base_date = datetime.date(year, month, day)
    return base_date

def parse_time_point(document_time, last_time, expression):
    pattern = r"(\w+-\w+-\w+)(T\d\d:\d\d:\d\d)?"
    match = re.match(pattern, expression)
    if not match:
        return None
    date = parse_date(document_time, last_time, match.group(1))
    if match.lastindex > 1:
        timematch = re.match(r"T(\d\d):(\d\d):(\d\d)", match.group(1))
        hour = parse_hour(timematch.group(1), document_time, last_time);
        minute = parse_minute(timematch.group(2), document_time, last_time);
        second = parse_second(timematch.group(3), document_time, last_time);
        base_time = datetime.datetime(date.year(), date.month(), date.day(),
                        hour, minute, second)
```

其中，各个单位的展开方法比较统一：这里以比较复杂的日期识别为例。

```
from calendar import monthrange
def parse_day(value, document_time, last_time, year = 0, month = 0):
    if value == DOCUMENT_DAY:
        value = str(document_time.day())
    elif value == LAST_DAY:
        value = str(last_time.day())
    elif value == "MX":
        if (year == 0):
```

```
            year = document_time.year()
        if (month == 0):
            month = document_time.month()
        value = monthrange(year, month)[1]
    return value
```

最后我们解析时长为 Duration 的对象，并将时长和时间点相加减，得到最终结果。注意，因为改动不了 datetime 的加减法运算符，所以加减操作数的顺序和 timedelta 比起来是反的。

```
def parse_relative_point(document_time, last_time, relative_expression):
    pattern = r"(\w+-\w+-\w+)(T\d\d:\d\d:\d\d)? R(+|-)(\d+)(\w+)"
    match = re.match(pattern, relative_expression)
    if not match:
        return None
    date = parse_time_point(document_time, last_time, match.group(1))
    duration = build_duration(match.group(4), match.group(5))
    if match.group(3) == '-':
        return duration - date
    else:
        return duration + date
```

上面已经解析了时间点和时间长度。时间段的解析与相对时间类似，这里就不展开了。

12.7　本章小结

本章以时间和数量的识别为例，详细介绍了实体语义理解的一类方法。我们构建了一个比较通用的知识驱动的解析引擎，基于外部配置的知识库实现实体的语义理解，可以看出，实体的理解过程是一个综合了语言处理和具体领域推理计算的过程。由于主要采用了正则表达式匹配实现短语结构分析和映射，本章更偏向领域的知识和编码。如果对本章中实体的中间结果表示做出一些改变，我们会更前清晰地看到特定领域的逻辑形式和知识库。其实，语言的理解本身也正是语言知识和外部知识的结合，我们要依靠语言的结构，理解话语中的意义，从而获得外部的知识；同时也正是依赖外部知识，我们才能在交流中处理语言中的歧义。